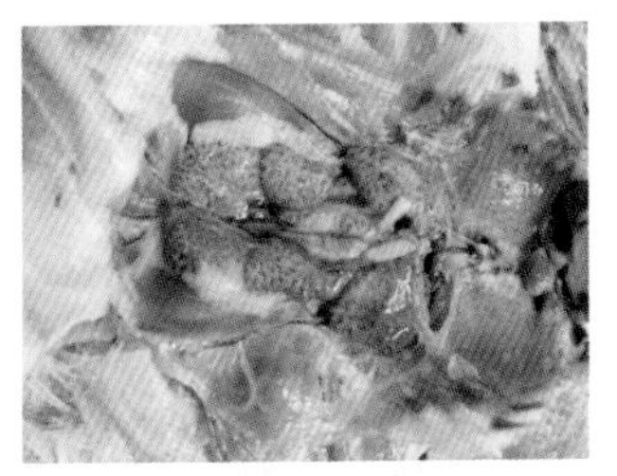

彩图6-6　传染性支气管炎病鸡肾脏肿大，肾小管沉积大量尿酸盐

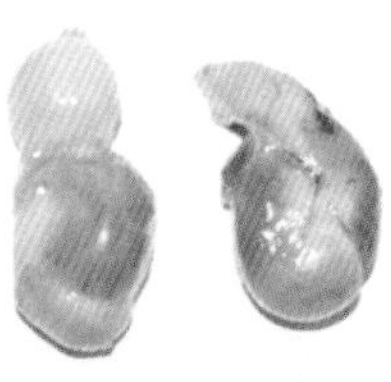

彩图6-7　传染性支气管炎病鸡腺胃肿胀呈球状（左），右为正常腺胃

彩图6-8　鸡包涵体肝炎病鸡肝脏出血、坏死

彩图6-9　心包积水综合征病鸡心包积聚水样液体

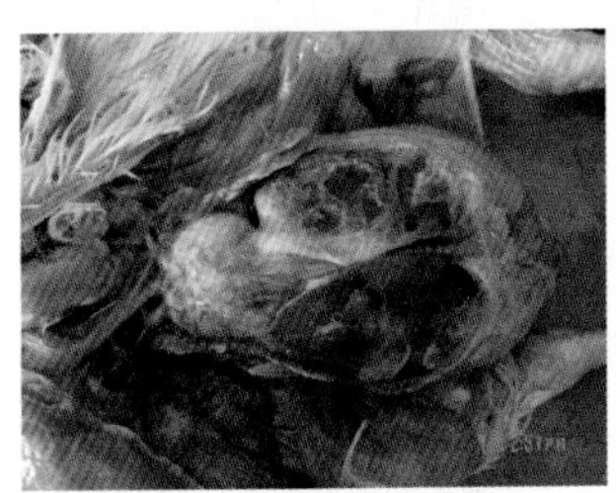

彩图6-10　大肠杆菌病肉鸡心包炎和肝周炎

彩图6-11　肉鸡分离大肠杆菌药敏试验结果

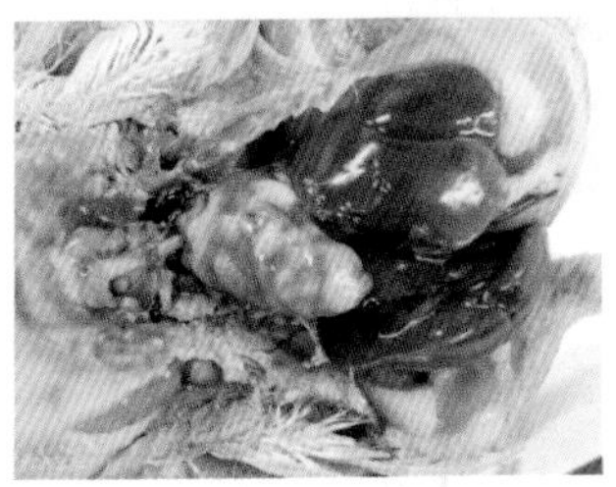

彩图6-12　鸡白痢病鸡心肌的肉芽肿结节

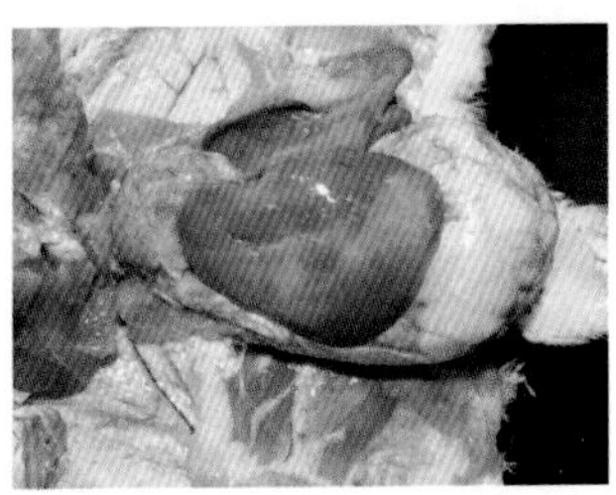

彩图6-13　巴氏杆菌病肉鸡肝肿大、表面有针尖大小的灰白色坏死点

彩图6-14　鸡葡萄球菌病病鸡翅下皮肤充血、即将破溃

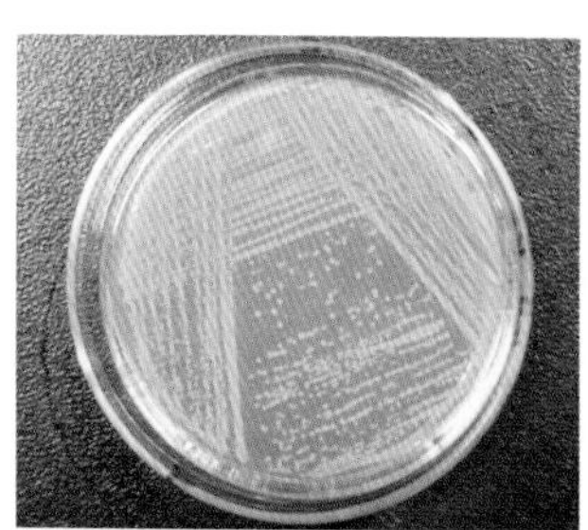

图6-15　从发病肉鸡分离纯化的金黄色葡萄球菌

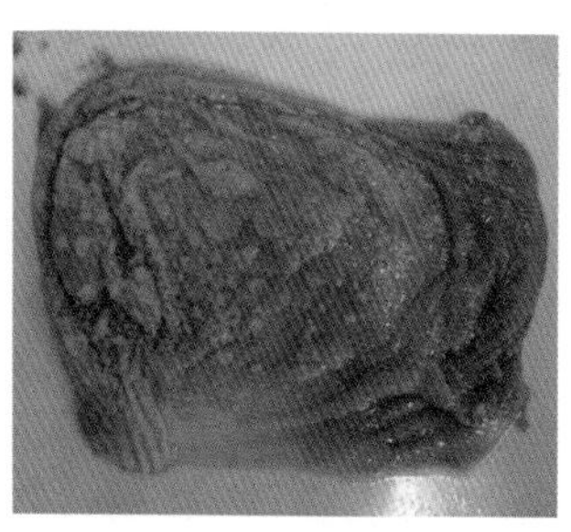

彩图6-16　白色念珠菌病肉鸡嗉囊黏膜溃疡

彩图6-17　患维生素$B_2$缺乏症肉鸡表现“卷趾麻痹症”

彩图6-18　接触性皮炎病鸡脚底溃疡，形成暗黑色的结痂

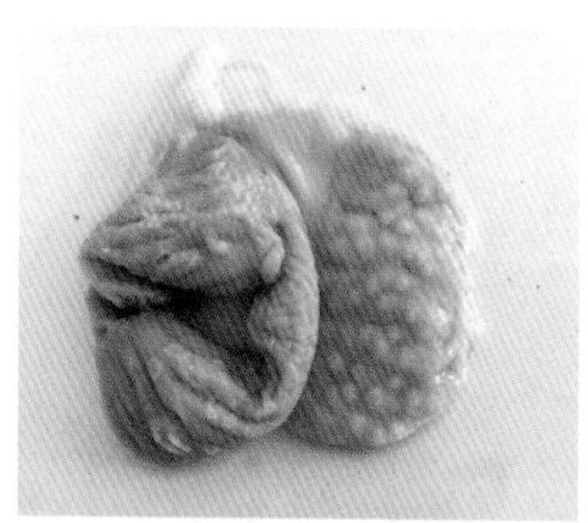

彩图6-19　腺胃炎、肌胃糜烂病肉鸡腺胃乳头肿胀、肌胃角质膜龟裂

新农村快速致富宝典丛书

# 肉鸡疾病防治新技术宝典

陈立功　主编

化学工业出版社

·北京·

《肉鸡疾病防治新技术宝典》是新农村快速致富宝典丛书之一，是由河北农业大学动物医学院陈立功老师主持编写。本书详细介绍了肉鸡在养殖过程中常见的疑难病症及防控措施，全书共6章，分别介绍了肉鸡品种、解剖学及生理学知识，基础病理学知识，药理学知识，肉鸡疾病防控技术，肉鸡疾病诊断技术和肉鸡常见疾病及治疗方法。个别典型性疾病配有彩图，图文并茂，一目了然。

《肉鸡疾病防治新技术宝典》可作为高等农林大、中专院校动物医学、动物科学等专业的师生参考用书，也可作为肉鸡养殖户、养殖企业技术人员、管理人员的参考用书。

**图书在版编目（CIP）数据**

肉鸡疾病防治新技术宝典/陈立功主编. —北京：化学工业出版社，2017.6
（新农村快速致富宝典丛书）
ISBN 978-7-122-29597-2

Ⅰ.①肉… Ⅱ.①陈… Ⅲ.①肉鸡-疾病-防治 Ⅳ.①S858.31

中国版本图书馆CIP数据核字（2017）第096175号

---

责任编辑：尤彩霞　　装帧设计：张　辉
责任校对：边　涛

---

出版发行：化学工业出版社（北京市东城区青年湖南街13号　邮政编码100011）
印　　装：大厂聚鑫印刷有限责任公司
850mm×1168mm　1/32　印张10　彩插1　字数277千字
2017年10月北京第1版第1次印刷

---

购书咨询：010-64518888（传真：010-64519686）　售后服务：010-64518899
网　　址：http://www.cip.com.cn
凡购买本书，如有缺损质量问题，本社销售中心负责调换。

---

定　　价：29.00元　

# 编写人员名单


**主　编**　陈立功

**副主编**　张　芳　王学静　张宝贵　肖　娜

**编　委**（按汉语拼音排序）

陈立功（河北农业大学动物医学院）

董世山（河北农业大学动物医学院）

段晓军（河北省永清县畜牧兽医局）

高福勇（河北农业大学动物医学院）

管艳庆（河北省涿州市农业局）

靳慧君（河北滦牧农业开发股份有限公司）

李玉荣（河北农业大学动物医学院）

刘聚祥（河北农业大学动物医学院）

吕建国（河北省唐山市畜牧工作站）

宋臣锋（沧州职业技术学院）

王学静（河北省畜牧兽医研究所）
魏昆鹏（河北省石家庄市农业畜牧局）
武现军（河北农业大学动物医学院）
肖　娜（河北省定州市动物防疫监督总站）
闫　硕（河北农业大学动物医学院）
翟文栋（保定职业技术学院）
张宝贵（河北省永清县畜牧兽医局）
张　芳（河北省保定市动物疫病预防控制中心）
审　稿　李三星（河北农业大学动物医学院）

# 丛书序 PREFACE

多年来，养殖业一直都是作为我国广大农村的支柱产业，在增加农民收入、促进农村脱贫致富方面发挥了积极作用。随着我国城镇化进程加快和人们生活水平的提高，对肉蛋奶消费需求会越来越高，对肉蛋奶的质量安全水平要求越来越高。如何指导养殖场（户）生产出高产、优质、安全、高效的畜产品的问题就摆在了畜牧科技工作者的面前。

近两年，部分畜产品行情不是很乐观，养殖效益偏低或是亏损，除了市场波动外，主要原因还是供给结构问题，大路产品多，优质产品少，不能满足消费者对优质安全的需要。药物残留、动物疫病、违禁投入品、二次污染等，已经成为不得不面对、不得不解决的问题。

养殖业要想生存就必须实行标准化健康养殖，走生态循环和可持续发展之路。生态养殖是在我国农村大力提倡的一种生产模式，其最大的特点就是在有限的空间范围内，利用无污染的天然饵料为纽带，或者运用生态技术措施，改善养殖方式和生态环境，形成一个循环链，目的是最大限度地利用资源，减少浪费，降低成本。按照特定的养殖模式进行增殖、养殖，投放无公害饲料，目标是生产出无公害食品、绿色食品和有机食品。生态养殖的畜禽产品因其品质高、口感好而备受消费者欢迎，产品供不应求。

基于这一消费需求，生态养殖、工厂化养殖逐渐被引入主流农业生产当中，并已被国家高度重视。同时，基于肉、蛋、奶等农产品的消费需求及国家对农业养殖的重视、补贴政策，化学工业出版社与河北农业大学动物科技学院、河北农业大学动物医学院（中兽医学院）等相关专业老师合作组织了《新农村快速致富宝典丛书》。每本书作者均为科研、教学一线的专业老师，长期深入到养殖场、养殖户进行技术指导，开展科技推广和培训，理论和实践经验较为丰富。每本书的编写都非常注重实用性、针对性和先进性相结合，突出问题导向性和可操作性，根据养殖场（户）的需要展开编写，争取每一个知识点都能解决生产中的一个关键问题，注重养殖细节。本套丛书采取滚动出版的方式，逐年增加新的版本，相信本套丛书的出版会为我国的畜牧养殖业做出应有的贡献。

丛书编委会主任：

河北农业大学动物科技学院　教授

2017 年 7 月

# 前言 FOREWORD

改革开放以来，我国肉鸡行业持续快速发展，对改善我国人民的膳食结构发挥了重要作用。但近年来，肉鸡疫病也在不断地发生变化，给肉鸡生产带来了新的威胁。因此，健康养殖成为我国肉鸡企业生存发展的基本保障。健康养殖指以保护动物健康、人类健康、畜产品安全为目标，为养殖对象提供良好的生长环境，在全生长期提供优质、全面、经济、环保的饲料，最大限度地发挥畜禽的生产潜力，减少疾病的发生，生产出无污染、个体健康的畜禽产品。树立正确的养殖理念，推行健康养殖，避免因环境污染造成对人类健康构成的威胁，这才是解决畜禽疫病、畜产品安全和环境污染问题的唯一出路。

《肉鸡疾病防治新技术宝典》通过深入浅出的文字及直观实用的图片，从肉鸡品种、解剖学及生理学知识，基础病理学知识，药理学知识，肉鸡疾病防控技术，肉鸡疾病诊断技术，肉鸡常见疾病等方面详细阐述了肉鸡疾病防治新技术的主要内容，对于我国肉鸡的健康养殖具有重要的指导意义和促进作用。

《肉鸡疾病防治新技术宝典》图文并茂，实用性、可操作性强，是肉鸡养殖场、养殖小区技术人员和生产管理人员的实用参考书。

由于编者水平有限，书中不当之处在所难免，敬请同行和广大读者批评指正。

编者

2017 年 2 月

附本书中英文单位对照表

| 单位名称 | 吨 | 千克 | 克 | 毫克 | 微克 | 米 | 厘米 | 毫米 | 微米 | 纳米 | 转/每分 | 公顷 | 平方米 |
|---|---|---|---|---|---|---|---|---|---|---|---|---|---|
| 对应国际标准符号 | t | kg | g | mg | μg | m | cm | mm | μm | nm | r/min | $hm^2$ | $m^2$ |

| 单位名称 | 平方厘米 | 立方米 | 升 | 分升 | 毫升 | 天 | 小时 | 分钟 | 摄氏度 | 千焦 | 兆焦 | 国际单位 | 瓦 | 勒克斯 |
|---|---|---|---|---|---|---|---|---|---|---|---|---|---|---|
| 对应国际标准符号 | $cm^2$ | $m^3$ | L | dL | mL | d | h | min | ℃ | kJ | MJ | IU | W | lx |

《肉鸡疾病防治新技术宝典》
目录 CONTENTS

## 第六章 肉鸡常见疾病 …… 166

# 第一章　肉鸡品种、解剖学及生理学知识

## 第一节　我国肉鸡生产的主导品种

目前，我国肉鸡生产的主导品种分为三类，包括从国外引进的快大型白羽肉鸡、我国自主培育的优质肉鸡和“817”小型肉鸡（肉杂鸡）。

### 一、快大型白羽肉鸡

现代肉鸡育种起始于20世纪20年代，育种科学家运用传统数量遗传学、现代分子育种等理论，培育出了生产性能卓越的品种。目前，我国市场上的快大型白羽肉鸡品种主要是爱拔益加（AA）、科宝-500和罗斯-308。

#### 1. 爱拔益加肉鸡

爱拔益加肉鸡又称AA肉鸡，是美国安伟捷公司培育的四系配套杂交肉用鸡。目前，在我国市场上推广应用的为$AA^{+}$肉鸡，羽毛白色，单冠，体形大，胸宽腿粗，肌肉发达，尾羽短。商品代生产性能42日龄体重2637g，料肉比1.77∶1；49日龄体重3234g，料肉比为1.91∶1。胸肌、腿肌率高，在体重2800g时屠宰测定，公鸡胸肉重537.32g，腿肉重455.84g；母鸡胸肉重548.8g，腿肉重433.72g。

**2. 科宝-500**

科宝-500是美国泰臣食品国际家禽分割公司培育的白羽肉鸡品种，体形大，胸深背阔，单冠直立，冠髯鲜红，脚高而粗，肌肉丰满。42日龄体重2626g，料肉比1.76∶1；49日龄体重3177g，料肉比1.90∶1，全期成活率95.2%。45日龄公母鸡平均半净膛率为85.05%，全净膛率为79.38%，胸腿肌率为31.57%。

**3. 罗斯-308**

罗斯-308是美国安伟捷公司培育的肉鸡品种，商品代的生产性能卓越，羽速自别雌雄。42日龄平均体重2652g，料肉比1.75∶1；49日龄体重3264g，料肉比1.89∶1。体重2800g时屠宰测定，公鸡胸肉重542.92g，腿肉重450.8g；母鸡胸肉重554.68g，腿肉重428.96g。

## 二、优质肉鸡

优质肉鸡业是我国畜牧业最具特色的产业之一，经过多年发展，区域优势明显，品种特点突出，生产性能与产品质量稳步提高，市场份额不断扩大。优质肉鸡饲养期较长，肉质鲜美，体形外貌符合消费者的喜好及消费习惯。按照生长速度把优质肉鸡分为快速型、中速型、慢速型三个类型。按照体形外貌特征分为三黄鸡和青脚麻羽鸡两种类型，前者适应以广东、广西、香港为代表的南方市场，后者适应我国北方市场。

**1. 快速型优质肉鸡**

快速型优质肉鸡一般在49日龄至70日龄上市，体重超过1300g。

（1）岭南黄鸡Ⅱ号　由广东省农业科学院畜牧研究所培育。公鸡50日龄体重1750g，料肉比2.1∶1；母鸡56日龄体重1500g，料肉比2.3∶1。成活率98%。

（2）苏禽黄鸡2号　由江苏省家禽科学研究所培育。49日龄平均体重为1797.3g，成活率98.67%，料肉比2.04∶1；56日龄平均体重2059.5g，成活率98.33%，料肉比2.15∶1。屠宰率91.55%，胸肌率17.42%，腿肌率19.07%，腹脂率3.47%。

**2. 中速型优质肉鸡**

中速型优质肉鸡一般在70日龄至100日龄上市，体重1500～2000g。以中国香港、澳门和广东珠江三角洲地区等经济发达地区为主要市场，内地市场有逐年增长的趋势。

(1) 鲁禽3号麻鸡配套系　由山东省农业科学院家禽研究所培育。91日龄平均体重1856g，料肉比3.36∶1。屠宰率88%，半净膛率82%，全净膛率63%，胸肌率17%，腿肌率23%。

(2) 金陵黄鸡　由广西金陵养殖有限公司培育。公鸡70日龄以后上市，出栏体重1730～1850g，料肉比（2.3～2.5）∶1。母鸡80日龄以后上市，出栏体重1650～1750g，料肉比（2.5～3.3）∶1。全期公、母鸡饲养成活率95%以上，屠宰率89.56%，半净膛率82.25%，全净膛率69%，胸肌率15.9%，腹脂率3.58%。

**3. 慢速型优质肉鸡**

普遍100日龄以后上市，上市体重在1100g以上。

(1) 汶上芦花鸡　原产于山东省汶上县的汶河两岸，与汶上县相邻地区也有分布，横斑羽是该鸡外貌的基本特点。作为肉用时出栏时间为120～150日龄，公鸡平均体重1420g，母鸡平均体重1278g。半净膛率公鸡为81.2%，母鸡为80.0%；全净膛率公鸡为71.2%，母鸡为68.9%。

(2) 粤禽皇3号　由广东粤禽育种有限公司培育。商品代肉鸡105日龄公鸡平均体重为1847.50g，料肉比3.99∶1；母鸡平均体重为1723.50g，料肉比为4.32∶1。

(3) 北京油鸡　北京油鸡是北京地区特有的肉蛋兼用型地方优良品种，距今已有300余年历史。具凤头、毛腿和胡子嘴的特殊外貌，肉质细嫩，味道鲜美，蛋质佳良，生活力强，遗传性稳定等特性。1988年爱新觉罗·傅杰为北京油鸡题写新名——“中华宫廷黄鸡”。北京油鸡生长速度缓慢，初生重为32g左右，商品鸡出栏一般于16周，出栏体重1690g。成年公鸡体重2500～2800g，母鸡2000～2250g；145～161日龄开产，29～31周龄达到产蛋高峰，高峰期产蛋率70%～75%。72周龄产蛋数140～150个，平均蛋重53.7g。种蛋受精率90%～94%，受精蛋孵化率90%～91%。

### 三、"817" 小型肉鸡

"817" 小型肉鸡，又称为"肉杂鸡"，由山东省农业科学院家禽研究所 1988 年推出，是用快大型白羽肉鸡父母代父系公鸡作父本与商品代褐壳蛋鸡杂交，生产小型肉鸡的一种杂交制种模式。此模式具有 3 个优点：①商品代蛋鸡产蛋量高，制种成本低；②肉质好、胸肌厚度适中，调味品容易渗入，腿长度适中，利于扒鸡、烧鸡等深加工产品造型；③体形小，符合现代小型家庭一餐一只鸡的消费需求，深受市场欢迎。该鸡全身白色，偶有黑色斑点，腿黄色，单冠直立，冠髯鲜红。出栏时间因用途不同，用于制作扒鸡、烧鸡等传统深加工产品时，一般 30～35 日龄出栏，出栏体重 900～1000g，料肉比 1.75∶1；用于生产西装鸡、分割鸡等产品时，一般饲养至 42～49 日龄出栏，出栏体重 1200～1400g，料肉比（1.85～2.0）∶1。

## 第二节　鸡解剖学及生理学知识

### 一、鸡的解剖生理特点

鸡属于鸟纲动物，在血液、循环、呼吸、消化、体温、泌尿、神经、内分泌、淋巴和生殖等方面有其独特的解剖生理特点，与哺乳动物之间存在着较大的差异。了解鸡的解剖生理特点，对正确饲养肉鸡、认识肉鸡疾病、分析肉鸡致病原因以及提出合理的治疗方案和防控技术有十分重要的意义。

#### （一）血液生理特点

鸡的血浆蛋白含量为 3.4～4.4g/dL，较哺乳动物的低。

鸡血浆中非蛋白含氮物在成分上与哺乳动物存在明显的差别，鸡血浆中的非蛋白含氮物主要为氨基氮和尿酸氮，尿素氮甚少，肌酸几乎没有；而哺乳动物血浆中的非蛋白含氮物则主要为尿素和肌酸，氨基氮和尿酸氮含量极少。

鸡血糖与哺乳动物血糖成分虽然都是 D-葡萄糖，但鸡的血糖含量比哺乳动物高。

鸡在产蛋期间，血浆的含钙量比哺乳动物的血钙要高出许多。另外，鸡血浆始终保持高钾低钠状态，这一点是比较特别的。

鸡血浆中的胆碱酯酶储量很少，因此鸡对有机磷类农药非常敏感，容易中毒。

鸡的红细胞为卵圆形，有核，这点与哺乳动物的红细胞有着显著的不同。鸡红细胞的体积比哺乳动物的大，鸡红细胞的数量比哺乳动物的少。

### （二）循环系统解剖生理特点

鸡心血管系统由心脏和血管组成。鸡心脏位于胸腔的腹侧，心基部朝向前背侧，与第1肋相对，长轴几乎与体轴平行，故心尖斜向后，正对第5肋骨。鸡血管系统也包括动脉和静脉。其主动脉弓偏右。颈总动脉位于颈椎腹侧中线肌肉深部。坐骨动脉一对，较粗，是供应后肢的主要动脉。肾动脉有前、中、后3支。肾前动脉直接发自主动脉，肾中、后动脉发自坐骨动脉。鸡的静脉特点是两条颈静脉位于皮下，沿气管两侧延伸，右颈静脉较粗。前腔静脉1对。两髂内静脉间有一短的吻合支，由此向前延为肾后静脉。其向前与由股静脉延续而来的髂外静脉汇合成髂总静脉。两侧髂总静脉合成后腔静脉。肾门静脉在髂总静脉注入处有肾门静脉瓣，其开闭可调节肾的血液注入量。鸡静脉的另一特点是肝门静脉有左、右两支。在两髂内静脉吻合处有一肠系膜后静脉，它也是肝门静脉的一个属支。借这一静脉，体壁静脉与内脏静脉联系一起。

### （三）呼吸系统解剖生理特点

鸡的呼吸系统包括鼻腔、口咽腔、喉、气管、鸣管、支气管、肺、气囊和某些含有空气的骨骼等器官。鸡的呼吸系统中肺和气囊与全身的骨骼相连通，因此一些呼吸道疾病可以通过气囊传播到全身各组织，造成鸡的抗病力一般比哺乳动物低。

鸡共有9个气囊，可分前后两群。前群气囊有1个锁骨气囊和成对的颈气囊、前胸气囊。后群气囊有1对后胸气囊和1对腹气囊。气囊出憩室进入骨中。前群气囊、后胸气囊分别与次级支气管直接相通；腹气囊直接与初级支气管相通。空气可自由进出肺和气囊，但呼吸作用主要还是由肺来完成。对鸡来讲，由于缺乏汗腺，呼吸器官也具有降温的作用，主要是以呼出水蒸气的方式排出热量。鸡在炎热的环境中易发生热喘呼吸，常使三级支气管区域的通气显著增大，导致$CO_2$分压严重偏低，出现呼吸性碱中毒而死亡，因此夏季要做好鸡舍的防暑通风工作。

### （四）消化系统解剖生理特点

鸡的消化器官包括喙、口咽腔、食道、嗉囊、腺胃、肌胃、小肠（分十二指肠、空肠和回肠）、大肠（包括盲肠和直肠）、泄殖腔以及肝、胰等。

鸡寻食主要靠视觉和触觉。鸡没有牙齿，食物摄入口腔后不经咀嚼而在舌的帮助下直接咽下。唾液的消化作用不大。

食物被吞食后即进入嗉囊。嗉囊主要起贮存食物的作用。此外，鸡嗉囊也起着湿润和软化食物的作用。

鸡的腺胃黏膜缺乏主细胞，胃液由其壁细胞分泌。由于腺胃的体积小，食物在腺胃停留的时间较短，胃液的消化作用主要是在肌胃内进行。肌胃内含一定数量的砂粒，砂粒和肌胃坚实的肌肉及其较坚实的角质膜一起节律性地收缩使颗粒较大的食物得到磨碎，有助于食物消化。

鸡的肠道长度与体长比值比哺乳动物的小。食物从胃进入肠后，在肠内停留时间较短，一般不超过一昼夜，食物中许多成分还未经充分消化吸收就随粪便排出体外。添加在饲料或饮水中的药物也同样如此，较多的药物尚未被吸收进入血液循环就被排到体外，药效维持时间短。因此在生产实际中，为了使药效维持较长时间，常常需要长时间或经常性添加药物。

### （五）体温生理特点

鸡的体温普遍要比哺乳动物的高。鸡的肺和气囊在体温调节方面起着重要作用。

鸡没有汗腺而有丰厚的羽毛，因此，鸡产热、散热以及体温调节方式与哺乳动物存在着较大的差异。当环境温度低于26.7℃时，鸡主要以辐射、对流、传导为散热方式；当温度高于26.7℃时，则以呼吸

蒸发散热为主。由于高湿会妨碍呼吸蒸发散热，因此适当的空气流通，有利于鸡耐受高温。

### (六) 泌尿系统生理特点

鸡泌尿系统包括肾和输尿管，没有膀胱。母鸡的泄殖腔有4个排泄口，分别是一个输卵管开口、一对输尿管开口和一个粪道开口。

鸡尿生成的特点是：肾小球的有效滤过压比哺乳动物低，蛋白质代谢的主要终产物是尿酸，90%的尿酸是通过肾小管的分泌作用排入小管腔。由于尿酸盐不易溶解，当饲料中蛋白质过高、维生素A缺乏、肾损伤（患传染性支气管炎）时，大量的尿酸盐就会沉积在肾脏、关节及其他内脏器官表面，导致痛风。

鸡的尿是以固体尿酸盐的形式和粪便一起排出体外的。鸡尿为奶油色，较浓稠，呈弱酸性（pH为6.2～6.7）。磺胺类药物代谢的终产物乙酰化磺胺在酸性的尿液中会出现结晶，从而导致肾的损伤，因此，在应用磺胺类药物时，应适当添加一些碳酸氢钠，以减少乙酰化磺胺结晶对肾的损伤。

### (七) 生殖系统解剖生理特点

#### 1. 公鸡生殖器官特点

公鸡生殖器官由睾丸、附睾、输精管和交配器官组成。禽类的睾丸呈豆形，色乳白，左右对称，由睾丸系膜吊于腹腔背中线两侧，约在最后两个椎肋上部。附睾小，紧贴在睾丸的背内侧。公鸡无阴茎，却有一套完整的交媾器，性静止期隐匿在泄殖腔内，由一对输精管乳头、一对脉管体、阴茎体和淋巴襞组成。

#### 2. 母鸡的生殖系统

母鸡的生殖系统包括卵巢和输卵管。在胚胎期两侧同时发生，但只有左侧发育成熟。而右侧退化。

母鸡的卵巢是单侧发育，右侧卵巢及输卵管在胚胎发育的第7～9d就停止发育，只有左侧卵巢及输卵管继续发育。

(1) 卵巢　左卵巢位于左肾前半部的腹侧，以短的系膜悬吊于腹腔背侧。幼龄时小，呈长椭圆形，成年时发达，可见不同发育阶段的卵泡，内集卵黄。性成熟时，卵巢可达3cm×2cm，重2～6g。产蛋期常见4～6个体积依次递增的大卵泡，在卵巢腹侧面有成串似葡萄样的白色小卵泡，以短柄与卵巢紧接。鸡卵泡无卵泡腔及卵泡液，排卵后不形成黄体。产蛋结束时，卵巢又恢复到静止期时的形状和大小。

（2）输卵管　鸡输卵管具有输送卵子、形成蛋的各种成分的功能，此外还是受精和暂时贮存精子的场所（表1-1）。

**表1-1　母鸡输卵管**

| 输卵管部 | 长度/cm | 卵停留时间 | 功　能 |
|---|---|---|---|
| 漏斗部 | 9 | 15min | 承受卵、受精场所 |
| 膨大部 | 32 | 3h | 分泌蛋白 |
| 峡部 | 10 | 80min | 形成内、外壳膜，注入水分 |
| 子宫部 | 11 | 18～20h | 注入子宫液，形成蛋壳，着色，壳外膜 |
| 阴道部 | 10 | 几分钟 | 通过 |

左侧输卵管发育完全，是一条长而弯曲的管道，以系膜悬挂在腹腔背侧偏左。输卵管可分五部分。

a. 漏斗部：是输卵管起始端，四周为输卵管伞，中央有一宽的输卵管腹腔口。

b. 膨大部：也称蛋白分泌部，最长，黏膜形成纵襞，内含丰富的腺体，卵白主要在此分泌。

c. 峡部：是较窄的一段。

d. 子宫部：是峡后较宽的部分，卵在此停留时间最长，黏膜里含有壳腺，形成卵壳。

e. 阴道部：是输卵管的末段，开口于泄殖道的左侧。

鸡蛋的形成时间需23～26h，高产鸡的鸡蛋形成时间短于低产鸡。母鸡与其他家禽一样具有区别于哺乳动物的繁殖特点，即能连续排卵和产生受精卵，受精蛋在体外发育。

### 3. 卵的形成、发育和排卵

（1）卵的形成和发育　胚胎孵化中期，卵巢生殖上皮细胞开始增殖形成原母细胞；出壳后，形成初级卵母细胞；排卵前，形成次级卵母细胞；与精子相遇，形成成熟卵。

（2）排卵规律及其调节　自然光照条件下，排卵在早晨进行。母鸡一般在产蛋后的15～17min开始排卵。排卵受腺垂体所分泌的黄体

生成素和孕酮调节。连续多天产蛋后，停产1～2d，然后又连续多天产蛋，又停产1～2d，如此循环就叫做产蛋周期。

处于性成熟的鸡，其发达的左侧卵巢产上许多卵泡（1000～3000个），每一个卵泡内有一个卵子，每成熟一个卵泡就排出一个卵子。由于卵泡能依次成熟，所以鸡在一个产蛋周期中，能连续产蛋。

光线刺激丘脑能影响垂体的内分泌活动，因此，光照是影响鸡产蛋周期的最重要的环境因素，目前在鸡养殖业上，已成功地运用人工延长光照的办法，来提高鸡的产蛋率。

光照、环境温度、营养水平、龄期以及交配次数对精液的形成有影响；不同颜色的光对精液的形成也有影响，精液量依红、橙、黄、绿、蓝的次序而降低。

鸡的卵子可能仅局限在漏斗部受精，鸡在交配或受精后的2～3d的受精率最高，在最后一次交配或受精后的5～6d内仍有良好的受精率。

当卵形成了硬壳蛋时进行交配或受精，受精率一般较低；若在形成软壳蛋时交配或受精，则受精率高，因此一般认为，鸡在下午进行交配或受精较合适，有利于提高受精率。

### （八）免疫系统解剖生理特点

#### 1. 淋巴管

鸡组织内毛细淋巴管逐渐汇合成较大的淋巴管，再由淋巴管汇合成胸导管。鸡有一对胸导管。从骨盆起始，向前沿主动脉伸延，最后注入两条前腔静脉。

#### 2. 淋巴组织

鸡的淋巴组织除形成一些淋巴器官外，还广泛分布于体内，如实质性器官、消化管壁内等。有的为弥散性，或呈小结状；有的为孤立淋巴小结，有的为集合淋巴小结。

鸡的淋巴器官主要包括：

（1）胸腺　位于颈部两侧皮下，分叶状，一般每侧7叶，淡黄色。性成熟后开始退化。成年鸡常保留一些遗迹。

（2）腔上囊　又称法氏囊，是鸟类动物特有的淋巴器官。鸡的为圆球形，位于泄殖腔的背侧。与胸腺不同，腔上囊驯化B细胞成熟，

主导机体的体液免疫。将孵出的雏鸡去掉腔上囊，会使血中γ-球蛋白缺乏，且没有浆细胞，注射疫苗也不能产生抗体。性成熟前达到最大(3～5月龄)，性成熟后开始退化，鸡10月龄时退化消失。

法氏囊是家禽所特有的中枢免疫器官，主导体液免疫，鸡传染性法氏囊病主要侵害此部位，引起鸡免疫抑制，导致早期的免疫接种失败和对病原微生物的易感性增强。

(3) 脾　位于腺胃与肌胃交界处的右腹侧，棕红色，鸡脾呈球形。

(4) 淋巴组织　鸡虽然也存在着淋巴管，但数量较哺乳动物少；没有真正的淋巴结，而是以壁淋巴小结存在于所有淋巴管的壁内，或以单独的淋巴小结存在于所有的实质器官（胰、肝、肺、肾等）和它们的导管内，或以集合淋巴小结存在于消化道壁（如盲肠、扁桃体）。鸡的淋巴管和淋巴组织在功能上与哺乳动物的一样，一方面将血管外的体液送回血液，另一方面对异体抗原做出反应。

## 二、鸡的生理生化参数

### 1. 鸡的生理指标

鸡的重要生理指标详见表1-2。

表1-2　鸡的重要生理指标

| 心率/(次/min) | 体温/℃ | | 呼吸频率/(次/min) | |
|---|---|---|---|---|
| | 平均体温 | 变动范围 | 平均呼吸频率 | 变动范围 |
| 175～500 | 41.7 | 40.6～43.0 | 28 | 15～40 |

注：呼吸频率为站立状态时指标。

### 2. 鸡的血液参数

鸡的血液参数详见表1-3。

表1-3　鸡的血液参数

| 红细胞数量/($10^{12}$/L) | 白细胞总数/($10^9$/L) | 白细胞分类平均值/% | | | | | 血小板数量/($10^9$/L) | 血红蛋白含量/(g/dL) |
|---|---|---|---|---|---|---|---|---|
| | | 嗜碱性粒细胞 | 嗜酸性粒细胞 | 中性粒细胞 | 淋巴细胞 | 单核细胞 | | |
| 2.8 (2.0～3.2) | 9～56 | 2.4 | 1～3 | 13～26 | 64～76 | 5.7 | 130～230 | 8.6～12.5 |

# 第二章　基础病理学知识

## 第一节　局部血液循环障碍

正常的血液循环和稳定的体液内环境是保证组织细胞健全的必要条件。血液循环障碍是指机体在各种疾病过程中经常发生的一种病理变化。当心、血管系统受到损害，血液性状发生改变时，血液的运行就要发生异常，并于机体的一定部位出现病理变化，这就叫做血液循环障碍。血液循环障碍有的以全身表现为主，有的以局部表现为主，以局部表现为主的就叫做局部血液循环障碍。局部血液循环障碍表现为：①局部组织血管内血液含量异常，造成充血、淤血、缺血；②血管损伤后，血液逸出血管外造成出血；③血液内出现异常物质，造成血管栓塞和组织梗死；④血管内水分逸出造成水肿。

### 一、充血

局部组织血管内血液含量的增多称为充血，分为动脉性充血和静脉性充血两类。

#### （一）动脉性充血

##### 1. 概念

器官或组织因动脉输入血量的增多而发生的充血，称动脉性充血。

动脉性充血是一个主动过程，主要表现为局部组织或器官的小动脉和毛细血管扩张，血液流入量增加，简称为充血。

**2. 充血类型**

常见的充血可分为生理性充血和病理性充血。

生理性充血是指为适应器官和组织生理需要和代谢增强需要而发生的充血，如采食后的胃肠道黏膜充血。病理性充血是指各种疾病状态下的充血，炎症性充血为常见的病理性充血。

注意：贫血后充血属于特殊的病理性充血。原长期受压而引起局部缺血的组织，在迅速消除外部压力的作用后，小动脉发生反射性扩张从而引起充血。

**3. 病理变化**

充血的组织体积轻度肿大；若发生在体表，局部组织颜色鲜红，局部温度增高，触摸有温热感。

注意：①动物死后，血管发生痉挛性收缩，使原来扩张的小血管变为空虚状态。②随后，血管腔的固有机能消失，失去其紧张性，血液受重力影响而下沉，出现所谓“沉降性充血”，在卧侧出现，成对器官尤为明显。③死于心力衰竭的动物常因全身性淤血而掩盖了生前的充血现象。

### （二）静脉性充血

**1. 概念**

由于静脉血液回流受阻，血液淤积在小静脉和毛细血管内，引起器官或局部组织中的静脉血含量增多，称为静脉性充血，简称淤血。淤血是一个被动过程，可发生于局部或全身。

**2. 病理变化**

发生淤血的局部组织和器官，由于血液的淤积而肿胀。发生于体表时，皮肤呈蓝紫色或暗红色，称为发绀。淤血时体表温度下降。

临床上常见的重要器官的淤血为肺淤血和肝淤血。

（1）肺淤血　由左心衰竭引起。急性肺淤血时，肺暗红色或紫红色，体积增大，边缘钝圆，弹性降低，质地坚实，表面光滑，重量增加，被膜紧张，切面外翻，切面流出大量混有泡沫状的红色液体。慢

性肺淤血时，肺质地变硬，肉眼观察呈棕褐色，称为肺褐色硬化。

肺脏，放在水中，$\xrightarrow{\text{正常时}}\frac{2}{3}$在水上

肺脏，放在水中，$\xrightarrow{\text{淤血时}}$半浮于水

肺脏，放在水中，$\xrightarrow{\text{出血时}}$沉于水下

（2）肝淤血　当右心衰弱时，首先引起肝淤血。急性肝淤血时，肝脏体积增大，重量增加，被膜紧张，边缘钝圆，表面呈暗紫红色，切面呈暗红色，流出大量紫红色血液。

慢性肝淤血时，肝小叶中央区因严重淤血呈暗红色，而肝小叶周边部肝细胞因脂肪变性呈黄色，致使肝切面出现红（淤血区）黄（肝脂肪变性区）相间，状似槟榔切面的条纹，称为“槟榔肝”。慢性肝淤血进一步发展时，肝组织硬化，称为淤血性肝硬化。

## 二、出血

### 1. 概念

血液流出血管或心脏之外，称为出血。根据发生部位不同，出血可分为内出血和外出血。血液流入组织间隙或体腔内称为内出血；血液流出体外称外出血。

### 2. 原因及类型

根据出血发生的原因将出血分为破裂性出血和渗出性出血。

（1）破裂性出血　是由于血管或心脏破裂而引起的出血。见于外伤、炎症及肿瘤的侵蚀；或血管在发生动脉瘤、动脉硬化、静脉曲张等病变的基础上，血压突然升高，导致血管破裂。破裂性出血可发生于各种血管（动脉、静脉、毛细血管）和心脏，常发生于机体的某一局部。

（2）渗出性出血　渗出性出血是指红细胞通过通透性增高的血管壁漏出血管之外，渗出性出血只发生于毛细血管及小动脉、小静脉，肉眼上或光学显微镜下看不出血管壁有明显的解剖学变化。常发生于巴氏杆菌病、新城疫、禽流感、球虫病或有机磷中毒等，引起全身性渗出性出血。

**3. 病理变化**

（1）破裂性出血的病理变化　因出血的血管种类及局部组织不同而有不同名称。

① 血肿　动脉血管破裂时，如果流出的血液蓄积在组织间隙或器官的被膜下，并压挤周围组织，称为血肿。

② 体腔积血　内出血可见于体内任何部位，血液积聚于体腔内称体腔积血（如胸腔积血、腹腔积血、心包腔积血和关节腔积血）。

③ 溢血　指伴有组织破坏的不规则的弥漫性出血称为溢血，常与组织碎片相混合。

④ 实质性出血　如果软组织大面积损伤，分辨不出是动脉还是静脉血管出血时，则称为实质性出血。

⑤ 临床对一些部位的出血有专门的称谓。如鼻黏膜出血称为鼻出血；肺出血经口排出到体外称咯血；上消化道出血经口排出到体外称为呕血；下消化道出血经泄殖腔排出称为血便；泌尿道出血经尿液排出称为血尿。

（2）渗出性出血的病理变化

① 点状出血　多呈粟粒大至高粱米粒大，散在分布或弥漫密布，见于皮肤、黏膜、浆膜和肝、肾等器官的表面。针尖大或更小的出血点（直径 1～2mm）又称瘀点。

② 紫癜　稍大范围的出血（直径 3～5mm）称为紫癜。

③ 瘀斑　直径 1～2cm 的皮下出血灶称为瘀斑，形状多近似圆形或不规则形。

④ 出血性浸润　血液弥漫浸透于组织间隙，使出血的局部呈大片暗红色，称为出血性浸润。

⑤ 出血性素质　当机体有全身性渗出性出血倾向时，称为出血性素质。

出血是很常见的病理变化，虽然出血外观表现大致相同，但是不同疾病的出血在发生部位、表现形式等方面有所不同，所以只要掌握住不同疾病出血的特征，可以很容易地区分开不同疾病。如新城疫病鸡主要是喉头、气管和腺胃黏膜出血；巴氏杆菌病病鸡表现为心冠脂肪的点状出血和小肠黏膜弥漫性出血；传染性法氏囊炎病鸡多表现腿

肌、胸肌的条纹状或斑块状出血和法氏囊的点状或斑状出血；传染性贫血病鸡的腿肌、胸肌也有斑块状出血；血管瘤型白血病病鸡会在趾部、肝脏、心脏、肠壁、输卵管、肾脏、腺胃等处形成局灶性出血疱，血疱自行破溃后流血不止；高致病性禽流感病鸡出血范围更加广泛，特征是腿部鳞片下出血。盲肠球虫病病鸡主要是盲肠黏膜出血，肠腔内积有大量血液或血凝块，小肠球虫病病鸡主要是小肠点状出血，盲肠不一定出血；卡氏住白细胞原虫病病鸡鸡冠上见针尖大出血点，胸肌、肠浆膜、肠系膜、心外膜、肾脏、肺脏出血，有的出血点中心有灰白色小点（巨型裂殖体）。

注意：实践中常用指压法来鉴别充血和出血，指压时红色暂消退判定为充血；指压时出血部位的颜色无任何变化，判定为出血。指压法只适用于生前或死后不久的动物。

## 三、局部贫血

### 1. 概念

由于动脉管高度狭窄或完全闭塞造成的局部组织的血液供应不足或完全断绝称为局部贫血。

### 2. 病理变化

贫血组织因缺血，露出组织固有颜色，颜色变浅，体积变小，边缘锐薄，被膜有皱纹，质度变软，温度下降。

如正常时，皮肤、黏膜粉红，贫血时则为黄白色；

正常时，肺粉红色，贫血时则为灰白色；

正常时，肝紫褐色，贫血时则为褐色。

## 四、梗死

### 1. 概念

当某种组织或器官由于动脉被栓子阻塞或动脉发生痉挛使动脉血流断绝，组织因缺血而发生局限性坏死称为梗死。因缺血所引起的坏死灶称为梗死灶。

### 2. 梗死的种类和病理变化

（1）贫血性梗死（白色梗死） 梗死灶外观上呈黄白色，所以又称为白色梗死。贫血性梗死多发于肾、心和脑等器官，其形态和阻塞血管所分布的区域相一致。肾贫血性梗死多呈锥体形、三角形或楔形，其底部位于肾表面，尖端向着血管堵塞的部位。肉眼可见表面黄白色，与健康组织界限明显。梗死组织表面稍干燥，硬固，稍突出于器官表面，以致因梗死组织逐渐被吸收和机化而凹陷。梗死灶周围，因坏死组织刺激，血管发生扩张充血、出血和白细胞渗出而围绕一层红色反应带。心脏贫血性梗死形态不规则，呈地图状；脑组织梗死多呈液化坏死。

（2）出血性梗死（红色梗死） 外观呈红色的梗死称为红色梗死。出血性梗死多发于富有血管吻合支并伴有淤血的肺脏、脾脏和肠管。梗死区呈红色，硬固，肿大，微突出于器官表面，以后因被吸收或机化而凹陷。

## 第二节 水盐代谢障碍

### 一、水肿

#### 1. 概念

水肿是指过多体液在组织细胞间隙或体腔中积聚。过多等渗性体液在体腔内聚积，称为积水。

#### 2. 类型

由于心脏功能不全引起的水肿称为心性水肿；由于肾脏功能不全引起的水肿称为肾性水肿；由于肝脏功能不全引起的水肿称为肝性水肿；由于营养不良引起的水肿称为营养不良性水肿；炎症部位发生的水肿称为炎性水肿。维生素 E-硒缺乏症属于心性水肿。禽流感、鸡传染性法氏囊炎时的局部水肿属于炎性水肿。

#### 3. 病理变化

肉鸡水肿表现为局部皮下、肌间、心包腔等部位呈淡黄色或灰白色胶冻样浸润，如维生素 E-硒缺乏症时腹部皮下等部位呈淡黄色或蓝绿色黏液样水肿；鸡传染性法氏囊炎时法氏囊呈淡黄色胶冻样水肿；高致病禽流感病鸡颈部等皮下呈淡黄色胶冻样水肿；腺病毒感染引起

的心包积水综合征病鸡表现心包积液、肺水肿。

## 二、脱水

### 1. 概念

体液容量减少并出现一系列机能、代谢紊乱的病理过程称为脱水。

### 2. 脱水的类型

（1）低渗性脱水　指失钠多于失水的脱水，细胞外液容量和渗透压均降低，也称为低容量性低钠血症。主要是肾内或肾外丢失大量体液后处理不当，只补给水没补给钠造成的。

（2）高渗性脱水　指失水多于失钠的脱水，细胞外液容量减少，渗透压升高，又称低容量性高钠血症。发生的原因主要是：进水不足（得不到水、吞咽困难而缺水，此时排尿和蒸发仍在进行）和失水过多（胃肠丢失、呼吸丢失、皮肤丢失、肾丢失）。

（3）等渗性脱水　指体液中水分和钠按血浆中的比例丢失的脱水，渗透压不变，细胞外液容量减少，又称低容量血症。等渗性脱水在动物临床上最常见。丢失大量消化液，如呕吐、腹泻等是其常见原因。

肉鸡脱水常见于肾型传染性支气管炎、传染性法氏囊炎等疾病。

# 第三节　细胞和组织的损伤

细胞的损伤是组织内物质代谢障碍在形态学上的反映，是全身物质代谢障碍的局部表现。根据损伤程度的不同，分为变性和坏死。变性大多数是一种可恢复性的损伤过程，是细胞通过达到新的但已改变了的自身稳定状态以适应异常刺激引起的损伤，从而维持不同水平的生命活动。坏死是细胞的死亡，这是由于细胞超越了它的自身稳定功能的极限，不能有效地进行调节以维持生命活动的结果，是一种不可恢复的过程。

## 一、变性

由于组织细胞代谢障碍，在细胞或间质内出现异常物质或原有正常物质数量增多的一类形态改变，称为变性。变性常伴有不同程度的细胞和组织的机能降低，严重时导致细胞和组织死亡。

常见的细胞变性包括：颗粒变性、水泡变性、脂肪变性及透明变性等，间质的变性则有黏液变性、透明变性及淀粉样变等。

### （一）颗粒变性

#### 1. 概念

实质器官（心、肝、肾）的实质细胞的胞浆内出现多量微细蛋白颗粒，称为颗粒变性。由于变性细胞内出现颗粒而使整个变性器官肿胀，色泽浑浊，失去原有光泽（故又称为浑浊肿胀，简称“浊肿”，现已停用这种说法）。因为这种变性主要发生在器官的功能性实质细胞，因此也被称为实质变性。多见于急性传染病、发热、中毒以及缺氧和血液循环障碍等情况下。

#### 2. 病理变化

病变轻微时，肉眼往往不易辨认，变性严重时，则表现为器官体积肿大，被膜紧张，边缘钝圆，色泽变淡，呈灰白色或灰黄色，好像用开水烫过的一般；器官切面隆突，被膜外翻，质脆易碎，切面结构模糊，变性器官的组织密度降低。

### （二）水泡变性

#### 1. 概念

细胞的胞浆或胞核内出现大小不等、含有微量蛋白浆液的水泡，使整个细胞呈蜂窝状结构，称为水泡变性，又称为空泡变性或水样变性（气球样变性、水变性）。多发的部位是表皮和黏膜，也见于肝细胞、肾小管上皮、肾上腺皮质细胞、神经细胞、结缔组织细胞和横纹肌纤维。多见于病毒性传染病（如鸡痘、鸭瘟等），或见于高温烫伤、低温冻伤等。

#### 2. 病理变化

变性程度轻时肉眼往往不易辨认。当皮肤或黏膜发生严重的水泡变性时，形成肉眼可见的水疱。

### （三）脂肪变性

#### 1. 概念

脂肪变性是指在实质器官的实质细胞的胞浆内，出现大小不等的

脂肪小滴，简称脂变。所见的脂滴多数为中性脂肪（即甘油三酯），也可能是类脂质，或者为二者混合物。

它多见于各种急性传染病、中毒、败血症以及各种可以导致缺氧的病理过程（如贫血、淤血等）。脂肪变性和颗粒变性同时或先后发生于心、肝和肾等实质器官，两者在肉眼观察时不易区别，故通常统称为实质变性。

**2. 肉眼病理变化**

因变性程度不同而异，病变初期肉眼观察无明显变化，只见器官色彩稍显黄色。严重脂变时，器官体积肿大，边缘钝圆，表面光滑，质地变软，切面微隆突，结构模糊不清，呈灰黄色或黄色。

主要器官的脂肪变性的病理变化如下。

（1）肝脏脂肪变性　肉眼观察：与颗粒变性相似，但色泽较黄。变性严重时，肝脏体积均匀肿大，被膜紧张，边缘略钝，呈不同程度的浅黄色或土黄色。刀切可见切面结构模糊，刀面附有油腻（触之也有油腻感），质地稍软而易碎。如果同时伴发肝淤血，则切面暗红色的淤血部分和黄褐色的脂变部分相互交织，形成类似槟榔切面的花纹，称为“槟榔肝”。

（2）心肌脂肪变性　肉眼观察：可见心肌呈局灶性或弥漫性灰黄色，浑浊而失去光泽，松软脆弱。此时由于心肌纤维弹性降低，故心室特别是右心室明显扩张，心腔内积留大量血液。有时在心外膜下、心室乳头肌及肉柱处，可见整齐排列的黄色条纹，与未脂变的心肌相间，形成黄红相间似虎皮样的斑纹，所以称为“虎斑心”。多发于严重贫血、中毒和传染病，如得禽流感后的心脏变化。

（3）肾脏脂肪变性　肉眼观察：肾脏稍肿大，表现呈弥漫性或局灶性黄褐色，切面皮质层增厚，呈黄褐色或灰黄色的条纹或斑纹。

## 二、坏死

**1. 概念**

活体内局部组织的病理性死亡称为坏死，是一种不可逆的病理过程。

在生理情况下，机体不断地有一定数量的细胞衰老、死亡，同时也有细胞新生而补充。这是正常的新陈代谢的规律，所以称为生理性死亡。

**2. 病理变化**

坏死组织范围较小时，肉眼不易辨认；即使坏死范围较大，但在早期肉眼观察也难以识别。临床上把失去活力的组织，叫失活组织。失活组织通常外观无光泽，比较浑浊，失去正常组织的弹性，组织收缩不良，皮温下降，没有血管搏动，失去正常感觉及运动功能。

**3. 坏死的类型**

坏死因发生的原因、组织本身的特性不同而有不同的类型。

（1）凝固性坏死　主要见于血液供应中断而引起的坏死，以坏死组织的胞浆及组织的蛋白质凝固为特征。组织坏死后，由于蛋白凝固，形成一种灰白或灰黄色，比较干燥而无光泽的凝固物质，称为凝固性坏死。

肉眼观察：坏死组织早期常肿胀，稍高于器官表面。坏死组织干燥，质地坚实，呈黄白色贫血状，无光泽，坏死区周围有暗红色的充血、出血带。

结核病灶中形成的所谓“干酪样坏死”属于凝固性坏死。

① 干酪样坏死　坏死组织呈灰白色或黄白色无结构物质，其形态为干酪样或豆腐渣样。干酪样坏死灶内一般认为其中含类脂质较多，并与蛋白质呈混合凝固。同时，干酪样坏死灶内的病原菌如结核杆菌呈阴性趋化性，不引起嗜中性粒细胞浸润，所以缺乏蛋白溶解酶，因此长期保持干酪样的凝固状态。

② 蜡样坏死　肌肉坏死外观呈灰黄色或灰白色、干燥、浑浊而坚实，如同石蜡一样，所以称作蜡样坏死。常见于鸡的白肌病。

（2）液化性坏死（湿性坏死）坏死组织因受蛋白分解酶的作用，细胞死亡后迅速分解液化而变成液体状态，这种坏死叫液化性坏死。多见于细菌引起的化脓、维生素E-硒缺乏（脑软化）和霉玉米中毒（镰刀菌毒素中毒）。

（3）坏疽　是指组织发生坏死后，由于受外界环境的影响，或继发感染腐败菌所引起的一种特殊类型坏死，坏死组织外观上呈现灰褐色或黑色等，称为坏疽。这种颜色的变化，是由于腐败菌分解坏死组

织时产生的大量硫化氢与血红蛋白分解产生的铁结合，形成硫化铁的结果。

必须指出坏死的类型并不是不变的，如凝固性坏死组织若继发化脓菌感染，就可以转化为液化坏死。

## 第四节　萎　缩

### 一、概念

已经发育到正常大小的组织、器官或细胞，由于物质代谢障碍（分解代谢超过了合成代谢）导致组织、器官体积缩小、功能减退的过程称为萎缩。

### 二、类型

根据萎缩的原因可分为生理性萎缩和病理性萎缩两种。

#### 1. 生理性萎缩

指动物在生理情况下，随着年龄的增长，某些组织和器官的生理功能逐渐减退和代谢过程逐渐降低所发生的萎缩。如动物的胸腺、卵巢、睾丸、法氏囊等器官到达一定年龄后即发生萎缩，这种萎缩称为生理性萎缩，又称年龄性萎缩。

#### 2. 病理性萎缩

由于某些致病因素作用而引起的器官或组织的萎缩，称为病理性萎缩。在临床上，可分为全身性萎缩和局部性萎缩两类。

（1）全身性萎缩　是动物常发生的一种病理过程，它多见于长期营养不良、慢性消化道疾病、恶性肿瘤、寄生虫病等慢性消耗性疾病及造血器官疾病等。饲喂不足可引起营养物质的供应不足和机体对糖、脂肪、蛋白质及维生素等吸收障碍。在疾病的情况下可引起机体的反复发热、慢性中毒和体内营养物质特别是组织蛋白质过度消耗而造成全身性萎缩。

鸡全身性萎缩时，表现为生长发育不良，机体逐渐消瘦，严重贫血，羽毛松乱、无光，鸡冠、肉髯萎缩苍白，血液稀薄，全身脂肪耗

尽，胸肌菲薄、肌肉苍白，器官体积缩小、重量减轻，肠壁菲薄。有的机体高度衰弱，消瘦、贫血呈恶病质状态，所以又称为恶病质性萎缩。

（2）局部性萎缩　多数是由于局部原因引起的，因发生原因不同而分为如下几类。

① 神经性萎缩　当中枢或外周神经发炎或受损伤时，受其支配的肌肉因神经营养障碍而发生的萎缩。鸡患马立克氏病时，由于外周神经（通常为坐骨神经和臂神经）受增生的淋巴样细胞破坏，可以引起相应部位的肢体瘫痪和肌肉萎缩。

② 废用性萎缩　动物的某肢体因骨折或关节性疾病长期不能活动或限制活动的结果。可引起有关的肌肉和关节软骨发生萎缩，这种萎缩主要由于功能障碍而引起的。“用进废退”就是这个道理。

③ 压迫性萎缩　是指器官或组织受到机械性压迫而引起的萎缩。如肿瘤压迫，慢性肝淤血时，肝窦扩张压迫肝索致肝细胞萎缩。

④ 激素性萎缩　如去势动物的前列腺发生萎缩，这是因前列腺上皮细胞得不到雄性激素的刺激而发生萎缩所致。

⑤ 缺血性萎缩　当小动脉不全阻塞时，由于血液供应不足，可以引起相应部位的组织萎缩，称为缺血性萎缩或血管性萎缩。

## 三、病理变化

萎缩的器官组织，如肝、脾、肾等器官一般仍保持其固有形态，仅见体积成比例地缩小，器官边缘锐薄，质地坚实，重量减轻，被膜增厚，皱缩；腔型器官如胃肠道，严重萎缩时腔壁变薄，壁呈半透明状，撕拉时容易碎裂。

脂肪组织萎缩时，由于脂肪组织消耗竭尽后，间隙内有大量浆液浸润，所以称为脂肪组织浆液性（或胶样）萎缩，呈胶冻样。肌肉组织萎缩表现为肌束变细、颜色变浅。

骨骼萎缩表现为骨质变薄和变性，质脆易断，红骨髓减少，黄骨髓也因脂肪萎缩而变成胶冻样物。

皮下和肌间结缔组织因水肿而呈胶样浸润。

肝脏萎缩时，肝脏体积缩小、变薄，重量减轻，色泽呈深灰褐色，

比正常者深，硬度增加，临床上称这种肝脏为褐色萎缩。

注意：与发育不全进行区别。

发育不全指某组织或器官可能是由于血液供应不良、或缺乏某种特殊营养成分或先天性缺陷，而使该组织或器官不能发育到正常大小。

## 第五节 炎症及败血症

### 一、炎症

#### （一）炎症的概念及本质

**1. 概念**

炎症是指各种致炎因子对机体的损伤作用所激发的以防御为主的局部应答性反应，包括组织的变质、渗出和组织的增生等过程，通常称“发炎”。

炎症是许多疾病的重要组成部分，如肺炎、肠炎、心肌炎、心包炎、胸膜炎、腹膜炎、肾炎等均以炎症为基本病理变化。炎症存在于许多疾病过程中，临床上具有极其重要的意义。

**2. 本质**

炎症是动物由机体受到损伤时引起的一种综合性病理反应过程，是动物在进化过程中获得并遗传下来的一种生物学特性。它不仅是一种病理性过程，而且在本质上还是一种有利于机体的防卫适应性反应。通过炎症反应，机体能预防和制止许多疾病的发生和发展。通常侵入机体的有害刺激物并不能引起疾病的发生，因为机体能以炎症反应来抗击有害因素的作用；只有当机体不能以有效的炎症来抗击有害因素时，才会出现某些功能障碍，甚至发展为疾病。

#### （二）炎症的局部表现和全身反应

**1. 局部表现**

临床上发炎部位常表现红（局部充血）、肿（组织肿胀）、热（充血、组织代谢增加引起温度升高）、痛（疼痛）及功能障碍（器官组织的功能下降）等五大征候。

### 2. 全身反应

(1) 发热　它是机体的防御性反应，白细胞增多，促进抗体形成，肝脏解毒功能和单核巨噬细胞系统功能增强。超过一定限度则产生严重后果。

(2) 白细胞增多（或减少）　血液中的白细胞增多是炎症最常见的全身反应之一，是抗感染、抗损伤的重要力量。根据白细胞增多的种类和数量，可以了解感染的程度、发展阶段、致炎因子类型、机体功能状况以及疾病的预后等情况。

(3) 单核巨噬细胞系统增生和机能亢进　表现为肝、脾和局部淋巴组织肿大；骨髓、肝、脾、淋巴组织中网状细胞以及血窦和淋巴窦内皮增生，吞噬功能增强。淋巴组织中的T、B淋巴细胞明显增生，参与细胞免疫和体液免疫。

(4) 实质器官的变化　炎症时因毒素、高热、血液循环障碍使得心、肝、肾等器官的实质细胞变性、坏死，导致功能降低。

## (三) 炎症局部的基本病理变化

任何炎症局部都有变质、渗出和增生三种基本病理变化，这三种变化是同时存在而又彼此密切相关的。一般说来，变质属于以损伤为主的病理过程，而渗出和增生则属于以抗损伤为主的病理过程。

### 1. 变质性变化

是指发炎的组织、细胞发生变性、坏死，同时其代谢和功能也发生障碍，这些改变称为变质性变化。发炎组织内的实质细胞出现颗粒变性、水泡变性、脂肪变性和坏死，间质呈黏液变性和纤维素样变，过敏性炎症引起的结缔组织变化等。

组织变质时，还能引起局部血管反应，形成充血、渗出等变化。

### 2. 渗出性变化

炎症病灶内血管中的液体成分和细胞成分，通过血管壁进入组织间隙、体腔、黏膜表面和体表的过程称为炎性渗出。从血管中渗出的液体和细胞总称为渗出物。渗出是炎症最具特征性的变化。渗出在炎症过程中具有重要的防御作用，是消除致病因素和有害物质的积极因素。渗出过程是在充血、血管壁通透性升高的基础上发生发展的。炎性渗出包括炎症组织充血、血浆渗出及白细胞游出。

充血和渗出是炎症过程中出现较早的一种十分重要的基本病理过程，特别是在急性炎症表现得特别明显。

**3. 增生性变化**

致炎因子刺激下，炎症局部细胞发生分裂、增殖为主的变化，称为增生，是炎症恢复期的主要变化，属于防御反应，可以清除致炎因子和病理产物、防止炎症蔓延、修复损伤。炎症时，随着变质和渗出现象的发生，同时出现细胞增生现象。细胞增生在炎症的早期即已开始，但在炎症的晚期最为明显。增生的细胞包括巨噬细胞、淋巴细胞、浆细胞、血管内皮细胞、血窦和淋巴窦内皮细胞、神经胶质细胞等。真正的炎性增生应该是指为了杀灭病原或消除致病因子而发生的增殖，主要包括单核巨噬细胞系统的细胞、淋巴细胞和浆细胞。

在任何炎症过程中，都有这三个基本过程的综合存在，但在不同类型的炎症或炎症的不同发展阶段，其表现形式有所差别。例如，在炎症的早期和急性炎症常以组织变质和渗出为主，而在炎症的后期或慢性炎症，则以增生性反应占优势。

## （四）炎症的分类

炎症是一个复杂的病理过程，根据其临床经过的急缓，分为超急性炎症、急性炎症、亚急性炎症和慢性炎症 4 种类型。一般说来，急性炎症以变质和渗出性变化为突出，而慢性炎症以增生变化占优势。根据炎症过程中三种变化发展程度的不同，将炎症相对地区分为以下三种类型。

**1. 变质性炎**

它是一种以发炎器官的实质细胞明显变性、坏死，而渗出和增生变化表现轻微的炎症。多发于心、肝、肾、脑和脊髓等实质器官，又称为实质性炎。最常见于各种中毒、传染病或过敏反应等。如禽霍乱和鸡沙门氏菌病鸡肝脏的坏死。

**2. 渗出性炎**

它是以渗出性变化为主，并在炎症灶内形成大量渗出液为特征，同时变质性变化和增生性变化比较轻微的一种炎症。根据渗出液和病变的特点不同，分为如下几种。

（1）浆液性炎　它是以渗出大量浆液为特征的炎症。浆液含蛋白

3%～5%，色淡黄，混有白细胞及脱落上皮，呈轻度混浊。一般是由较弱的刺激所引起的，常见于机械性摩擦、传染病初期（如禽流感流鼻液）等。肉眼常见多量轻度混浊的或淡红色（因有少量红细胞）浆液积聚在体腔内，或弥漫浸润于疏松结缔组织中，形成炎性水肿。浆膜、胸腔、腹腔、心包腔等发生浆液性炎时，发炎部位的浆膜粗糙，失去固有光泽，血管充血，于浆膜腔内蓄积多量淡黄色透明或稍混浊的液体。皮肤发生浆液性炎时，如浆液蓄积于表皮棘细胞之间或真皮的乳头层，则于皮肤局部形成丘疹样结节或水疱，突出于皮肤表面，多见于鸡痘及冻伤等。黏膜表层发生浆液性炎时，表现黏膜充血、肿胀，渗出的浆液常混同黏液从黏膜表面流出，如禽流感时流鼻液。皮下、肌间及黏膜下层等疏松结缔组织发生浆液性炎时，表现炎性水肿。皮下结缔组织呈淡黄色胶冻样，把此称为胶样浸润。

若在体腔（胸腹腔及心包腔）或肺脏、咽喉部渗出过多的浆液时，由于机械压迫，常可造成严重后果，甚至危及生命。

（2）纤维素性炎　以渗出物中含有大量凝固的纤维蛋白为主要特征。血浆中的纤维蛋白原渗出后受损伤组织释放出的酶的作用，凝固变成淡灰黄色的纤维蛋白。常发生于黏膜（喉、气管和胃肠）、浆膜（心膜、胸膜和腹膜）和肺脏等部位。常见于鸡大肠杆菌病、新城疫和鸡传染性喉气管炎。按炎灶组织的坏死程度不同，可分为以下2种类型。

① 浮膜性炎（假膜性炎、伪膜性炎）　组织损伤程度较轻，渗出的纤维蛋白大部分积聚于炎灶表面，形成一层淡黄色有弹性的膜状物，易剥离，此种炎症称为浮膜性炎。如大肠杆菌病病鸡心脏与肝脏的纤维素性炎。

② 固膜性炎（纤维素性坏死性炎）　组织损伤严重，黏膜层发生坏死，渗出的纤维蛋白与坏死组织牢固结合，形成一层不易剥离的膜；强行剥离后，其下层组织显示有溃疡及坏死，多发生在黏膜。

（3）卡他性炎　是专指发生于黏膜并以在表面有大量渗出物流出为特征的一种炎症，简称为卡他。诱发卡他性炎的各种刺激物，多数都是刺激性小、作用时间较短的。喂变质的饲料引起胃肠卡他，吸入刺激性气体引起呼吸道卡他。常发生于胃肠道黏膜、呼吸道黏膜及子

宫黏膜等，可见黏膜表面有大量渗出物。

（4）化脓性炎　炎症渗出物中有大量嗜中性粒细胞，并伴有组织坏死和形成脓汁为特征的炎症，称为化脓性炎。化脓性炎病灶中的坏死组织被嗜中性粒细胞或坏死组织产生的蛋白酶所液化的过程，称为化脓。化脓所形成的液体叫做脓液，脓液内含有大量白细胞、溶解的坏死组织和少量浆液。白细胞中多数为嗜中性粒细胞，其次为淋巴细胞和单核细胞。通常把脓液中呈变性和坏死的嗜中性粒细胞称为脓球（脓细胞）。化脓性炎多由某些化脓菌如葡萄球菌、链球菌、大肠杆菌、棒状杆菌和铜绿假单胞菌等引起；某些非化脓菌如结核杆菌，在第一次侵入组织时的反应，也表现为化脓性炎。

因病原不同和所含的物质不同，脓液的颜色有差异。感染链球菌及葡萄球菌时常产生白色或黄色的脓液。当渗出物中含有红细胞时，则脓液呈红色。某些微生物产生可溶性色素，如铜绿假单胞菌感染时，可出现青绿色的脓液。鸡的脓液中含有抗胰蛋白酶，易凝固呈干酪样。

（5）出血性炎　以炎灶渗出物中含有大量红细胞为特性。常见于高致病性禽流感、新城疫、禽霍乱、鸡球虫病等。胃及肠前段出血，粪呈棕色或黑色。肠后段出血则粪中血呈鲜红色。

（6）腐败性炎（坏疽性炎）　发炎组织感染了腐败菌后，引起炎灶组织和炎性渗出物腐败分解为特征的炎症。腐败性炎可能一开始即由腐败菌所引起，但也常并发于卡他性炎、纤维素性炎和化脓性炎，多发于肺、肠及子宫。

上述各类型渗出性炎，是根据病变特点和渗出物性质划分的，但它们之间既有联系又有区别。多半为同一炎症过程的不同阶段。有时同一个炎症病灶有几种类型炎症发生，应特别注意。

### 3. 增生性炎

是以细胞或结缔组织大量增生为特征，而变质和渗出变化表现轻微的一种炎症。根据增生的病变特征可分为以下两种。

（1）普通增生性炎　分以下 2 种情况。

① 急性增生性炎　是以细胞增生为主，而渗出和变质为次的炎症。在新城疫、禽流感、禽脑脊髓炎等引起病毒性脑炎时，可见神经

胶质细胞的增生，形成胶质结节。

② 慢性增生性炎　主要是以结缔组织的成纤维细胞、血管内皮细胞和巨噬细胞增生而形成非特异性肉芽组织为特征的炎症。常见的有慢性间质性肝炎、慢性间质性肾炎，慢性增生性炎的肝脏和肾脏多半表现为体积缩小，质地较硬，表面高低不平，称为硬变。

(2) 特异性增生性炎　是指由某些特异病原微生物引起特异性肉芽组织增生的炎症。

多由结核杆菌、放线菌等病原微生物所引起的慢性炎症。

## 二、败血症

### (一) 概念

病原微生物突破机体防御屏障，由局部感染处侵入血液，造成感染全身化，并在血液中繁殖和产生大量毒性产物，使机体陷于严重中毒状态而出现全身反应，这种全身性病理过程称为败血症。

败血症有两个主要标志：一是血液中病原微生物存在，出现菌血症、病毒血症、虫血症；二是出现毒血症，即血液中有大量毒素存在。

菌血症是病灶局部的细菌经血管或淋巴管侵入血流，血液中可查到细菌，但全身并无中毒症状，此阶段，肝脏、脾脏、骨髓的吞噬细胞可作为第一道防线清除病原微生物。病毒血症是指病毒粒子存在于血液中的现象。虫血症是指寄生原虫侵入血液的现象。

上述病原微生物在血液中出现只是暂时的，若机体很快能将其清除，则对机体无影响。病原微生物的毒素或其毒性产物被吸收入血，蓄积而引起的全身中毒现象，称为毒血症。化脓性细菌侵入机体，局部出现化脓性炎症，若细菌侵入血液大量繁殖后，细菌性栓子随血行途径转移，形成转移性化脓灶，最终使感染全身化，这种化脓性感染的全身化称“脓毒败血症或脓血症”。

### (二) 病理变化

败血症的病理变化包括侵入门户的局部病变和全身病变。非传染性病原菌引起的败血症和脓毒败血症，侵入门户常出现明显的炎症或化脓等病变。侵入门户的病变可能多种多样，但其炎症的性质多是化

脓性炎或坏死性炎。某些病毒和传染性细菌侵入机体后在局部组织不引起明显的眼观病变，或仅引起轻微的病变，但可直接发展为败血症。传染病型败血症的病理变化主要表现如下。

### 1. 全身性变化

（1）尸僵不全　由于动物体内有大量病原微生物存在，且肠道腐败菌在机体抵抗力降低的情况下进入血液循环，所以尸体极易腐败；以及肌肉组织的退行性变。所以尸僵往往不完全或不明显。

（2）血液凝固不良　由于机体严重酸中毒及$CO_2$增多，血液中凝血物质被破坏，所以血液多呈紫黑色黏稠状，凝固不良呈酱油样。

（3）溶血现象　因为溶血，血管内膜和心内膜被血红素染成污红色。由于肝机能不全，间接胆红素不能转化，间接胆红素在体内增多，所以可视黏膜及皮下组织等均见黄染。

（4）全身黏膜、浆膜出血　由于病原菌及其毒素的作用，使血管壁通透性增高，血液渗出，所以许多脏器都出现出血点、出血斑。如禽流感、鸡新城疫等。

### 2. 免疫器官

多呈急性炎症变化。

（1）脾脏　呈现急性脾肿的变化，但是也有例外。脾脏体积肿大可达正常时的3～5倍，边缘钝圆，质地松软易碎，呈黑紫色。切面流出紫黑色液体，呈黏稠粥样。刀背轻刮有刀泥。脾肿严重时，可造成脾破裂而引起内出血。这是急性炎性脾肿的形态学变化，通常把它称为“败血脾”。

（2）淋巴器官　在病程较长、机体与病原体之间的斗争比较剧烈的病例中，机体多处的淋巴组织可见充血、出血、水肿、变性或坏死等急性炎症病变。

### 3. 实质器官

以退行性变为主，但有时也可见炎症过程。

（1）心脏　心肌变性，弹性降低，心腔扩张，心肌质地松软，切面无光泽，呈土黄色。有时因充血不均和组织呈现不同程度的变性坏死而呈不同色彩。心内膜、心外膜有散在的出血点。心腔内有多量暗红色凝固不良的血液，为急性心力衰竭的表现。

（2）肝脏　因变性而肿大，呈灰黄或土黄色，有时因淤血和变性而呈“槟榔肝”的现象。

（3）肾脏　因变性而肿大，皮质部呈灰黄或土黄色，髓质部呈紫红色，质地松软。

（4）肺脏　淤血、水肿，体积增大，呈紫红色，有时呈现出血性支气管肺炎的变化。

**4. 神经内分泌系统**

（1）神经系统　无明显肉眼变化，仅见脑膜充血。

（2）肾上腺　变性、坏死或出血。

# 第六节　肿　　瘤

## 一、肿瘤的一般生物学特性

### （一）概念

机体在各种致瘤因素作用下，局部组织细胞在基因水平上失去对其生长的正常调控，导致克隆性异常增生而形成的新生物。这种新生物常形成局部肿块，因此称为肿瘤。

### （二）肿瘤的一般生物学特性

**1. 形状**

肿瘤形状多种多样。良性肿瘤呈结节状、分叶状、囊状、乳头状、息肉状，有包膜，界线清楚。恶性肿瘤如果位于器官里边，则界线不清、形状不定、器官表面的恶性肿瘤表现局部肥厚，有时呈结节状、乳头状或菜花状，但表面常出血、坏死、溃疡或炎症。

**2. 大小**

良性肿瘤生长较慢，较大；恶性肿瘤生长较快，较小。

**3. 颜色和质地**

与起源组织、纤维间质和细胞的比例有关。起源于脂肪组织的肿瘤较软、黄色；起源于血管组织的肿瘤较软、红色；起源于骨、结缔组织的肿瘤较硬、常呈灰白色。纤维间质多的肿瘤质地较硬，色灰白；细胞丰富的肿瘤质地较软，色灰红。

### （三）肿瘤的组织结构

**1. 肿瘤的实质**

即瘤细胞的总称。不同组织来源的瘤细胞具有各自的特点，从而决定肿瘤组织的来源、肿瘤的分类、命名和诊断；根据分化成熟程度和异型性大小来确定肿瘤的性质（良性、恶性）和恶性肿瘤的级别（恶性程度）。

**2. 肿瘤的间质**

（1）纤维结缔组织、纤维母细胞、成肌纤维母细胞，可作为肿瘤的支持组织，后者尚有延缓瘤细胞浸润、限制瘤细胞活动的作用。

（2）血管组织营养肿瘤细胞。

（3）炎性细胞浸润可杀伤肿瘤细胞或有助于肿瘤细胞扩散。

### （四）肿瘤的异型性

肿瘤组织在细胞形态和组织结构上，都与其发源的正常组织有不同程度的差异，这种差异称为异型性，也称为间变。良性瘤细胞异型性不明显，而结构异型性显著。恶性瘤细胞异型性和结构异型性都非常明显。

## 二、肿瘤发生的原因

肿瘤发生的原因归纳起来可分为外因和内因。外部因素又可分为生物性因素、化学性因素、物理性因素、慢性刺激；内部因素包括年龄、性别、遗传因素、品种品系因素、免疫机能。

## 三、肉鸡的肿瘤性疾病

马立克氏病病毒、禽白血病病毒、网状内皮组织增殖症病毒可致鸡形成肿瘤，肿瘤病鸡免疫功能低下。

# 第三章　药理学知识

## 第一节　抗微生物药物

抗微生物药物，指对细菌、支原体、衣原体、真菌、病毒等微生物具有选择性抑制或杀灭作用，主要用于防治微生物引起的感染性疾病的一类药物。抗微生物药物包括抗菌药物、抗病毒药物、抗原虫药物、抗支原体药物、抗衣原体药物、抗立克次体药物。抗菌药物又包括抗细菌药物、抗真菌药物。抗生素是抗微生物药物里最主要的一大类药物，包括 $\beta$-内酰胺类、氨基糖苷类、四环素类、酰胺醇类、大环内酯类、林可胺类、多肽类、多烯类、截短侧耳素类、含磷多糖类、聚醚类。合成抗菌药物包括喹诺酮类、磺胺类等。

### 一、概述

#### （一）基本概念

##### 1. 抗菌谱

指药物抑制或杀灭病原微生物的范围，又分为窄谱抗菌药和广谱抗菌药。

窄谱抗菌药仅对单一菌种或某一属细菌有效，许多窄谱抗生素是杀菌药。

广谱抗菌药能抑制或杀灭多种不同种类的细菌，抗菌作用范围广泛，不仅作用于革兰氏阳性菌和革兰氏阴性菌，且对衣原体、支原体、立克次体等也有抑制作用（如四环素类、酰胺醇类、氟喹诺酮类）。多数广谱抗生素是抑菌药，但高剂量的红霉素和四环素及喹诺酮类除外。

**2. 抗菌活性**

是指抗菌药物抑制或杀灭病原菌的能力。

常以最低抑菌浓度（MIC）及最低杀菌浓度（MBC）表示，单位均为μg/mL或mg/L。MIC指在体外试验中能抑制培养基内细菌生长的最低药物浓度。在一批实验中能抑制50%或90%受试菌所需的MIC，分别称为$MIC_{50}$或$MIC_{90}$。MBC是指以杀灭细菌为评定标准时，使活菌总数减少99%或99.5%以上的最低药物浓度。某些抗菌药物的抗菌和杀菌作用是相对的，呈现量效关系。有些抗菌药在低浓度时呈抑菌作用，而高浓度呈杀菌作用。针对抗菌活性的差别，临床将抗菌药分为抑菌药和杀菌药。其中，杀菌药（MBC≈MIC）是指具有杀灭病原菌作用的药物，如青霉素类、氨基糖苷类和喹诺酮类等。而抑菌药（MBC≥MIC）是指仅能抑制病原菌的生长繁殖，而无杀灭作用的药物，如磺胺类、酰胺醇类和四环素类等。常用纸片法测定细菌对药物的敏感性，以药敏纸片周围抑菌圈直径大小为标准，其直径与药物对细菌的MIC成反比，抑菌圈越大，说明细菌对该药物越敏感，一般的判定标准为：抑菌圈直径＞20mm为极敏感，15.1～20mm为高度敏感，10～15mm为中度敏感，＜10mm为耐药。

**3. 抗菌药后效应**

是指细菌与抗菌药物短暂接触后，将药物完全除去，细菌的生长仍然受到持续抑制的效应，简称PAE。

PAE以时间的长短来表示。如β-内酰胺类对革兰氏阳性菌的PAE为2～6h，对革兰氏阴性菌则很短或没有；作用于蛋白质和核酸合成的抗菌药物如氨基糖苷类、大环内酯类、喹诺酮类、酰胺醇类、四环素类等对革兰氏阴性菌和阳性菌产生1～6h甚至更长的PAE。此外，处于PAE期的细菌再与亚抑菌浓度的抗菌药物接触后，可进一步被抑制，这种作用称为抗菌药后效应期亚抑菌浓度作用。由于PAE明确显示抗菌药物被清除或浓度低于MIC时细菌的生长繁殖仍受抑制，并且在大多数情况下抗生素浓度越高，接触时间越长，则PAE越长，因此PAE值对制定抗菌药物的给药方案具有指导作用，被认为是确定剂量与给药间隔时间的重要参数。对有明显PAE且毒性较低的药物，其最佳给药间隔应为有效浓度维持时间加上PAE。

#### 4. 耐药性

指细菌与抗菌药物反复多次接触以后，对药物的敏感性下降甚至消失，致使抗菌药物对耐药菌的疗效降低或无效。病原微生物在体内外对多种抗菌药物可产生耐药性，使药物对其的MIC升高。

在敏感菌因药物选择作用而被大量杀死后，耐药菌得以大量繁殖成为优势菌，并引起各种感染，所以广泛应用抗菌药物特别是无指征滥用，也能促进细菌耐药性的发生发展，特别是一些人畜共用的治疗药物添加作为动物生长促进剂。同时，虽然有的细菌产生耐药性后有一定的稳固性，但有的抗菌药物在停用一段时间后敏感性可逐渐恢复(如细菌对庆大霉素的耐药性，可在停药后数周下降，恢复敏感性)，因此，为了克服细菌对药物产生耐药性，临床用药要注意抗菌药物的合理应用，给予足够的剂量与疗程，必要时可联合用药和有计划的轮换供药。

### (二) 抗生素作用机制

#### 1. 抑制细菌细胞壁合成

本类抗生素主要影响正在繁殖的细菌细胞，所以又称为繁殖期杀菌剂。代表药物为磷霉素、环丝氨酸、万古霉素、杆菌肽、青霉素和头孢菌素类抗生素。本类作用机制的药物对$G^+$菌（即革兰氏阳性菌）作用强。

#### 2. 影响胞浆膜的通透性

代表药物为多肽类抗生素（多黏菌素）、多烯类抗生素（制霉菌素和两性霉素）。

#### 3. 抑制蛋白质合成

代表药物为氯霉素、林可霉素和大环内酯类抗生素（红霉素等）、四环素、氨基苷类抗生素（新霉素等）。

#### 4. 抑制核酸代谢

代表药物为氟喹诺酮类、新生霉素。

### 5. 干扰叶酸代谢

代表药物为氟磺胺类与甲氧苄啶（TMP）。

## （三）合理使用

正确应用抗微生物药是发挥药物疗效的重要前提，不合理的使用不仅会造成药费成本的增加，而且会促进细菌耐药性和加剧兽药残留，导致肉鸡不良反应增多，不利于肉鸡机体健康，甚至可能引起中毒，出现所谓的药源性疾病，给兽医工作、公共卫生、食品安全带来不良的后果。

### 1. 抗菌药临床应用的基本原则

（1）严格按照适应证选药　每一种抗微生物药物有不同抗菌谱与适应证。临床诊断、细菌学诊断和体外药敏试验可作为选药的重要参考。此外，还应根据机体的肝、肾功能，感染部位，药动学特点，细菌产生耐药性的可能性、不良反应和价格等方面综合考虑。正确诊断是药物选择的基础；条件许可时进行单药药敏及联合药敏试验；避免无指征或指征不强而使用抗菌药物。

对一般革兰氏阳性菌引起的葡萄球菌病或链球菌病等可选用$\beta$-内酰胺类、四环素类、酰胺醇类和红霉素等。对耐青霉素的金黄色葡萄球菌所致呼吸道感染、败血症等可选用庆大霉素、大环内酯类和头孢菌素类。对革兰氏阴性菌（大肠杆菌、巴氏杆菌）引起的肠炎、生殖系统炎症等优先选用氨基糖苷类、酰胺醇类和氟喹诺酮类。对铜绿假单胞菌引起的各部位感染可选用庆大霉素、多黏菌素类等。对支原体引起的鸡慢性呼吸道病则首选泰乐菌素、泰妙菌素、替米考星和氟喹诺酮类。

对病毒性感染不宜用抗菌药物，不明原因的发热也不宜使用抗菌药物，对真菌感染也不宜选用一般的抗菌药。

（2）掌握药物动力学特征，制定合理的用药方案　合理的用药方案包括药物品种、给药途径、剂量、给药间隔及疗程等。

药物品种是先决条件。适宜的用药途径是保障。

药物剂量是关键。剂量过小不仅无效，反而诱导耐药菌的产生；剂量过大，不仅造成不必要的浪费，还可引起机体中毒。应参考药敏试验并结合药物特点选择使用剂量。高度敏感菌：因血中浓度要求较

低而剂量较低；中度敏感菌：为确保足够的血药浓度需使用高剂量。一般对中、轻度感染，其最大稳态浓度宜超过 MIC 的 4～8 倍，而重度感染则在 8 倍以上。浓度依赖型抗菌药（氨基糖苷类、氟喹诺酮类、两性霉素 B 等）的抗菌强度与药物的血药浓度成正比，且具有以下特点：①抗菌活性随药物的浓度升高而增强，当峰浓度（$C_{max}$）大于致病菌 MIC 的 8～10 倍时，抑菌活性最强；②有较显著的 PAE；③血药浓度低于 MIC 时对致病菌仍有一定的抑菌作用。如，氨基糖苷类日剂量 1 次使用与分剂量使用相比，疗效不变或有所加强，而耳毒性、肾毒性显著降低。

而时间依赖型抗菌药的抗菌活性随用药时间延长而增强，当血药浓度超过最低抑菌浓度一定程度后，再增加抗菌药浓度并不能增强其抗菌活性。时间依赖型抗菌药有短半衰期药物（$\beta$-内酰胺类、林可胺类等）和长半衰期药物（大环内酯类），其共同的特点是：①当血药浓度超过对致病菌的 MIC 以后，其抑菌作用不随浓度的升高有显著的增强，而与血药浓度超过 MIC 的时间密切相关；②仅有一定的 PAE 或没有 PAE；③当血药浓度低于 MIC 时，一般无显著的抑菌作用。

疗程应充足，一般的感染性疾病用药 2～3d，症状消失后，再巩固 1～2d，以防复发；支原体病的治疗一般需 5～7d；磺胺类药物的疗程要增加 2d。急性感染，如临床效果欠佳，应考虑在用药 5d 内改用其他抗菌药。抗菌药物应足剂量、足疗程的应用。在取得稳定疗效后停药。疗程过短易使疾病复发或转为慢性。中途不可随意减量或停药，以免治疗不彻底引起复发或诱导耐药菌株产生。

（3）避免耐药性的产生　随着抗菌药物在肉鸡养殖业中的广泛应用，细菌耐药性问题日趋严重，尤以大肠杆菌、沙门氏菌、金黄色葡萄球菌、铜绿假单胞菌、奇异变形杆菌和鼻气管鸟杆菌等最易产生耐药性。为保证动物健康，用药时应严格掌握适应证，不滥用抗菌药物。用单一抗菌药物有效的就不采用联合用药。严格掌握用药指征，剂量要够，疗程要恰当。皮肤黏膜等局部感染应尽量避免局部应用抗菌药，因其易发生过敏反应和诱导耐药菌的产生。减少不必要的预防应用。病因不明者，不要轻易使用抗菌药。耐药菌株导致的感染，应改用对病原菌敏感的药物或采取联合用药。尽量减少长期用药，同一养殖场

的肉鸡不要长期固定使用某一类或某几种药物，要有计划地分期、分批交替使用不同类或不同作用机理的抗菌药。

（4）防止药物的不良反应　使用抗菌药物过程中对于可能出现的不良反应，要注意防范，一经发现应及时停药、更换药物和采取相应解救措施。对有肝功能或肾功能不全的病例，易引起由肝脏代谢（红霉素、氟苯尼考等）或由肾脏清除（$\beta$-内酰胺类、氨基糖苷类、四环素类、氟喹诺酮类、磺胺类等）的药物蓄积，产生不良反应。对于上述病例，应减少给药剂量或延长给药间隔时间，以避免药物的蓄积性中毒。高度集约化的养殖过程中，应用大量的抗菌药物防治疾病，随之而来的是动物性食品中药物残留问题日益严重；同时，养殖场的排泄物中所含的药物又会污染环境，给生态环境带来不良影响。

**2. 抗菌药的联合应用**

（1）联合用药　联合用药的优点是：发挥药物的协同抗菌作用以扩大抗菌谱、提高疗效；延缓或减少耐药菌的出现；对混合感染或不能作细菌学诊断的病例，联合用药可扩大治疗范围；联合用药可减少个别药剂量，从而减少毒副作用。

但是不恰当的联合应用，也可能产生一系列的不利后果：增加不良反应发生率；容易出现二重感染；耐药菌株更加增多；浪费药物；延误正确治疗。

（2）联合用药的指征

① 单一药物不能控制的严重感染、混合感染，如鸡支原体与大肠杆菌等细菌的混合感染。

② 病因未明而又危及生命的严重感染，先进行联合用药，待确诊后再调整用药。

③ 长期用药治疗容易出现耐药性的细菌感染，如结核病。

④ 联合用药使毒性较大的抗菌药减少剂量，如两性霉素B或黏菌素与四环素合用，前者用量可减少，从而减少毒性反应。

（3）联合用药可能产生的结果　两种抗菌药联合应用在体外或动物实验中可获得无关、相加、协同（增强）和拮抗等四种效果。临床当中为了获得联合用药的相加或协同作用，必须根据抗菌药物的特性和机理进行选择。

首先，抗菌药物一般根据抗菌特点分为四类：

第一类为繁殖期或速效杀菌药：主要有β-内酰胺类。

第二类为静止期或慢效杀菌药：主要有氨基糖苷类、氟喹诺酮类、多肽类（如多黏菌素）。

第三类为速效抑菌剂：仅作用于分裂活跃的细菌，属生长期抑菌剂，如四环素类、酰胺醇类、大环内酯类、林可霉素类。

第四类为慢效抑菌剂：磺胺类。

一般来说，第一类繁殖期杀菌剂和第二类静止期杀菌剂合用可以获得增强和协同作用，青霉素＋链霉素或青霉素＋庆大霉素（不能用庆大霉素稀释青霉素）或青霉素＋多黏菌素的联合应用都有临床意义。这是因为第一类药物可以破坏细菌细胞壁的完整性，从而使第二类药物更易于进入细胞。

第一类速效杀菌剂不能和第三类速效抑菌剂联合，否则容易出现拮抗作用。如青霉素不能和氟苯尼考、四环素类、大环内酯类、林可霉素联用，因为这四者能迅速抑制细菌蛋白质合成，使细菌处于停止生长繁殖的静止状态，致使繁殖期杀菌剂青霉素干扰细胞壁的合成功能不能获得充分发挥，降低青霉素的药效。

第一类繁殖期杀菌剂与第四类慢效抑菌剂合用，虽然一般无增强或减弱的影响，不会有重大影响或发生拮抗作用，但由于第一类对代谢受到抑制的细菌的杀灭作用较差，故一般不宜联合应用。所以在注射青霉素时，就不必再同时注射磺胺类药，但治疗脑炎时例外，在有明显指征时，磺胺嘧啶钠与青霉素分别肌注（不能混合），在治疗脑部细菌感染时，能提高药效。

第二类和第三类、第四类联用，常常可以获得协同和相加作用。

第三类与第四类合用，由于都是抑菌药，一般可获得协同作用。

还应注意：

① 作用机制不同的杀菌药，如青霉素类和氟喹诺酮类，可以合用，二者有协同作用。

② 作用机理相同的一类抑菌药物，如氟苯尼考、大环内酯类、林可酰胺类、泰乐菌素等，它们之间不能联用，否则可能因为抢占同一作用靶位而出现拮抗。如氟苯尼考不能与后三者联用，由于竞争作用

部位，后者可替代或阻止氟苯尼考与 50S 亚基结合而产生拮抗作用，导致减效。

③ 化学结构类似的药物之间不宜联用。如氨基糖苷类之间的链霉素、庆大霉素、卡那霉素等不宜联用，否则将增强耳毒性、肾毒性。

④ 联合用药产生的作用也可能因为不同菌种和菌株而产生差异，药物剂量和给药顺序也会影响效果。

⑤ 联合用药还应注意药物之间的理化性质、药物动力学和药效学之间的相互作用与配伍禁忌。

## 二、抗生素

### （一）概念

抗生素是细菌、真菌、放线菌等微生物的代谢产物，能杀灭或抑制病原微生物。

### （二）分类

根据化学结构分为以下几类。

#### 1. β-内酰胺类

属于繁殖期杀菌药。本类药物包括青霉素类、半合成青霉素类和头孢菌素类等，它们均属于兽用处方药。

（1）青霉素类　青霉素类属于窄谱抗生素，主要作用于革兰氏阳性菌、革兰氏阴性球菌和螺旋体；大部分革兰氏阴性菌对青霉素敏感性低。青霉素溶于水后极不稳定，易被酸、碱、醇、氧化剂、金属离子所破坏而丧失抗菌活性。雏鸡每只每次 2000IU，短时间饮完；每只成年鸡每天注射 2 万～5 万 IU，每天 2～3 次。

（2）半合成青霉素　这类药物是利用青霉素母核（6-氨基青霉烷酸）为原料合成的一些衍生物，分别具有耐酸、耐酶、口服吸收好、在体内分布广和广谱等特点，尤其是对革兰氏阴性菌的抗菌活性增强。兽用临床常见的有耐酶、耐酸的苯唑青霉素、乙氧萘青霉素、邻氯青霉素、双氯青霉素等；还有广谱、耐酸的氨苄西林、羧苄西林、阿莫西林等。内服，鸡每千克体重用 20mg 左右。

（3）头孢菌素类　头孢菌素类是一系列半合成抗生素，具有抗菌谱广、杀菌力强、过敏反应少，对酸和各种细菌所产生的β-内酰胺酶较青霉素稳定等特点。目前在兽用处方药中仅有注射用头孢噻呋、盐酸头孢噻呋注射液、注射用头孢噻呋钠等产品。1日龄雏鸡，每只0.1mg。

（4）克拉维酸　又名棒酸。单独使用无效，通常与其他β-内酰胺类抗生素合用。用于产酶和不产酶金黄色葡萄球菌、葡萄球菌、链球菌、大肠杆菌、巴氏杆菌等引起的感染。与氨苄西林合用时，可使之对产酶金黄色葡萄球菌的MIC由大于1000μg/mL减少至0.1μg/mL。拌料一次量，肉鸡每千克体重用20～30mg，每日2次，连用3～5d。混饮，每1L水0.5g，连用3～7d。

休药期：复方阿莫西林粉，鸡7d，产蛋期禁用。

**2. 氨基糖苷类**

氨基糖苷类为速效杀菌剂，对于静止期细菌也具有较强的抗菌作用，其杀菌作用具有浓度依赖性，且主要作用于革兰氏阴性细菌，对革兰氏阳性菌作用有限，对厌氧菌无效。此类药物为兽用处方药，包括硫酸链霉素、硫酸双氢链霉素、硫酸卡那霉素、硫酸庆大霉素、硫酸安普霉素、硫酸新霉素、盐酸大观霉素等。各种药物的使用剂量应以药品说明书为准。

**3. 四环素类**

四环素类为生物合成的广谱、快速抑菌抗生素药类。临床主要对多种革兰氏阳性菌、革兰氏阴性菌、立克次氏体、支原体、衣原体等均有抑制作用，在高浓度下也具有杀菌作用。本类药物属于兽用处方药。兽用处方药目录包含土霉素、盐酸土霉素、四环素、盐酸四环素、盐酸多西环素等相关制剂。

四环素、土霉素使用剂量：100～200mg/只，分早晚拌料服用。

多西环素使用剂量：10～20mg/kg体重，一次性投服。

**4. 大环内酯类**

大环内酯类药物属于繁殖期速效抑菌剂，对需氧的革兰氏阳性球菌和杆菌具有强大的抗菌作用，但对大多数需氧的革兰氏阴性菌无效。其抗菌谱为葡萄球菌、链球菌、钩端螺旋体、肺炎支原体、立克次体和衣原体等。此类药物在兽医临床属于处方药物，包括红霉素、硫氰酸红霉素、泰乐菌素、酒石酸泰乐菌素、替米考星、酒石酸吉他霉素等。

红霉素：100mg/L 混饮，连续使用 3～5d。

泰乐菌素：500mg/L 混饮，连续使用 3～5d。

替米考星：200mg/L 混饮，7～15d。

酒石酸吉他霉素：500mg/L，连用 3～5d。

### 5. 酰胺醇类

酰胺醇类抗生素主要有氯霉素、甲砜霉素和氟苯尼考。目前农业部允许用于兽用临床的有氟苯尼考和甲砜霉素，氯霉素已经在 2002 年 4 月中华人民共和国农业部第 193 号公告中被列入所有食品动物禁用兽药目录。

酰胺醇类抗生素属于广谱、速效抑菌药，对革兰氏阳性、阴性细菌均有抗菌作用，其中对革兰氏阴性细菌的抗菌作用较强。主要用于治疗肺炎链球菌、化脓链球菌、绿色链球菌、脑膜炎球菌、支原体、立克次氏体和衣原体等病原体的感染。

氟苯尼考：每天每千克体重肉鸡用 5～10mg，一次性投服。

甲砜霉素：静注给药剂量为每天每千克体重用 15 mg；口服给药剂量为每天每千克体重 30 mg。

### 6. 林可胺类

由链丝菌分离而得的一类碱性抗生素，属于抑菌类抗生素，其抗菌谱与红霉素相似，对大多数革兰氏阳性菌和一些厌氧的革兰氏阴性菌有效，但对其他非厌氧的革兰氏阴性菌及肺炎支原体无效。主要有林可霉素、克林霉素等。

盐酸林可霉素：肉鸡每千克体重 10～30mg，分早晚两次拌料喂服。

### 7. 截短侧耳素类

属双萜类化合物，属于抑菌类抗生素，对许多革兰氏阳性菌及支原体感染有独特疗效。

延胡索酸泰妙菌素是由伞菌科北风菌的培养液中提取的伯鲁罗母林的氢化延胡索盐。为双萜类半合成抗生素，属于抑菌性抗生素，但很高浓度时对敏感菌也有杀菌作用。对多种革兰氏阳性球菌包括大多数葡萄球菌和链球菌（D 组链球菌除外）及多种支原体和某些螺旋体有良好抗菌活性；但对某些阴性菌的抗菌活性很弱，嗜血杆菌属及某些大肠杆菌和克雷伯氏菌菌株除外。

临床用于治疗鸡慢性呼吸道病、鸡葡萄球菌引起的滑膜炎。

使用剂量为每升水 125～250mg，连续饮水 3～5d。

**8. 多肽类**

兽医临床和动物生产中常用的多肽类药物包括黏菌素、杆菌肽、维吉尼霉素和恩拉霉素。

(1) 黏菌素　又称多黏菌素 E、抗敌素，属于窄谱杀菌剂，对革兰氏阴性杆菌的抗菌活性强，尤其是对铜绿假单胞菌有强大的抗菌作用。内服难吸收，常用于治疗禽大肠杆菌引起的腹泻。外用于铜绿假单胞菌引起的局部感染，作为饲料添加剂有促生长作用。与磺胺增效剂、杆菌肽锌等合用有协同作用。

内服，一次量，每千克体重肉鸡 3～8mg，每日 1～2 次，连用 3～5d。混饮：每 1L 水，鸡 20～60mg，连用 5d。混饲（促生长）：每 1000kg 饲料，鸡 2～20g。

休药期：硫酸黏菌素片、硫酸黏菌素可溶性粉、硫酸黏菌素预混剂，鸡 7 天，产蛋期禁用。

(2) 杆菌肽　属于促进生长的专用饲料添加剂。对金黄色葡萄球菌、链球菌、肠球菌等革兰氏阳性菌有强大的抗菌作用，对螺旋体、放线菌也有效，对革兰氏阴性杆菌无效。本品的锌盐用作饲料添加剂，兽医临床用于革兰氏阳性菌引起的皮肤、伤口感染，眼部感染等。本品注射对肾脏毒性较大，不宜注射给药，不适于全身治疗。欧盟从 1999 年开始禁用杆菌肽锌作为促生长添加剂使用。

混饲：每 1000kg 饲料，禽 16 周龄以下 4～40g。

混饮：每 1L 水，鸡 50～100mg，连用 5～7d（治疗用）；鸡 25mg（预防用）。

休药期：杆菌肽锌预混剂，产蛋期禁用；杆菌肽锌-硫酸黏菌素预混剂，7d，鸡产蛋期禁用。

## 三、合成抗菌药

**1. 喹诺酮类**

本类药物为人工合成的抗菌药，由于不受质粒传导耐药性的影响，

与其他许多抗菌药物之间无交叉耐药性。本类产品具有抗菌谱广、口服吸收好、体内分布广、不良反应少等特点；是主要作用于革兰氏阴性菌（包括铜绿假单胞菌）的抗菌药物，某些品种对金黄色葡萄球菌也有较好的抗菌作用。兽医临床常用的品种有：达氟沙星、二氟沙星、沙拉沙星、恩诺沙星、环丙沙星等。

恩诺沙星：50～70mg/L混饮，每天两次，连续使用3～4d。

环丙沙星：25～50mg/L混饮，每天两次，连续治疗3～4d。

达氟沙星：25～50mg/L混饮，每天一次，连续治疗3～4d。

**2. 磺胺类药**

磺胺类药物为人工合成的防治全身感染的第一类抗菌药物，属于慢效抑菌剂，具有抗菌谱广、口服吸收快、有些品种可通过血脑屏障渗入脑脊液等特点，故在临床可以用于脑炎型大肠杆菌、沙门氏菌的治疗。因磺胺药临床使用已久，耐药菌株极为普遍；加之磺胺类药物对于肉鸡产蛋具有明显的抑制作用，且属于产蛋期禁用药物，故现在鸡病临床应用较少。但临床常用磺胺氯吡嗪钠可溶性粉、磺胺喹噁啉钠可溶性粉用于雏鸡或育成肉种鸡的球虫病、住白细胞原虫病治疗。

30%磺胺氯吡嗪钠可溶性粉：1kg水1g混饮，连续治疗3～4d。

磺胺喹噁啉钠：1kg水0.3～0.5g，连续饮水三到四天。或每吨饲料125g混饲，连续使用3～4d。

## 四、抗病毒类药物

2007年7月25日中华人民共和国农业部公告第560号废止了金刚烷胺、金刚乙胺、阿昔洛韦、吗啉（双）胍（病毒灵）、利巴韦林等及其盐、酯及单、复方制剂在兽用临床的使用。因此，肉鸡病毒性传染病的防控应推行以生物安全措施为主、免疫预防和药物防治为辅的综合防治措施。

在肉鸡养殖过程中，可以使用一些具有免疫增强作用的中药或中药方剂来提高鸡群的免疫功能，尤其是提高呼吸道黏膜和消化道黏膜的免疫功能，以提高机体防病抗病能力。鸡群发生病毒性传染病早期，可使用具有抗病毒作用的中药方剂进行必要的治疗，也可以通过注射

卵黄抗体、抗血清治疗，或者确诊后通过及时的强制免疫来控制疫情的蔓延。

## 第二节　中兽药

近年来，我国肉鸡疾病多发，养殖过程中药物非法添加、误用和滥用问题严重，导致鸡病临床细菌、病毒的耐药性越来越普遍，除了给养殖生产带来更大的风险之外，也造成动物产品安全问题和药物残留问题频发。中草药具有毒副作用小、无残留、耐药性低等特点，符合发展有机畜牧业的要求，同时，我国具有丰富的中药资源和使用中药防治疾病的悠久历史。现代中兽医研究结果也表明，多种中药具有抗菌、抗病毒、抗真菌、提高机体免疫力等作用。一些中草药方剂在兽医临床实践的应用，不但对于保障动物产品安全具有重要的价值，而且在临床上往往起到意想不到的治疗效果。

中国兽药典中可用于鸡病临床的兽药方剂很多，下面为几种主要兽药方剂的简要介绍。

**1. 喉炎净散**

由人工牛黄、胆膏、甘草、青黛、玄明粉、冰片、雄黄组成。具有清热解毒、通利咽喉功效；用于治疗喉气管炎。用量：每千克体重0.05～0.15g。

**2. 板青颗粒**

由板蓝根、大青叶组成。具有清热解毒、凉血的作用；主治风热感冒、咽喉肿痛的作用。用量：每只鸡每天0.5g。

**3. 荆防败毒散**

由荆芥、防风、羌活、独活、柴胡、前胡、枳壳、茯苓、桔梗、川芎、甘草、薄荷等组成。具有辛温解毒、疏风祛湿；主治风寒感冒、流感。用量：每只鸡每天1～3g。

**4. 银翘散**

由金银花、连翘、薄荷、荆芥、淡豆豉、牛蒡子、桔梗、淡竹叶、甘草、芦根等组成。具有辛凉解表、清热解毒功效；主治风热感冒、咽喉肿痛等。用量：每只鸡每天1～3g。

**5. 双黄连口服液**

由金银花、黄芩、连翘组成，具有辛凉解表、清热解毒功效。用量：每只鸡每天0.5～1mL。

**6. 白矾散**

由白矾、浙贝母、黄连、白芷、郁金、黄芩、大黄、葶苈子和甘草等组成。具有清热化痰、下气平喘功效；主治肺热咳喘。用量：每只鸡每天 1～3g。

**7. 镇喘散**

由香附、黄连、干姜、桔梗、山豆根、皂角、甘草、人工牛黄、蟾酥、雄黄、明矾组成。具有清热解毒、止咳平喘、通利咽喉功效；主治鸡的慢性呼吸道、喉气管炎。用量：每千克体重 0.5～1.5g。

**8. 麻杏石甘散**

由麻黄、苦杏仁、石膏、甘草等组成。具有清热、宣肺、平喘作用。主治肺热咳喘。用量：每只鸡每天 1～3g。

**9. 清肺止咳散**

桑白皮、知母、苦杏仁、前胡、金银花、连翘、桔梗、甘草、橘红、黄芩等组成。具有清泻肺热、化痰止痛的功效；主治肺热咳喘、咽喉肿痛。用量：每只鸡每天 1～3g。

**10. 扶正解毒散**

板蓝根、黄芪、淫羊藿等组成。具有扶正祛邪、清热解毒功效；主治鸡传染性法氏囊炎。用量：每只鸡每天 0.5～1g。

**11. 白头翁散**

由白头翁、黄连、黄柏、秦皮组成。具有清热解毒、凉血止痢功效。主治湿热泄泻、下痢脓血。用量：每只鸡每天 0.5～1.5g

**12. 雏痢净**

由白头翁、黄连、黄柏、马齿苋、乌梅、诃子、木香、苍术、苦参等组成。具有清热解毒、涩肠止泻等功效；主治鸡白痢。用量：每千克体重 0.3～0.5g。

**13. 鸡痢灵散**

由雄黄、藿香、白头翁、滑石、马尾连、马齿苋、诃子等组成。

具有清热解毒、涩肠止痢；主治鸡白痢。用量：每只雏鸡每天0.5g。

**14. 鸡球虫散**

由青蒿、仙鹤草、何首乌、白头翁、肉桂等组成。具有抗球虫、止血作用；主治鸡球虫病。用量：鸡每千克饲料添加10～20g。

**15. 肉鸡宝**

由党参、黄芪、茯苓、白术、麦芽、山楂、六神曲、菟丝子、蛇床子、淫羊藿等组成。具有益气健脾、补肾壮阳的功效；可用于提高产蛋率，延长产蛋高峰期。用量：每千克饲料添加20g。

**16. 健鸡散**

由党参、黄芪、茯苓、六神曲、麦芽、甘草、炒山楂等组成。具有益气健脾、消食开胃的功效。用量：每千克饲料添加20g。

## 第三节　消毒防腐药

消毒防腐药：指能杀灭病原微生物或抑制其生长繁殖的一类药物。杀灭或抑制作用无明显的抗菌谱。

消毒：指消除和杀灭物体表面或外环境中的病原微生物，但不一定能杀死细菌芽孢和非病原微生物的方法。用于消毒的化学药物称为消毒药，一般用于非生物表面消毒，如环境、鸡舍、动物排泄物、用具和器械等。有些消毒药低浓度时仅有抑菌作用。

防腐：指防止或抑制微生物生长繁殖的方法。用于防腐的药物称为防腐药，一般用于局部皮肤、黏膜和创伤等生物体表、食品及生物制品等的防腐。有些防腐药在高浓度时有杀菌作用。

### 一、环境消毒药

#### （一）酚类

包括纯酚及其含有卤素和烷基的替代物，为表面活性物质，对多数无芽孢的繁殖性细菌和真菌有杀灭作用，对细菌芽孢、病毒等作用不强，可用于排泄物、环境及用具消毒。性质稳定。不与卤素类、碱性、过氧化物合用。代表药物有：苯酚（石炭酸）、复合酚、甲酚。

**1. 苯酚**（石炭酸）

主要用于环境消毒。

用法与用量：2%～5%苯酚溶液用于鸡舍、器具、排泄物等。

注意：EDTA 和较高温度可增强其杀菌活性。碱性介质、脂类、皂类可减弱其活性。5%溶液有强烈刺激和腐蚀作用，内服和大量接触可引起全身性中毒。苯酚被认为是一种致癌物。

**2. 复合酚**

又名菌毒敌、畜禽灵，主要包括苯酚 41%～49%、醋酸 22%～26%，呈深红褐色黏稠液体，有特异臭味。可杀灭细菌、真菌和病毒，对多种寄生虫卵也有杀灭作用，主要用于鸡舍、笼具、饲养场地、运输工具及排泄物的消毒等。

用法用量：喷洒，配成 0.35%～1%的水溶液。

**3. 甲酚**

又称煤酚、甲苯酚、来苏尔。为煤焦油中得到的甲酚异构体混合物。作用比苯酚强 3～10 倍，毒性相似，可杀灭繁殖性细菌，对芽孢和病毒无效。

用法与用量：甲酚皂溶液，5%～10%用于鸡舍、器具、排泄物等的消毒。

注意：不宜在食品加工厂使用。

**（二）醛类**

该类药物易挥发，又称挥发性烷化剂，对芽孢、真菌、结核杆菌、病毒均有杀灭作用。常用的药物有甲醛、聚甲醛、戊二醛。

**1. 甲醛**

又称蚁醛，为无色气体，一般用其水溶液。甲醛溶液通常称为福尔马林，含甲醛不少于 36.0%（质量分数）。主要用于鸡舍、孵化室、器具物品等的熏蒸消毒，其 2%～4%溶液用于手术器械消毒，5%～10%溶液用于固定标本、保存尸体。

用法与用量：熏蒸消毒，15mL/$m^3$。

**2. 聚甲醛**

本身无消毒作用，常温下解聚很慢。加热熔融产生大量甲醛气体，呈现强大的杀菌作用。

用法与用量：环境熏蒸消毒，3～5g/m³，消毒时间不少于10h。

注意：温度要在18℃以上，湿度80%～90%，最少不低于70%。

**3. 戊二醛**

本品为灭菌剂，能杀灭耐酸菌、芽孢、真菌和病毒等，具有广谱、强效、速效、低毒等特点。强化酸性戊二醛提高了戊二醛的稳定性，加强了药物表面活性作用，其杀菌作用同碱性戊二醛。对皮肤和黏膜刺激性小。

用法与用量：20%或25%浓戊二醛溶液，以戊二醛计，橡胶、塑料制品，配成2%溶液。12.8%戊二醛溶液，喷洒使浸透，配成0.78%溶液，保持5min或放置至干。2%稀戊二醛溶液，喷洒使浸透，配成0.78%溶液，保持5min或放置至干。20%稳定化戊二醛溶液，喷洒、擦洗或浸泡，鸡新城疫或法氏囊病1∶40倍稀释，细菌性疾病1∶(500～1000)倍稀释。

注意：用戊二醛消毒或灭菌后的器械一定要用灭菌蒸馏水充分冲洗后再使用。戊二醛对皮肤黏膜有刺激性，接触溶液时应戴手套，防止溅入眼内或吸入体内。

## （三）碱类

对细菌、病毒的杀灭作用均强，高浓度杀死芽孢。取决于解离的$OH^-$浓度，在pH>9时可杀灭病毒、细菌和芽孢。对铝制品、纤维织物有损坏作用。用于鸡舍的地面、饲槽等消毒，常用氢氧化钠和氧化钙两种。

**1. 氢氧化钠**

又称为苛性钠，其粗制品称为火碱，是一种高效消毒药，属原浆毒，能杀死细菌、芽孢和病毒。加入10%食盐可其增强杀灭芽孢能力。

用法与用量：2%～4%氢氧化钠溶液常用于禽出血性败血症、鸡白痢等细菌性感染的消毒；5%溶液用于养殖场门口消毒池及对进出车辆的消毒。消毒时习惯用加热的溶液，加热虽不能增强氢氧化钠的消毒能力，但可溶解油脂，加强去污能力；而且热本身就是消毒因素，不仅能杀菌，也能杀死寄生虫虫卵。

注意：消毒人员应注意防护，配制和使用时应戴橡胶手套，戴防护眼镜，避免被灼伤。消毒禽舍地面后6～12h，应注意再用清水冲洗干净，以免家禽脚趾和皮肤受伤害。

**2. 氧化钙**

消毒用石灰（生石灰）的主要成分是氧化钙。价廉易得，对繁殖性细菌作用良好，对芽孢和结核杆菌无效。石灰乳涂刷或撒于墙、禽舍、地面等，也可直接将石灰撒于阴湿地面、粪池周围和污水沟等处。鸡场门口常放置浸透20%石灰乳湿草垫进行鞋底消毒。

用法与用量：10%～20%石灰乳用于鸡舍墙壁、地面等消毒；粪池周围和阴湿地面等消毒，每千克生石灰加水350mL调和后撒布。

注意：宜现配现用；若是水泥地面，不宜直接撒布。

## （四）酸类

包括有机酸、无机酸。无机酸为原浆毒，具有强烈的刺激和腐蚀作用。无机酸有硫酸、盐酸等，有强大的杀菌和杀芽孢作用。加食盐和加温可增强其杀菌效力。有机酸包括乳酸、醋酸、苯甲酸、水杨酸等，可采用熏蒸或喷雾消毒等方法进行消毒；也可作为饲料的防腐剂；0.5%～2%溶液冲洗感染创面；5%溶液有抗菌作用。有机酸类将在本书皮肤黏膜消毒药中叙述。

## （五）卤素类

卤素和易释放卤素的化合物具有强大的杀菌力，其中氯的杀菌力最强，碘较弱。碘及其制剂主要用于皮肤消毒。

**1. 含氯石灰**

又称漂白粉，主要分为次氯酸钙、氧化钙和氢氧化钙。一般含有效氯35%，不得低于25%。

作用与用途：本品的杀菌作用快而强。对细菌繁殖体、病毒、真菌孢子及芽孢都有一定的杀灭作用。1%溶液作用1min可抑制鸡沙门氏菌、巴氏杆菌等繁殖型微生物的生长。对葡萄球菌和链球菌的作用也只需1～5min。在实际消毒时，漂白粉与被消毒物的接触至少要15～20min，对高度污染的物体则需要接触1h。本品还有一定的除臭作用。

用法与用量：饮水消毒：每 50L 水加本品 1g。鸡舍消毒：配成 5%～20%混浊液。粪便和污水消毒：按 1∶5 的用量，边搅拌，边加入漂白粉。鸡舍墙壁、饲槽、饲养用具消毒：5%澄清液喷洒浸泡。

注意：对皮肤有刺激性，消毒人员应用时应注意防护；对金属有腐蚀作用，不宜用于金属物品的消毒。

**2. 二氯异氰尿酸钠**

又称优氯净，含有效氯 60%～65%。

作用与用途：杀菌谱广，杀菌力强，对繁殖型细菌、芽孢、病毒、真菌孢子均有杀灭作用。作用受有机物影响小。主要用于鸡舍、排泄物和水的消毒。有腐蚀和漂白作用。0.5%～1%溶液杀灭细菌和病毒，5%～10%溶液杀灭芽孢。

用法与用量：二氯异氰尿酸钠粉，以有效氯计，鸡场器具消毒，每 1L 水用量 0.1～1g；种蛋消毒，浸泡，每 1L 水用量 0.1～0.4g；疫源地消毒，每 1L 水用量 0.2g。

注意：水溶液稳定性差，有效氯损失很快。

**3. 二氧化氯**

新一代高效、广谱、安全的消毒杀菌剂，是氯制剂的最理想替代品。可杀灭细菌的繁殖体及芽孢、病毒、真菌及其孢子。用量小，pH 值越高杀菌效果越好。易从水中驱除，不具残留毒性。兼具除臭、去味作用。

用法与用量：本品 1g 加水 10mL 溶解，加活化剂 1.5mL 活化后，加水至 150mL 备用。鸡舍、饲喂器具消毒：15～20 倍稀释；饮水消毒：200～1700 倍稀释。

注意：二氧化氯沸点低（11℃），高于 10%的浓度易爆炸。

### （六）过氧化物类

又称氧化剂，依靠其强大的氧化能力杀灭微生物，杀菌力强，无残留毒性。主要药物有过氧乙酸等。

过氧乙酸：又称过醋酸。为高效消毒剂，其气体和溶液均具有强的灭菌作用，作用产生快，能杀死细菌、芽孢、真菌和病毒。0.1%的过氧乙酸，经 1min 能杀死大肠杆菌和皮肤癣菌；0.5%过氧乙酸，10min 能杀死所有芽孢菌；0.04%过氧乙酸溶液，可以杀死腺病毒、

疱疹病毒。

用法与用量：过氧乙酸，以本品计，喷雾消毒：鸡舍1∶(200～400)倍稀释；浸泡消毒：器具、家禽饲喂工具、工作人员衣物、手臂等1∶500倍稀释；饮水消毒：每10mL水加本品1mL。3%～5%溶液加热用于熏蒸消毒。

注意：性质不稳定，45%以上浓度时剧烈碰撞或加热可引起爆炸。

## 二、皮肤、黏膜消毒防腐药

用于局部皮肤、黏膜、创面感染的预防和治疗。种类较多，应用时应注意药物的刺激性和有效浓度，应坚持选择无刺激性和毒性的药物使用。主要包括醇类、表面活性剂、碘与碘化物、有机酸类、过氧化物类、染料类。

### (一) 醇类

各种脂肪族醇类都有不同浓度的抗菌作用。包括乙醇、异丙醇、苯甲醇等。

常用的乙醇，性质稳定、作用迅速、无腐蚀性、无残留。乙醇能使蛋白质变性而发挥杀菌作用，是临床上使用最广泛的一种皮肤消毒药，以75%乙醇（体积分数）杀菌效果最好。能杀死繁殖型细菌、结核杆菌和有囊膜病毒，对芽孢无效，杀菌（消毒）效果受有机物影响大。浓度过高，杀菌作用降低。常用于皮肤和器械消毒。对组织有刺激性，不能用于黏膜和创面消毒。

### (二) 表面活性剂

分为阳离子表面活性剂（苯扎溴铵、度米芬等）、阴离子表面活性剂（肥皂等）和非离子表面活性剂（吐温）、两性离子表面活性剂（辛氨乙甘酸溶液）三类。季铵盐类是最常用的阳离子表面活性剂，可杀灭大多数繁殖期细菌和真菌及部分病毒，但不能杀灭芽孢、结核杆菌和铜绿假单胞菌。

#### 1. 苯扎溴铵

又名新洁尔灭。水溶液呈碱性反应，振摇时产生多量泡沫。具有耐热性，可贮存较长时间而效果不减。具有广谱杀菌作用和去垢效力。

可杀灭细菌繁殖体，不能杀灭细菌芽孢。对病毒作用较弱，对亲脂性病毒如流感病毒、疱疹病毒等有一定的杀灭作用，对亲水性病毒无效。用于皮肤、黏膜和伤口消毒。

用法与用量：以苯扎溴铵计，创面消毒：配成 0.01%溶液；皮肤和器械消毒：配成 0.1%溶液。

注意：禁与肥皂及其他阴离子表面活性剂、碘化物和过氧化物等配合使用；不宜用于合成橡胶制品和铝制品消毒；可引起人体过敏。

**2. 醋酸氯己定**

又名醋酸洗必泰，抗菌谱广，对多数革兰氏阳性细菌及革兰氏阴性细菌都有杀灭作用，对铜绿假单胞菌也有效，抗菌作用强于苯扎溴铵，作用迅速且持久，毒性低，无刺激性。

用法与用量：皮肤消毒：配成 0.5%醇（70%乙醇）溶液；黏膜及创面消毒：配成 0.05%溶液；手消毒：配成 0.02%溶液；器械消毒：配成 0.1%溶液。

注意：禁与肥皂、碱性物质及其他阴离子表面活性剂配伍；忌与碘酊、高锰酸钾、升汞、硫酸锌、甲醛合用；配制时忌用金属制品；器械消毒需加 0.5%亚硝酸钠防腐。

**3. 癸甲溴铵溶液**

癸甲溴铵，化学名为二癸烷基二甲基氯化铵，其溶液又称百毒杀。具有广谱、高效、无毒、抗硬水、抗有机物等特点，适用于环境、水体、器械消毒及水体的净化。

用法与用量：以癸甲溴铵计，鸡舍器具消毒：配成 0.015%～0.05%溶液；饮水消毒：配成 0.0025%～0.005%溶液。

注意：避免与眼睛、皮肤、衣服直接接触；内服有毒性。

### （三）碘与碘化物

有强大的杀菌作用，能杀死细菌、芽孢、霉菌、病毒、原虫。碘与碘化物的水溶液或醇溶液用于皮肤消毒或创面消毒。忌与重金属配伍。主要药物有碘、聚维酮碘、碘仿。

**1. 碘**

2%碘酊常用于皮肤消毒。碘甘油用于黏膜表面消毒。2%碘溶液

（不含酒精），适用于皮肤浅表破损和创面防腐。

**2. 聚维酮碘**

对多种细菌、芽孢、真菌、病毒等有杀灭作用。杀死细菌繁殖体的速度很快，但杀芽孢需要较高浓度和较长时间。0.2%浓度10min就能杀灭金黄色葡萄球菌、大肠杆菌和铜绿假单胞菌。能杀灭鸡寄生虫虫卵，并能抑制蚊、蝇等昆虫的滋生。本品在消毒的同时，还有清洁洗涤去污的作用，不易使微生物产生耐药性，使用持久，稳定性好，贮存有效期长。

注意：避光、密闭、阴暗处保存。

**（四）有机酸类**

主要有醋酸、乳酸、苯甲酸、山梨酸、甲酸、丙酸、丁酸等。用于药品、粮食和饲料的防腐。

醋酸：又名乙酸，对细菌、芽孢、真菌、病毒等有较强杀灭作用。1%醋酸杀灭最强的病原体（真菌、肠病毒及芽孢等），需要10min；但芽孢被有机物保护时，作用时间则延长至30min。

**（五）氧化物类**

与有机物相遇时释放出新生态氧，主要通过氧化作用而杀菌。主要药物有过氧化氢溶液（双氧水）、高锰酸钾。

**1. 过氧化氢溶液**（双氧水）

3%过氧化氢溶液，常用于清洗化脓性创面、去除痂皮，对厌氧菌感染尤为适用。注意：高浓度对皮肤和黏膜产生刺激性灼伤；不可与还原剂、强氧化剂、碱、碘化物混合使用。

**2. 高锰酸钾**

具有杀菌、除臭、解毒、收敛作用，临床用于腔道冲洗及创面冲洗。2%～5%溶液能在24h内杀死芽孢，在1%溶液中加入1%盐酸则在30s内可杀死芽孢。0.1%～0.2%溶液能杀死多数繁殖型细菌。注意：严格掌控浓度，避光保存。

**（六）染料类**

分为碱性（阳离子）染料和酸性（阴离子）染料。仅抑制细菌繁殖，抗菌谱不广，作用缓慢。常用的2种碱性染料，对阳性菌作用强。

### 1. 乳酸依沙吖啶

又名利凡诺、雷佛奴尔，为染料类中最有效的防腐药，对革兰氏阳性菌有强大的抑菌作用，对各种化脓菌有较强作用。0.1%～0.3%溶液用于外科创伤、皮肤和黏膜的洗涤和湿敷。

注意：不能与含氯化物的溶液或碱性溶液配伍，以免析出沉淀。要避光贮藏。

### 2. 甲紫

又称碱性紫，1%溶液通常称紫药水。对革兰氏阳性菌，特别是葡萄球菌作用较强，对白色念珠菌等真菌及铜绿假单胞菌的抗菌作用较好。1%～2%溶液可用于浅表创面、溃疡及皮肤感染。0.1%～1%水溶液用于烧伤，可起收敛作用，能使创面干燥，也可防止真菌感染。

# 第四节　抗寄生虫药

抗寄生虫药是指用于驱除和杀灭体内外寄生虫的药物。选用抗寄生虫药时，不仅要了解药物对虫体的作用、对宿主的毒性以及在宿主体内药物代谢动力学过程，还要掌握寄生虫的流行病学资料，以便选用最佳的药物，达到发挥药物最佳抗寄生虫效果、避免或减轻不良反应发生的目的。

## 一、概述

### 1. 分类

（1）抗蠕虫药　又称驱蠕虫药，包括驱线虫药、驱绦虫药和驱吸虫药。

（2）抗原虫药　包括抗球虫、抗锥虫、抗焦虫和抗滴虫药。

（3）杀虫药　分为杀昆虫和杀蜱螨药。

### 2. 作用机理

抗寄生虫药作用机理如下。

（1）抑制虫体内的某些酶，使虫体代谢过程发生障碍　属于该作用机制的药物有左咪唑、硫双二氯酚、硝硫氰胺、硝氯酚、有机磷酸酯类等。

（2）干扰虫体的代谢　属于该作用机制的药物有苯并咪唑类、三氮脒、氯硝柳胺、氨丙啉、有机氯等。

（3）作用于虫体的神经肌肉系统进而影响其运动功能或导致虫体麻痹死亡　属于该作用机制的药物有哌嗪、阿维菌素类、噻嘧啶等。

（4）干扰虫体内离子的平衡或转运　属于该作用机制的药物有聚醚类药物。

**3. 使用注意事项**

（1）正确认识和处理好药物、寄生虫、宿主三者间的关系，合理使用抗寄生虫药。

（2）大规模使用时，先选择少数动物（代表性动物，即不同年龄、性别、体况等）作驱虫试验，以免出现大规模中毒，尤其是本农场未用过的新型药物。

（3）避免产生耐药性，轮换给药。

（4）遵守残留限量和休药期的规定。

（5）注重环境保护，保证人体健康。

## 二、抗蠕虫药

抗蠕虫药是指能杀灭或驱除畜禽寄生虫的药物，又称驱蠕虫药，分为驱线虫药、驱绦虫药、驱吸虫药三类。

### （一）驱线虫药

**1. 苯并咪唑类**

主要有阿苯达唑、芬苯达唑、奥芬哒唑等。

（1）作用机理　均属细胞微管蛋白抑制剂，微管蛋白合成受到抑制后可继发引起抑制虫体葡萄糖的摄入和抑制延胡索酸还原酶的活性，干扰能量代谢。

（2）抗虫谱　对线虫的成虫、幼虫有效，甚至部分对线虫的虫卵有效，少部分对吸虫、绦虫也有效，如阿苯达唑和三氯苯达唑（仅对吸虫）等。

① 阿苯达唑　又名丙硫苯咪唑、丙硫咪唑，在水中不溶。对鸡四角赖利绦虫和棘盘赖利绦虫成虫有高效；对鸡蛔虫成虫驱虫率在90%左右；对鸡异次线虫、毛细线虫、钩状唇旋线虫驱虫效果极差。

用法与用量：内服，一次量，每千克体重鸡用10～20mg。

休药期：鸡4d。

② 芬苯达唑　又名苯硫苯咪唑、硫苯咪唑，在水中不溶。对鸡绦虫、蛔虫和毛细线虫有高效，还可杀灭鸡蛔虫虫卵。

用法与用量：芬苯达唑片，以芬苯达唑计，内服，一次量，每千克体重鸡用10～50mg。芬苯达唑粉，以芬苯达唑计，内服，一次量，每千克体重鸡用10～15mg。芬苯达唑颗粒，以芬苯达唑计，内服，一次量，每千克体重鸡用10～50mg。

休药期：鸡28d。

**2. 咪唑并噻唑类**

本品对禽主要消化道线虫和肺线虫有效，包括四咪唑（噻咪唑，为混旋体）和左旋咪唑，临床常用其左旋体——左旋咪唑。

用法与用量：盐酸左旋咪唑片，内服，一次量，鸡每千克体重用25mg。盐酸左旋咪唑注射液，皮下、肌肉注射，一次量，鸡每千克体重用25mg。

注意事项：除了驱虫作用外，该药对动物还有免疫增强作用，能使免疫缺陷或免疫抑制的动物恢复其免疫功能，但其对正常机体的免疫机能作用却不显著。它能使老龄动物、慢性病动物的免疫功能从低下状态恢复到正常，并能使巨噬细胞数量增加、吞噬功能增强；虽无抗微生物作用，但可提高患病动物对细菌和病毒感染的抵抗力。一般应使用低剂量（1/3～1/4驱虫量），剂量过大会引起免疫抑制。其引发的中毒症状（如流涎、排粪以及由于平滑肌收缩而引起的呼吸困难等）与有机磷中毒相似（流涎、排粪、呼吸困难等）可用阿托品解救。

休药期：内服，禽28d。

**3. 抗生素类**

(1) 阿维菌素类　是广谱驱线虫药，具有高效、安全和用量小的特点。主要有阿维菌素、伊维菌素、多拉菌素等。

对体内外寄生虫特别是线虫和节肢动物均有良好的驱杀作用，但对绦虫、吸虫及原生动物无效。但能使蜱减少产卵，使丝状线虫（雄、雌性）不育。

伊维菌素：对鸡蛔虫、封闭毛细线虫以及家禽寄生的节肢动物，

如膝螨（突变膝螨）等，按 200～300μg/kg 量内服或皮下注射均有高效；但对异刺线虫无效。

（2）越霉素 A　主要用于驱除鸡蛔虫，还有广谱抑菌效应、促生长作用。越霉素 A 对鸡蛔虫成虫具有明显驱虫作用，还能抑制虫体排卵，因此，多以本品制成预混剂，长期连续饲喂做预防性给药。

注意：产蛋期禁用。由于越霉素预混剂的规格众多，用时应以越霉素 A 的效价做计量单位。

用法用量：混饲，每 1000kg 饲料，鸡用 5～10g。

休药期：鸡 3d。

（3）潮霉素 B　对鸡蛔虫、鸡异刺线虫和禽封闭毛细线虫均有良好的控制效应。用药期间，禁止应用具有耳毒性的药物，如氨基糖苷类、红霉素等。

注意：禽的饲料用药浓度以不超过 12mg/kg 为宜，本品多以预混剂剂型上市，用时应以潮霉素 B 的效价做计量单位。

**4. 哌嗪**

我国兽药典收藏的为枸橼酸哌嗪和磷酸哌嗪。哌嗪的各种盐类（性质比哌嗪更稳定）均属低毒、有效驱蛔虫药，哌嗪各种盐类的驱虫作用取决于制剂中的哌嗪基质，国际上通常均以哌嗪水合物相等值表示，即 100mg 哌嗪水合物相当于 125mg 枸橼酸哌嗪或 104mg 磷酸哌嗪。枸橼酸哌嗪和磷酸哌嗪按每只成年鸡 0.3g 剂量，混于饲料中连用 3d，对鸡蛔虫驱除率极佳，但对鸡异刺线虫效果较差。

注意：由于未成熟虫体对哌嗪不如成虫敏感，通常应重复用药，间隔用药时间，禽为 10～14d。哌嗪的各种盐给动物饮水或混饲给药时，须在 8～12h 内用完，还应该禁食（饮）一夜。

用法用量：枸橼酸哌嗪，内服，一次量，每千克体重鸡用 0.25g。磷酸哌嗪，内服，一次量，每千克体重鸡用 0.2～0.5g。

休药期：禽 14d。

## （二）驱绦虫药

常用的药物主要有吡喹酮、氯硝柳胺、硫双二氯酚、国外新上市的伊喹酮等。苯并咪唑类也兼有抗绦虫的作用。

**1. 吡喹酮**

广谱抗绦虫和抗血吸虫药。在水中不溶。内服后迅速吸收，在体内广泛分布于各组织器官，对寄生于宿主肌肉、脑、腹膜腔、胆管、小肠内的绦虫幼虫和成虫均有杀灭作用。

用法与用量：吡喹酮片，内服，一次量，每千克体重鸡用10～20mg。

休药期：28d。

**2. 氯硝柳胺**

又名灭绦灵，是传统的抗绦虫药，具有驱虫范围广、效果确实、毒性低和使用安全等优点。

用法与用量：内服，一次量，每千克体重鸡用50～60mg。动物在给药前，应禁食一夜。

**3. 硫双二氯酚**

广谱驱虫药，对鸡有轮赖利绦虫、四角赖利绦虫、漏斗带绦虫、致疡棘壳绦虫有明显驱虫效应。

用法与用量：内服，每日一次，每千克体重鸡用100～200mg，连用两日。

**4. 氢溴酸槟榔碱**

氢溴酸槟榔碱对绦虫肌肉有较强的麻痹作用，使虫体失去攀附于肠壁的能力，加之药物对宿主的毒蕈碱样作用，使肠蠕动加强、消化腺体分泌增加，更有利于麻痹虫体的迅速排出。对鸡赖利绦虫具有较好驱除效果。与拟胆碱药物并用时能使药物毒性增强，但鸡对本品耐受性强。

用法用量：内服，一次量，每千克体重鸡用3mg。

## 三、抗原虫药

### （一）抗球虫药

球虫病严重危害着养殖业，尤其是肉鸡球虫病，不仅降低肉鸡生产性能，而且可导致鸡只大量死亡。目前应用抗球虫药物是综合防治球虫感染的有效措施之一。生产当中广泛使用的抗球虫药大致分为两

类：聚醚类离子载体抗生素、化学合成抗球虫药。

离子载体类、喹啉类、氯羟吡啶等对球虫子孢子、滋养体起作用。尼卡巴嗪、氨丙啉、常山酮、磺胺药等对后期阶段起作用。地克珠利对艾美耳球虫多数阶段起作用，但对巨型艾美耳球虫仅在有性阶段起作用。其中喹啉类能可逆性地与子孢子线粒体内的电子运输系统部分结合，阻断需要能量的反应。氨丙啉的结构与硫胺类似，能阻断虫体对硫胺的利用。离子载体类可提高细胞膜对钠、钾的通透性，使虫体消耗更多能量。氟嘌呤类可以干扰嘌呤的补给途径。

**1. 合理应用**

（1）注意球虫致病虫种的差异　氨丙啉对鸡柔嫩艾美耳球虫、毒害艾美耳球虫有高效，但对堆型艾美耳球虫、巨型艾美耳球虫、布氏艾美耳球虫无效。离子载体类对毒害艾美耳球虫、布氏艾美耳球虫作用最强，但对堆型艾美耳球虫、柔嫩艾美耳球虫、巨型艾美耳球虫作用有限。

（2）合理药物预防　大多数药物作用于球虫发育的早期阶段（无性生殖），因此必须在感染后的前 4d 内用药，一旦出现血便等症状（球虫基本完成了从无性生殖阶段到有性生殖阶段的发育）时再用药为时已晚，则很难起到治疗效果。

（3）合理选用不同作用峰期的药物　作用于第 1 代裂殖体的药物如氯羟吡啶、离子载体类等可影响鸡产生免疫力，多用于肉鸡。作用于第 2 代裂殖体的药物如磺胺、增效剂、尼卡巴嗪、托曲珠利等，不影响鸡产生免疫力，故可用于肉鸡和蛋鸡。

对免疫力的影响：莫能菌素（120mg/kg）、盐霉素（80mg/kg）、拉沙菌素（75mg/kg）能严重抑制免疫力的产生；莫能菌素（100mg/kg）、癸氧喹酯（30mg/kg）、氯羟吡啶（125mg/kg）、能明显抑制免疫力；氟嘌呤（70mg/kg）、尼卡巴嗪（125mg/kg）、氨丙啉（125mg/kg）能轻度抑制免疫力；氯苯胍（33mg/kg）、球痢灵（125mg/kg）、硝氯苯酰胺（250mg/kg）和磺胺类药对免疫力的产生无影响。

作用峰期在感染后第 1～2 天的药物，其抗球虫作用较弱，多做预防和早期治疗用药。而峰期在感染后第 3～4 天的药物，其抗球虫作用较强，多做治疗用药。常用作治疗性药物的有尼卡巴嗪、地克珠利、托曲珠利、磺胺氯吡嗪、磺胺喹噁啉、磺胺二甲嘧啶、二硝托胺等。

成年鸡很少表现球虫症状，这是由于带虫免疫和年龄免疫所致。建立无球虫鸡群也不现实，而少量卵囊感染可产生一定的免疫力。

（4）减少耐药性、采取不同给药方案

① 轮换用药　季节性或定期地合理变换用药，即每隔3个月或半年改换一种抗球虫药。或是同一批鸡用同一种抗球虫药，待下一批鸡换用其他药物，但不能换用同一结构类型的抗球虫药，也不要换用作用峰期相同的药物。

② 穿梭用药　在同一个鸡饲养期内，换用两种或三种不同性质的抗球虫药，即开始时使用一种药物，至生长期时使用另一种药物，目的是避免耐药虫株的产生。一般先使用作用于第1代裂殖体的药物，再使用作用于第2代裂殖体的药物，可避免耐药性的产生，提高防治效果。

③ 联合用药　在同一个鸡饲养期内，合用两种或两种以上的抗球虫药物。通过药物间的协同作用既可延缓耐药虫株的产生，又可增强药效和减少药量。

对于生活周期长的鸡群，增强免疫力更为重要，广泛使用的方案是使用一种抗球虫药低浓度饲喂6～22周后停药，目的是容许雏鸡轻度感染球虫，以提高自身免疫力。

（5）适当的给药方法　病鸡通常食欲减退，而饮欲正常，因而在治疗时提倡饮水给药。

（6）合理的剂量、充足的疗程　严格按推荐剂量，但要了解饲料中的添加品种，避免中毒。

（7）注意配伍禁忌　注意离子载体类与泰妙菌素、竹桃霉素不能并用，否则会导致鸡只生长发育受阻，甚至中毒。

（8）遵守有关规定　严格遵守《动物性食品中兽药最高残留限量》的规定和关于休药期的规定。

**2. 聚醚类离子载体抗生素**

已经上市3种：单价聚醚类离子载体抗生素、单价糖苷聚醚类离子载体抗生素、双价聚醚类离子载体抗生素。本类药物主要对鸡艾美耳球虫的子孢子和第一代裂殖生殖阶段的初期虫体具有杀灭作用，但

对裂殖生殖后期和配子生殖阶段虫体的作用极少，常用于鸡球虫病的预防。其耐药性通常发生在同类抗生素间，即单价聚醚类离子载体类抗球虫药间能发生交叉耐药，但改用单价糖苷、双价聚醚类离子载体抗生素仍有效。对鸡毒性小。

（1）莫能菌素　又名瘤胃素，属单价聚醚类离子载体抗生素，常用其钠盐。对鸡柔嫩艾美耳球虫、堆型艾美耳球虫、布氏艾美耳球虫、毒害艾美耳球虫和巨型艾美耳球虫等均有较好作用。主要作用于早期（子孢子）阶段，峰期为感染后第2d，用于预防鸡球虫病。

用法与用量：混饲，每1000kg饲料，鸡用90～110g。

注意事项：不宜与其它抗球虫药并用，否则易使毒性增强。高剂量时（120mg/kg）对鸡球虫免疫力有明显抑制效应，对肉鸡雏鸡则以低浓度（90～110mg/kg饲料浓度）或短期轮换给药为好。超过16周龄的肉鸡禁用。由于泰妙菌素能明显影响莫能菌素的代谢（抑制聚醚类离子载体抗生素的代谢酶，引起蓄积），可导致雏鸡体重减轻，甚至中毒死亡。因此，在应用泰妙菌素前后7d内禁止使用莫能菌素。搅拌配料时，避免本药与皮肤、眼睛接触。

休药期：鸡5d。

（2）盐霉素　又称为沙利霉素。属单价聚醚类离子载体抗生素，抗球虫效力与莫能菌素相似，对鸡柔嫩艾美耳球虫、堆型艾美耳球虫、布氏艾美耳球虫、毒害艾美耳球虫、巨型艾美耳球虫及和缓艾美耳球虫均有较好效果。对鸡球虫的子孢子以及第1代、第2代无性周期的子孢子、裂殖子均有明显作用。主要用于预防鸡球虫病。以病变率、死亡率、增重率及饲料报酬作为判断标准时，其防治效果与莫能菌素和常山酮大致相等。

用法与用量：混饲，每1000kg饲料，鸡用60g。

注意事项：与莫能菌素相似。

休药期：鸡5d。

（3）拉沙洛西　又称拉沙菌素。属双价聚醚类离子载体抗生素，为广谱高效抗球虫药物，除对堆型艾美耳球虫作用稍差外，对鸡柔嫩艾美耳球虫、毒害艾美耳球虫、巨型艾美耳球虫和缓艾美耳球虫的抗虫效应，甚至超过同类的莫能菌素和盐霉素。对鸡球虫的子孢子以及第1代、第2代无性周期的子孢子、裂殖子均有明显抑杀作用。另一优点是本药可与包括泰妙菌素在内的其他促生长剂并用，且增重效果优于单独给药。可用于鸡球虫病的防治。

用法与用量：混饲，每1000kg饲料，鸡用75～125g。

注意事项：本品在应用上比莫能菌素、盐霉素安全。在实际应用时为获得最佳疗效，应根据球虫的感染严重程度及时调整用药浓度。拉沙洛西在75mg/kg饲料浓度时，能严重抑制宿主对球虫的免疫力生产，在应用过程中停药易暴发更严重的球虫病。高剂量下能增加潮湿鸡舍中雏鸡的热应激反应，死亡率增高。有时能使机体内水分排泄明显增加，从而导致垫料潮湿。

休药期：5d。

**3. 三嗪类**

(1) 地克珠利　属三嗪苯乙腈化合物，为新型、高效、低毒抗球虫药。对鸡柔嫩艾美耳球虫、堆型艾美耳球虫、毒害艾美耳球虫、布氏艾美耳球虫、巨型艾美耳球虫的抗虫作用极好，除能有效地控制盲肠球虫的发生和鸡的死亡外，也能使球虫病鸡的卵囊全部消失。对球虫的防治效果明显优于其他常用的非载体类抗球虫药和莫能菌素等离子载体抗球虫药。对氟嘌呤、氯羟吡啶、常山酮、氯苯胍、莫能菌素等药物耐药的柔嫩艾美耳球虫，应用地克珠利仍有效。

注意事项：较易产生耐药性，甚至交叉耐药（与托曲珠利之间），连用不宜超过6个月，轮换用药不宜采用同类药物；半衰期短，停药1d后作用基本消失；水溶液不稳定，宜现用现配；由于混饲浓度低，必须充分混匀。

用法与用量：①混饲，每1000kg饲料，禽1g（按原料药计）。②混饮，每1L水，鸡用0.5～1mg（按原料药计）。

休药期：鸡5d。

(2) 托曲珠利　又名甲苯三嗪酮，属三嗪酮类新型广谱抗球虫药。主要作用于球虫的裂殖生殖和配子生殖阶段。与地克珠利类似，具有杀球虫作用，安全范围大，不影响机体对球虫的免疫力，用于鸡球虫病的治疗。

注意事项与地克珠利相似。

用法与用量：混饮，每1L水，鸡用25mg，连用2d。

休药期：鸡8d。

**4. 二硝基类**

(1) 二硝托胺　又名球痢灵，是一种既有预防效果又有治疗效果的抗球虫药，主要作用于第1代裂殖体，同时对卵囊的子孢子形成有抑杀作用。对毒害艾美耳球虫、柔嫩艾美耳球虫、布氏艾美耳球虫、巨型艾美耳球虫等均有良好的防治效果。特别是对对小肠致病性最强的毒害艾美耳球虫作用最佳，但对堆型艾美耳球虫作用稍差。

用法与用量：混饲，每1000kg饲料，鸡用125g。

休药期：鸡3d。

(2) 尼卡巴嗪　作用于球虫第2代裂殖体，其作用峰期在感染后第4d，主要用于预防鸡柔嫩艾美耳球虫（盲肠球虫）、堆型艾美耳球虫、巨型艾美耳球虫、毒害艾美耳球虫、布氏艾美耳球虫（小肠球虫）等。

注意事项：主要作为鸡的预防用药，但鸡群大量接触感染性卵囊而暴发球虫病时，应迅速改为其他治疗性用药，即疗效更强的其他药物（如托曲珠利、磺胺类药等）。能使肉鸡的产蛋率、受精率以及鸡蛋的品质下降和棕色蛋壳色泽变浅，故禁用于肉鸡。对雏鸡有潜在的生长抑制效应，不宜用于5周龄以下幼鸡。有热应激反应，在天气炎热期间，当鸡舍通风不良或降温设备不全，室内温度超过40℃时，能增加雏鸡死亡率。

用法与用量：①尼卡巴嗪预混剂，以本品计，混饲，每1000kg饲料，鸡用1000g。

②尼卡巴嗪乙氧酰胺苯甲酯预混剂，以本品计，混饲，每1000kg饲料，鸡用500g。

休药期：尼卡巴嗪预混剂，鸡期4d；尼卡巴嗪乙氧酰胺苯甲酯预混剂，鸡9d。

**5. 磺胺类**

(1) 磺胺喹噁啉　本品为磺胺类药物中专用于治疗球虫病的药物，对鸡堆型艾美耳球虫、巨型艾美耳球虫、布氏艾美耳球虫等作用最强，但毒害艾美耳球虫、柔嫩艾美耳球虫的作用较弱，需要较大剂量才有效果。本品抗球虫活性作用峰期是第2代裂殖体（一般为球虫感染后的第4天），对第1代裂殖体也有一定作用。应用磺胺喹噁啉不会影响禽类对球虫的免疫力，由于同时具有较强的抗菌作用，能更好地加强对球虫病的治疗效果。临床上主要用于治疗鸡堆型艾美耳球虫、巨型艾美耳球虫、布氏艾美耳球虫感染，较高剂量使用时对毒害艾美耳球虫、柔嫩艾美耳球虫感染也可取得较好的效果。本品常与氨丙啉或抗菌增效剂联合应用，可扩大抗球虫谱和增强抗球虫效果。

注意事项：本品对雏鸡有一定的毒性，较高给药剂量（如拌料浓度在0.1%以上）连用5d以上时，可引起与维生素K缺乏有关的出血与组织坏死现象。即使按推荐拌料浓度125mg/kg连续使用8～10d，也可导致鸡红细胞和淋巴细胞减少。因此，治疗鸡球虫病时，连续饲喂不得超过5d。本品宜与其他种类抗球虫药联合应用（如与氨丙啉和抗菌增效剂等）。

用法与用量：① 磺胺喹噁啉二甲氧苄啶预混剂，以本品计，混饲，每1000kg饲料，鸡用500g。

② 磺胺喹噁啉钠可溶性粉，以本品计，混饮，每1L水，鸡用3～5g。

③ 复方磺胺喹噁啉钠可溶性粉，以本品计，混饮，每1L水，鸡用0.4g。连用5～7d。

休药期：鸡10d。

（2）磺胺氯吡嗪　本品为磺胺类专用抗球虫药，多在球虫病暴发时作短期应用，其抗球虫的活性峰期是球虫第2代裂殖体，对第1代裂殖体也有一定作用。作用特点与磺胺喹噁啉相似，但本品具有更强的抗菌作用，可治疗禽霍乱及禽伤寒等，故本品多在球虫病暴发时用于治疗。应用本品不影响宿主对球虫的免疫力。

注意事项：本品毒性较磺胺喹噁啉低，但长期应用仍可出现磺胺药中毒症状。球虫易产生较严重耐药性，在临床上一旦出现疗效不佳时，应及时更换其他类药物。

用法与用量：磺胺氯吡嗪钠可溶性粉混饮，每1L饮水，肉鸡用1g，连用3d。

（3）磺胺二甲嘧啶　与磺胺喹噁啉相同，对鸡小肠球虫比盲肠球

虫更为有效，当治疗盲肠球虫时，必须应用较高的药物浓度。磺胺二甲嘧啶不影响宿主对球虫的免疫力，且有一定的抗菌活性，更适用于球虫的并发感染症。

注意事项：磺胺二甲嘧啶经长期连续饲喂时，能引起严重的毒性反应，若以0.5%拌料浓度连喂8d，则可引起雏鸡的脾脏出血性梗死和肿胀；按1%拌料浓度连喂3d，除明显影响增重外，可阻碍肠道对维生素K的合成，而使血凝时间延长甚至出现出血性病变。因此，本品宜采用间歇式投药法。

休药期：鸡10d。

**6. 喹啉类**

癸氧喹酯：属喹啉类抗球虫药，具有阻碍球虫子孢子的发育作用，作用峰期为感染后的第1d。球虫对癸氧喹酯易产生耐药性，应定期轮换用药。用于预防鸡变位艾美耳球虫、柔嫩艾美耳球虫、巨型艾美耳球虫、堆型艾美耳球虫、布氏艾美耳球虫和毒害艾美耳球虫等引起的球虫病。

用法与用量：以本品计，混饲，每1000kg饲料，禽453g，连用7～14d。

注意事项：不能用于含皂土的饲料中。本品适宜制成直径为1.8μm左右的微粒使用。

休药期：鸡5d。

**7. 其他类抗球虫药**

(1) 氨丙啉　作用于第1代裂殖体，对球虫有性周期和孢子形成的卵囊也有抑杀作用。对机体球虫免疫力的抑制作用不明显。本品对鸡柔嫩艾美耳球虫、堆型艾美耳球虫作用最强，对毒害艾美耳球虫、布氏艾美耳球虫、巨型艾美耳球虫、和缓艾美耳球虫的作用较差。临床上多与乙氧酰胺苯甲酯、磺胺喹噁啉等抗球虫药联合应用，以增强疗效。

注意事项：本品性质虽稳定，可与多种维生素、矿物质、抗菌药物等混合，但在仔鸡饲料中仍发生缓慢分解。在室温下贮藏60d的平均失效率为8%，所以，应以现配现用为宜。氨丙啉与硫胺能产生竞争性拮抗作用，当氨丙啉用药浓度过高，能引起雏鸡缺乏硫胺而表现

多发性神经炎，补充硫胺虽可使鸡群康复，但明显影响氨丙啉的抗球虫活性。

用法与用量：①盐酸氨丙啉乙氧酰胺苯甲酯预混剂，以本品计，混饲，每1000kg饲料，鸡用500g。

②盐酸氨丙啉可溶性粉，以本品计，混饮，每1L饮水，鸡用1.2g，连用5～7d。

③复方盐酸氨丙啉可溶性粉，以本品计，混饮，每1L饮水，鸡用0.5g。治疗时连用3d，停2～3d，再用2～3d；预防时连用2～4d。

休药期：盐酸氨丙啉乙氧酰胺苯甲酯预混剂，鸡3d。盐酸氨丙啉乙氧酰胺苯甲酯磺胺喹噁啉预混剂，肉鸡7d。

（2）氯羟吡啶　抗虫谱较广，对鸡柔嫩艾美耳球虫、毒害艾美耳球虫、巨型艾美耳球虫、堆型艾美耳球虫、和缓艾美耳球虫和早熟艾美耳球虫均有良好效果。在临床上对离子载体产生耐药性的球虫，换用氯羟吡啶后效果仍佳。

注意事项：由于本品对球虫仅有抑制发育作用，并对球虫免疫力产生有明显抑制效应，因此必须连续应用而不能间断停用。由于本品的化学结构与喹诺啉抗球虫药如丁氧喹酯、癸氧喹酯和苄氧喹酯类似，有可能存在交叉耐药性。因此，鸡场一旦发生球虫对氯羟吡啶耐药，除立即停止应用外，也不能换用喹诺啉类抗球虫药。

用法与用量：①氯羟吡啶预混剂，以本品计，混饲，每1000kg饲料，鸡用500g。

②复方氯羟吡啶预混剂，以本品计，混饲，每1000kg饲料，鸡用500g。

休药期：氯羟吡啶预混剂，鸡5d。复方氯羟吡啶预混剂，鸡7d。

（3）氢溴酸常山酮　常山酮为较新型的广谱抗球虫药，具有用量小、无交叉耐药性等优点。本品对球虫子孢子、第1代裂殖体和第2代裂殖体均有明显抑杀作用，使肠道早期病变不继续发展并保持肠道的正常吸收机能，因此对动物增重有利。对多种球虫均有良好的抑杀作用，尤其是对柔嫩艾美耳球虫、毒害艾美耳球虫、巨型艾美耳球虫特别敏感（甚至在1～2mg/kg拌料浓度即可产生良好效果），但对堆型艾美耳球虫、布氏艾美耳球虫稍差，需用到3mg/kg以上拌料浓度

才能阻止其卵囊的排泄。

注意事项：其安全范围较窄，治疗浓度（3mg/kg 饲料）对鸡较安全；喂药鸡粪及装盛药容器切勿污染水源。本品在 6mg/kg 拌料浓度时可影响饲料适口性，鸡采食量减小；在 9mg/kg 饲料时则多数鸡出现拒食现象。因此，药料必须充分拌匀，否则影响药效。常山酮在国内已出现严重的球虫耐药现象。禁与其他抗球虫药并用。

用法与用量：以本品计，混饲，每 1000kg 饲料，鸡用 500g。

休药期：鸡 5d。

### （二）抗滴虫药

组织滴虫多寄生于禽类盲肠和肝脏，引起盲肠肝炎（黑头病）。临床上抗滴虫药主要有硝基咪唑类、硝基呋喃类和四环素类药物等。硝基咪唑类主要有甲硝唑和地美硝唑两种，该类药物具有潜在的致突变和致畸作用，我国已禁止将其用于任何食品动物。硝基呋喃类药物包括呋喃唑酮（痢特灵）、呋喃西林、呋吗唑酮、呋喃妥因等，因有较强的致癌作用，在我国已被列为禁用药物。作为抗滴虫使用的四环素类药物可参阅抗微生物药物部分。

## 四、杀虫药

主要是指对外寄生虫（螨、蜱、虱、蚤、蝇、蚊等）有杀灭作用的药物，一般说来，所有杀虫药对动物机体都一定的毒性，甚至在规定剂量范围内也会出现程度不等的不良反应，所以大群动物灭虫前要做好预试。杀虫药对虫卵一般无效，所以必须间隔一段时间后重复用药。

杀虫药分有机磷类、有机氯类、拟除虫菊酯类和大环内酯类。

#### 1. 有机磷化合物

鸡对大多数药物如敌百虫、敌敌畏、二嗪农较敏感，故应慎用或不用。

#### 2. 有机氯化合物

林丹和杀虫脒均禁用于食品动物，在所有食品动物的组织中不得检出。

**3. 拟除虫菊酯类化合物**

含除虫菊酯，具有广谱、高效、速效、残留期短、低毒等特点。

（1）氰戊菊酯　对鸡的外寄生虫及吸血昆虫（蚊、蝇、虱、蜱、螨等）有良好的杀灭作用。杀虫效力强，效果确切，以触杀为主，兼有胃毒和驱避作用，无内吸和熏蒸作用，中等毒性。

用法用量：药浴、喷淋，每1L水，鸡螨80～200mg，鸡虱及刺皮螨40～50mg，蚊、蝇40～50mg；喷雾，稀释成0.2%浓度，鸡舍按3～5mL/m$^2$喷雾后密闭4h，杀灭鸡羽虱、蚊、蝇、蠓等害虫。

休药期：28d。

（2）二氯苯醚菊酯　又称苄氯菊酯、除虫精。为广谱高效杀虫药，对虱、蚊、蜱、螨、蝇、虻等外界寄生虫及蟑螂、农业害虫都有杀灭作用；速效、无残毒、无污染，残效期长。兼具触杀和胃毒作用，击倒作用强，杀虫速度快。

用法用量：喷淋、喷雾，稀释成0.125%～0.5%溶液，杀灭禽螨；0.1%溶液杀灭虫体虱、蚊、蝇。

**4. 其他杀虫剂**

环丙氨嗪，又称灭蝇胺，属于1,3,5-三嗪类昆虫生长调节剂，主要是抑制甲壳素的合成和二氢叶酸还原酶，对双翅目幼虫有特殊活性，有内吸传导作用，诱使双翅目幼虫和蛹在形态上发生畸变、成虫羽化不全或受抑制。一般用药后6～12h发挥药效，可持续1～3周。用于控制集约化养殖场几乎所有蝇类，包括家蝇、黄腹厕蝇、光亮扁角水虻和厩螫蝇，并可控制跳蚤，还可明显降低鸡舍内的氨气含量，明显改善鸡舍环境。用于控制种鸡、肉鸡舍内蝇蛆的生长繁殖，杀灭粪池内的蝇蛆。

注意事项：饲料中添加浓度达25mg/kg时，可使饲料消耗量增加，达500mg/kg以上可饲料消耗减少，1000mg/kg以上长期饲喂可能因摄食过少而死亡。以饲喂本品的鸡粪施肥时，以每公顷1～2t为宜，若超过9t以上可能对植物生长不利。

用法用量：①环丙氨嗪预混剂以环丙氨嗪计，混饲，每1000kg饲料，鸡5g，连用4～6周。

② 环丙氨嗪可溶性粉以本品计，喷洒，每20m$^2$，10g加水15L；

喷雾，每 20m²，10g 加水 5L。

③ 环丙氨嗪可溶性颗粒以本品计，干撒，每 10m²，5g；洒水，每 10m²，2.5g，加水 10L；喷雾，每 10 m²，5g，加水 1～4L。

休药期：3d。

# 第五节　生物治疗制剂

## 一、卵黄抗体

将免疫原按照一定的免疫程序免疫家禽，家禽所产的蛋中含有特定抗体，去除蛋白，收获卵黄，加入灭菌 PBS 或生理盐水，搅拌均匀即为粗制的卵黄抗体。如果提取其 IgY，即为精制卵黄抗体。

卵黄抗体经高温或低温干燥成粉剂，可以延长其保存期。国内外限制卵黄抗体大规模使用的主要原因是：担心制备卵黄抗体的鸡蛋可能含有沙门氏菌等经蛋传播的病原及鸡支原体感染，可能在使用卵黄抗体治疗疾病的过程中造成病原的扩散。临床上用卵黄抗体治疗肉鸡心包积液综合征、传染性法氏囊病可以获得良好的治疗效果。

## 二、抗菌肽

抗菌肽是机体防御系统的重要组成部分，是经诱导产生的一种具有广泛生物活性的小分子多肽，由 20～60 个氨基酸组成，耐强酸、热稳定性好，有的还耐受蛋白酶的破坏。抗菌肽不是通过抑制大分子合成来发挥作用，仅作用于原核生物和病变的真核细胞，不易产生耐药性。动物感染病原后合成产生抗菌肽的速度非常快，是 IgM 产生速度的 100 多倍。防御素是众多抗菌肽中的一种。

用化学方法和基因工程表达的方式可获得抗菌肽，但化学合成的成本高，基因工程生产抗菌肽的产量较低。尽管如此，目前还是有少量的抗菌肽制剂和调控抗菌肽基因表达的饲料添加剂投入临床应用。

## 三、细胞因子

细胞因子是机体受到刺激后，免疫细胞和非免疫细胞分泌产生的一类能够调节细胞生理功能的多肽分子。淋巴细胞产生的细胞因子包含白细胞介素、干扰素、集落刺激因子、转化生长因子。细胞因子是把双刃剑，在正常情况下，细胞因子的产生受到严格的调控，分别在抗感染、治疗肿瘤和自身免疫疾病等方面发挥作用；在病理条件下，细胞因子表达异常，主要是细胞表达过高或缺陷、其受体水平增加等，有时会促进炎症反应（如 IL-1、IL-6、IL-8 和 TNF-α 等）。

## （一）干扰素

干扰素是由病毒或其他诱生剂刺激机体的多种细胞产生的一类具有多种生物活性的糖蛋白，自细胞释放后可促使其他细胞抵抗病毒的感染；同时还可以增强自然杀伤细胞、巨噬细胞和 T 细胞的活力，起到免疫调节作用。

干扰素共有三类，即 α-干扰素、β-干扰素、γ-干扰素，其中 α-干扰素由单核细胞产生，β-干扰素由纤维母细胞产生，两者的功能相似；γ-干扰素是由抗原刺激 T 细胞产生。干扰素通过旁分泌或自分泌的形式，被临近未感染细胞表面的 α-干扰素受体识别，并经 JAK/STAT 信号转导通路启动一系列干扰素刺激基因的表达，后者抑制病毒基因组复制或抑制病毒蛋白的合成，达到抑制病毒繁殖的目的。干扰素的抗病毒作用具有明显的宿主效应。可刺激机体产生干扰素的因子有 PolyI-C（聚肌胞）、DNA 病毒、RNA 病毒（如新城疫病毒Ⅳ系）等。在临床上适量接种免疫原，可刺激机体产生干扰素。另外，一些中药组方也可以诱导机体产生干扰素。

目前商品化的干扰素主要有禽类的重组干扰素。在抗鸡新城疫病毒、传染性法氏囊病毒、传染性喉气管炎病毒等方面具有良好的抑制作用。这类生物制剂作用主要是抗病毒和提高机体免疫力。目前限制干扰素在临床上广泛应用的因素是大规模生产受限而导致产量低、在体内的半衰期短和稳定性差等。

## （二）白细胞介素

早期由于该类细胞因子能介导白细胞之间的相互作用而得名，并以阿拉伯数字排列，如 IL-1、IL-2、IL-3 等。目前已经发现有 15 种，不同的白细胞介素的功能有所不同，如 IL-1 参与 T 细胞和、B 细胞增殖与分化，参与炎症反应；IL-2 也促进 T 细胞、B 细胞增殖与分化，增强 NK 细胞和单

核细胞杀伤活性；IL-6 促进 B 细胞分化，刺激造血干细胞，参与炎症；IL-12 诱导细胞免疫等。在兽医领域 IL-12 作为新型免疫佐剂，能增强 DNA 疫苗等新型疫苗的效果，但尚未获得批准用于商业化疫苗生产。

# 第六节　微生态制剂

## 一、微生态制剂概述

### 1. 概念

微生态制剂是指能改善宿主肠道微生态平衡，提高机体健康水平和免疫力的活菌制剂或活菌代谢产物。早期微生态制剂仅指活菌，又名益生菌、益生素，目前微生态制剂包括益生菌、益生元和合生元。

我国农业部 2003 年公布允许使用的微生态制剂菌种为 15 种，分别是地衣芽孢杆菌、枯草芽孢杆菌、双歧杆菌、粪肠球菌、屎肠球菌、乳酸肠球菌、嗜酸乳杆菌、干酪乳杆菌、乳酸杆菌、植物乳杆菌、乳酸片球菌、戊糖片球菌、产朊假丝酵母、酿酒酵母、沼泽红假单胞菌。实际应用和开发的菌种有乳酸菌类、真菌及酵母菌类、芽孢杆菌、光合细菌等。

### 2. 作用与用途

无病原性、无毒副作用、无耐药性和无药物残留。在饲料中添加，可以促进肠道内有益微生物的生长，抑制有害微生物的生长繁殖，从而调整、维持胃肠道内的微生态平衡，达到防止疾病发生、促进生长的目的。同时，这些微生物还可产生促生长因子、多种消化酶等，从而促进营养物质的消化、吸收，促进动物生长。此外，这些微生物还能产生免疫调节因子、干扰素等免疫活性物质，刺激肠道局部免疫器官的生长发育，增强机体的免疫力，防止疾病的发生。

## 二、微生态制剂应用

### 1. 益生元

指一些不能被宿主胃肠道消化的、能选择性刺激某种肠道内常驻益生菌或从体外摄入的益生菌生长和繁殖的非消化性物质。

它可被益生菌群产生的益生元酶系分解利用，从而促进益生菌群

的生长，分解产生的酸性物质可以降低肠道的 pH，抑制有害菌的生长。益生元作为饲料添加剂可以提高畜禽生长速度，改善饲料利用率，防治腹泻等疾病。常见的益生元有功能性低聚糖、酶制剂、酸化剂、中草药添加剂、特异性免疫增强剂（疫苗）、氨基酸、未知因子等。

2. 合生元

合生元是益生菌与益生元的混合制剂，可同时发挥益生菌和益生元的作用，并表现出协同性。合生元通过促进外源活菌在动物肠道内定植，选择性刺激一种或几种有益菌的生长和繁殖，及早建立肠道有益菌群，调节消化道微生态平衡，从而促进机体健康。

3. 乳酶生

乳酶生为活性乳酸杆菌的干燥制剂，能分解糖类生成乳酸，使肠道酸度提高，抑制病原微生物繁殖。

用法与用量：内服，一次量，鸡用 0.5～1g。

注意事项：不适宜与抗菌药物、吸附药、收敛药等合用，以免减效。

## 第七节　饲料抗氧防霉药物

1. 维生素 E

纯维生素 E 是微黄色、透明的黏稠液体，不溶于水，能溶于有机溶剂，如无水乙醇、乙醚、丙酮等。对饲料中脂肪的氧化有保护作用，主要是饲料中脂肪及脂肪酸自动氧化过程中起游离基、反应链裂剂的作用，防止产生大量的不饱和脂肪酸过氧化物。可作为高脂肪饲料的抗氧化剂，也可作为预防、治疗肉鸡、雏鸡的维生素易缺乏症。用量：每千克饲料 100～500mg，如饲料中脂肪含量超过 67%时，还可适量增加。

2. 丁羟基茴香醚

有特异酚臭味，白色或微黄色蜡样结晶性粉末，是目前用量较多的油脂抗氧化剂。具较强的抗菌力，250mg/kg 饲料即可完全抑制黄曲霉菌生长，200mg/kg 饲料可完全抑制饲料中青霉菌、黑曲霉菌孢子的生长，对保证饲料的新鲜发挥作用。用量：每千克饲料中不超过 0.2g。拌料时，应先将丁羟基茴香醚配成乳化剂，再与配合饲料中含

油脂高的部分充分搅拌预混，然后再与其他成分混合均匀饲用。

**3. 二丁基羟基甲苯**

无味、无臭、白色结晶或粉末。不溶于水及甘油，可溶于乙醇、植物油、猪油。主要用于长期保存的含油脂较高的饲料中。用量：每千克饲料不得超过 0.2g。

**4. 苯甲酸钠**

无臭或微带安息香的气味。味微甜而有收敛性，易溶于水，在空气中较稳定。属于酸性防霉剂，在酸性环境条件中对大多数微生物有抑制作用，用量：每千克饲料中添加量不得超过 0.2g。

**5. 山梨酸钾**

无臭或稍有臭气，无色或白色的鳞片状结晶或结晶性粉末。在空气中不稳定，能被氧化着色，有吸湿性，易溶于水。可选择性抑制饲料中有害霉菌的生长，对饲料中一些有益的微生物却无影响。用量：按每千克饲料 3g 比例混匀。

**6. 丙酸钙**

为近白色或淡黄色粉末或微粒。易溶于水，具有丙酸特异气味。可抑制霉菌、细菌及酵母菌的生长发育，还可作为饲料中的钙质补充剂。使用时，每吨饲料均匀混入 3～7kg。

**7. 安亦妥**

为灰白色粉末。表面积大，吸附力强，无异味，不溶于水，也不溶于一般有机溶剂。可吸附大分子细菌、霉菌毒素及其他杂质。用于预防霉变饲料导致的霉菌毒素中毒，对轻度霉菌毒素中毒的鸡也有一定的治疗作用。用量：预防量为每千克饲料 300～500mg，治疗量为每千克饲料 1000～1500mg。

## 第八节　肉鸡场用药

### 一、肉鸡用药方法

为了防制鸡群某些疫病的发生与流行，保证鸡群的健康生长，需要适时地进行预防和治疗性投药。肉鸡的投药方法很多，大体上可分

为三类，即全群投药法、个体给药法和体表给药法。

**1. 全群投药法**

（1）气雾给药　是指让鸡只通过呼吸道吸入或作用于皮肤黏膜的一种给药方法。适用于该法的药物应对鸡呼吸道无刺激性且能溶解于其分泌物中，否则不能吸收。如疫苗的气雾免疫、消毒药物的喷雾消毒和一些用于呼吸系统、皮肤感染的治疗药物。

（2）饮水给药　是将药物溶于少量饮水中，让鸡在短时间内饮完；也可以把药物稀释到一定浓度，让鸡自由饮用。适用于短期投药和紧急治疗投药。尤其适用于已发病、采食量明显减少而饮水状况较好的鸡群。投喂的药物必须是水溶性的，如维生素C、酒石酸泰乐菌素、葡萄糖等。

（3）混料给药　即将药物均匀地拌入料中，让鸡采食的同时吃进药物。该法简便易行，节省人力，应激小，效果可靠，适用于预防性用药。一些不溶于水的药物，如盐酸环丙沙星、微量元素、脂溶性维生素、鱼肝油、中兽药散剂等，采用此法投药更为恰当。

**2. 个体给药法**

（1）体内注射法　包括皮下注射、肌内注射和嗉囊注射法三种，其中皮下注射和肌内注射法较为常用。皮下注射多用于灭活疫苗的注射。肌内注射的优点是吸收速度快、完全，适用于逐只治疗，尤其是紧急治疗时，效果更好。对于肠道难吸收的药物，如庆大霉素等，在治疗非肠道感染时，可以肌注给药。

（2）口服法　该法一般只用于个体的治疗。该法虽然费时费力，但剂量准确、疗效有保证。投药时把药物经口投入食道的上端，或用带有软塑料管的注射器把药物经口注入鸡的嗉囊内。

**3. 体表给药法**

该法多用来杀灭体外寄生虫，常用喷雾、药浴、喷洒、熏蒸等方法。此法用药应注意用量，有些药物用量大会出现中毒，最好事先准备好解毒药。

## 二、肉鸡投药应注意原则

**1. 混料给药**

应注意以下几个问题。

（1）准确掌握混料浓度　采用混料给药时应按照拌料给药浓度，准确计算所用药物的剂量。若按鸡只体重给药，应严格计算鸡群总体重、总用药量和总用料量，再按照要求把药物拌进料内。药物的用量要准确称量，切不可估计用药剂量，以免造成药量过小起不到作用，或过大引起中毒等不良反应。

（2）确保用药混合均匀　为了使所有鸡都能吃到大致等量的药物，必须把药物和饲料混合均匀。先把药物和少量饲料混匀，然后将它加入到大批饲料中，继续混合均匀。加入饲料中的药量越小，越是要注意先用少量饲料进行预混，直接将药加入大批饲料中是很难混匀的；对于容易引起药物中毒或副作用大的药物（磺胺类药物）更应注意混合均匀。切忌把全部药量一次加入到所需饲料中简单混合，以免造成部分鸡只药物中毒，而与此同时部分鸡又吃不到药，达不到防治目的。

（3）用药后密切注意有无不良反应　有些药物混入饲料后，可与饲料中的某些成分发生拮抗反应，这时应密切注意不良作用。如饲料中长期混合磺胺类药物，就易引起B族维生素和维生素K的缺乏，这时应适当补充这些维生素。另外，还要注意中毒等反应。

**2. 饮水给药**

除注意拌料给药的一些事项外，还应注意以下几点。

（1）所用药物应易溶于水，且在水中性质较稳定。

（2）注意水质对药物的影响，水的pH以呈中性为好。

（3）给药前停水，保证药效　为保证鸡只饮入适量的药物，多在用药前让整个鸡群停止饮水一段时间，一般寒冷季节停水3～4h，气温较高季节停水1～2h，然后换上加有药物的饮水，让鸡只在一定时间内充分喝到药水。

（4）准确认真，按量给水　为保证绝大部分鸡在一定时间内喝到一定量的药水，不至于剩水过多，造成摄入鸡体内的药量不够，或加水不足，致使饮水不够或不均，要认真计算不同日龄及鸡群大小的供水量。

**3. 经口投药**

须注意流体药物如果直接灌服于鸡的口腔时，或软塑料管插入食道过浅时，可能引起鸡窒息死亡。

**4. 体内注射**

注射部位一般在胸部，注射时不可直刺，要由前向后成45°角斜刺1～2cm，不可刺入过深。腿部注射时要避开大的血管，不要在大腿内侧注射。

## 三、合理地选择肉鸡用药

合理地选择肉鸡用药需注意下列问题：

① 注意鸡对药物的敏感性　鸡对某些药物具较强的敏感性，用药时须慎重，如磺胺类药物。

② 根据病情选用药物　多数药物长期应用均会产生耐药性，采用不同药物交叉使用，可大大提高用药效果。若根据药敏试验结果对致病菌进行治疗，效果更佳。

③ 剂量及给药方法　正确掌握药物剂量、用药疗程和给药方法，以达到最佳治疗的效果。

④ 注意合理地合并用药　有些药物的配伍使用，会大大提高治疗效果，但有些药物配伍会发生拮抗作用，降低药效甚至引起中毒。

⑤ 注意药物对生产性能的影响　如影响肉种鸡产蛋率、种蛋的品质等；同时要注意一些在产蛋期禁用的药物。

⑥ 注意药物的质量　不用假药、劣药、过期药。

## 四、肉鸡常用的保健药物

鸡常用的保健药物按作用不同可分为以下4种。

**1. 雏鸡开口用药**

雏鸡开口用药为第一次用药。雏鸡进舍后应尽快饮上2%～5%的葡萄糖，以减少早期死亡。葡萄糖水不需长时间饮用，一般每2～3h饮一次即可。饮完后应适当补充电解多维，投喂抗菌药物预防大肠杆菌病、沙门氏菌和支原体的垂直感染，但禁止使用毒性较强的抗菌药物如氨基糖苷类药和磺胺类药等。

**2. 抗应激用药**

临床上许多疾病的感染都有应激因素参与，如运输、疫苗接种、扩群、更换饲料、停电、天气突变等。若不及时采取有效的预防措施，

疾病就会向严重方向发展。抗应激用药就是在疾病的诱因产生之前开始用药，以提高机体的抗病能力。抗应激药一般可使用维生素 C、维生素 E 和电解多维。

**3. 营养性用药**

营养物质和药物没有绝对的界限，当家禽缺乏营养时就需要补充营养物质，此时的营养物质就是营养药。鸡新陈代谢很快，不同的生长时期表现出不同的营养缺乏症，如 B 族维生素缺乏症、维生素 A 缺乏症、维生素 D 缺乏症、维生素 E 缺乏症等。补充营养药要遵循及时、适量的原则，过量地补充营养药会造成营养浪费和鸡的中毒。

**4. 保肝护肾药**

饲料中的霉菌毒素及在防治疾病过程中频繁用药或大剂量用药势必增加肉鸡肝解毒、肾排毒负担，超负荷的工作量最终将导致鸡的肝功能和肾功能降低。除了提高饲养水平外，根据鸡的肝、肾实际损伤情况定期或不定期地使用保肝护肾药。此外在鸡群感染某些疾病导致胃肠道损伤时，也可配合保肝的药物辅助治疗。

## 五、肉鸡应禁用或慎用的药物

肉鸡饲养场在出现疫情时，除了需要及时的确诊病情，给出正确的处理方案外，在药物使用上还应了解哪些药物是禁用的，哪些药物需要慎用。

（1）肉鸡饲养场所用药物应符合《中华人民共和国兽药典》、《中华人民共和国兽药规范》、《兽药质量标准》、《进口兽药质量标准》和《兽用生物制品质量标准》的有关规定。所用兽药应产自 GMP 认证企业的、具有兽药生产许可证、产品批准文号和兽药二维码的产品，或者具有《进口兽药登记许可证》的供应商提供的产品。所用兽药的标签应符合《兽药管理条例》的规定。食品动物在感染疾病的情况下，抗微生物的药物使用要严格按照本书附录一中的内容和 2013 年 8 月 1 日经农业部第 7 次常务会议审议通过《兽用处方药和非处方药管理办法》、农业部 2014 年 2 月 28 日第 2069 号公告《乡村兽医基本用药目录》和农业部 2015 年 9 月 1 日第 2292 号公告（洛美沙星等 4 种原料药）用药。在药物的使用过程中，要遵照农业部公告第 278 号令《部

分兽药品种的停药期规定》执行，以保证动物产品的药物残留符合规定，保障食品安全。

（2）禁止使用对肉鸡有害的药物；限制使用可能导致肉种鸡产蛋率下降的药物，慎重选用因用药剂量等原因可能会影响肉种鸡产蛋的药物。

① 在养鸡生产中，磺胺嘧啶、磺胺氯吡嗪、增效磺胺嘧啶等常用于防治鸡白痢、球虫病、鸡传染性鼻炎等。这些药只能用于雏鸡和青年鸡，产蛋期肉种鸡禁用，否则鸡会产软壳蛋和薄壳蛋。含有磺胺类成分的药物都会抑制产蛋，导致产蛋率降低。

② 四环素类广谱抗生素的副作用较大，易使鸡体缺钙而阻碍蛋壳的形成，导致肉种鸡产软壳蛋，蛋的品质差，甚至导致肉种鸡的产蛋率下降。

③ 抗球虫类药物如莫能菌素、氯羟吡啶、尼卡巴嗪等，这些药物有抑制产蛋的作用，故产蛋期应禁用。

（3）氨丙啉、盐霉素、马杜霉素、拉沙菌素、红霉素、土霉素、北里霉素、泰乐菌素、新生霉素、维吉尼霉素等均禁用于产蛋期的肉种鸡。

# 第四章　肉鸡疾病防控技术

## 第一节　鸡传染病总论

### 一、鸡传染病的基本特征

凡是由病原微生物引起，具有一定的潜伏期和临床症状，并具有传染性的疾病统称为传染病。鸡传染病的基本特征是指传染病所特有的征象，包括由特定的病原微生物引起、有传染性和流行性、有免疫性和免疫期。

**1. 特定的病原微生物**

即每一种传染病都是特定的病原微生物引起的，引起鸡传染病的微生物包括病毒、细菌、真菌、支原体、衣原体和螺旋体等。诊断时分离到病原微生物是区别传染病和非传染病的根本依据。

**2. 传染性和流行性**

传染性是指从病鸡体内排出的病原微生物经过一定的途径进入另一只鸡体内，引起同样的疾病。所有传染病都具有一定的传染性。由于病原微生物的致病力和传播途径的不同以及鸡对各种病原体反应性的差异，在传染过程中传染性的表现也不一致。如禽流感，通过空气传播，具有高度的传染性，发病率很高；有的传染病则传播比较缓慢，发病率也较低。

流行性是指在一定时间内，某一地区易感鸡群中有许多鸡被感染，造成传染病的蔓延散播。每种传染病的流行强度和广度不尽相同，它取决于病原微生物的种类和毒力、鸡易感性的高低以及外界条件的影响。

**3. 免疫性和免疫期**

被感染的机体发生特异性反应，而耐过鸡能获得特异性免疫，即传染病痊愈的鸡对引起该传染病的微生物能够产生特异性免疫应答，且在一定时间内（免疫期）对该传染病不再具有感染性。这种特异性免疫应答可用血清学方法或过敏反应检查出来，并用于鸡传染病的诊断、检疫和预防。

## 二、鸡传染病发生和发展的条件

鸡传染病发生和发展必须具备以下三个条件：传染源、易感动物和传播途径，如果缺少其中任何一个条件，就不可能发现传染病的发生和流行过程。此外，鸡传染病的发生还会受自然条件、社会环境因素的影响。鸡场兽医要熟知这三个条件和两个因素，对防控鸡群传染病的发生、控制传染病的流行和迅速扑灭传染病、减少损失、提高经济效益、制定防控措施有着非常重大的实际意义。

**1. 传染源**

具有一定数量和足够毒力的病原微生物。传染源一般可分为两种类型。

（1）病鸡和病死鸡的尸体　为最重要的传染来源，尤其是在急性过程或者病情加剧阶段的病鸡，可排泄出大量毒力强大的病原体，危害最大。

（2）病原携带者

① 潜伏期病原携带者　是指感染后至症状出现前这段时间就能排出病原体的动物。在潜伏期中，大多数传染病的病原体数量还很少，尚未具备排出病原体的条件，因此，不能起传染源的作用。

② 恢复期病原携带者　是指在临床症状消失后仍能排出病原体的病愈动物。一般来说，这个时期的传染性已逐渐减少或已无传染性了，

但有的传染病如大肠杆菌病等，在恢复期仍能排出病原体。所以，对恢复期的病原携带者除应考察其过去病史外，还应做多次病原学检查才能确定。

③ 健康动物病原携带者 是指过去没有患过某种传染病，但能排出该种病原体的动物。一般认为，这是隐性感染的结果，如散养鸡可携带鸡毒支原体等。通常只能靠实验室诊断才能检出。

**2. 易感鸡**

具有对某种传染病有感受性的鸡称为易感鸡。一个鸡群中易感个体所占的比例和易感性的高低，可直接影响到该种传染病能否造成流行以及疫病发生的严重程度。鸡群对某种传染病病原体的易感程度，主要取决于鸡群的免疫状态，同时，与鸡群本身的内在因素和环境条件、饲养管理水平等因素也有关系。

科学的饲养管理，优越的环境卫生条件，有效地消毒和合理地疫苗预防注射等生产技术的实施，可增强鸡群的正常抵抗力和产生特异性免疫力，即可降低鸡群的易感性；反之，可使鸡群的易感性增高。

**3. 传播途径**

具有可促使病原微生物侵入易感鸡体内的外界条件。

传染源向外界排出病原微生物，侵入易感的健康机体内的方法和所经过的路线称传播途径。不同的传染病有其独特的传播途径，了解其传播途径，就能有效地防控传染源继续散播，是防控传染病流行的重要依据。

（1）水平传播

同一鸡群的易感鸡之间以直接接触或间接接触的方式横向传播。这是鸡常见传染病的传播途径，可分为直接接触传播和间接接触传播两种。

① 直接接触传播 是在没有任何外界因素的参与下，传染源与健康动物直接接触而发生传染病的方式。如鸡葡萄球菌病。

② 间接接触传播 一般通过以下几种途径传播。

a. 经空气（飞沫、尘埃）传播 某些传染病病鸡的呼吸道内含有大量的病原体，当病鸡咳嗽和呼吸时，随飞沫散布于空气中，大滴的飞沫迅速落地，微小的飞沫在适宜的温度、湿度等条件下，能在空气

中漂浮数小时，当健康鸡吸入飞沫后，可以引起感染。这类疾病有禽流感、新城疫、鸡传染性支气管炎、传染性喉气管炎等。某些在外界生存力较强的病原体，如马立克氏病毒、葡萄球菌等，从病鸡的分泌物、排泄物排出，或从处理不当的尸体上散布在地面和环境中，干燥后随灰尘一起漂浮于空气中，当吸入后可感染易感鸡。

在一个清洁、干燥、光亮、温暖和通风良好的环境中，飞沫漂浮的时间较短，其中的病原体死亡较快，不利于疫病的传播；而在潮湿、污脏、阴暗、低温和通风不良的环境中，则飞沫在空气中停留的时间较长，有利于疫病的传播。规模化养鸡场由于鸡群密集，经空气传播是一个主要途径。

b. 经污染的饲料和饮水传播　对以消化道为主要侵入途径的传染病有重要意义，即通常所说的“病从口入”。易感鸡采食了含传染源的分泌物、排出物和病鸡尸体及其流出物污染了的饲料和水源，可以引起感染。以消化道为主要侵入门户的传染病很多，如禽流感、新城疫、鸡白痢等。

c. 经污染的土壤传播　随病鸡的排泄物或其尸体一起落入土壤中而且能生存很久的病原微生物，如铜绿假单胞菌和结核杆菌，虽不能形成芽孢，但对干燥、腐败等环境因素有较强的抵抗力，能在土壤中生存较长的时间。因此，对于能通过污染土壤而传播的传染病，要特别注意对这类病鸡的排泄物所污染的环境、物体和尸体的处理，防止病原体落入土壤，以免形成永久性的疫源地，后患无穷。

d. 经活的媒介物传播　主要是节肢昆虫，包括蚊、蝇、蠓、虻等，通过这些昆虫传播疾病的特点是有明显的季节性。如炎热的夏季是鸡痘、住白细胞原虫病等疾病的流行高峰期，因为这些疾病可以通过蚊子或蠓、蚋的刺蛰传播。家蝇虽不吸血，但活动于鸡群与排泄物、病死尸体和饲料之间，可机械性地携带和传播大肠杆菌等病原。这些昆虫都能飞翔，不易控制，能将疾病传到较远的地区。

e. 野生动物和其他畜禽　可以感染多种动物的共患病，如沙门氏菌病可通过鼠类传染给鸡。有些鸡病也可由机械性的携带病原而引起流行，如禽流感、鸡新城疫等病，其中以飞鸟的危害最大。因此，鸡场要重视灭鼠工作，同时还应注意防止鸟类飞入鸡舍。

f. 人和饲养工具　饲养人员、鸡场的管理人员、兽医人员以及参观者，若不遵守防疫卫生制度，随意进出鸡场，则有可能将污染在手上、衣服与鞋底上的病原体传给健康鸡。传染源排出的病原体，可污染饲养设备、清洁用具、器械，特别是针头等与病鸡接触密切的物品，若消毒不严，可以引起人为传播。

（2）垂直传播　病原体经种蛋传染于胚胎，使新生雏鸡受到感染，这种传播方式叫垂直传播，或叫经卵传播。在鸡的传染病中有不少是经卵感染而传播到下一代的，如鸡白血病、支原体病、鸡白痢等。

传染病的类型不同，其传播的途径也不同，有的经一种途径传播，如飞沫传染、外伤传染等；有的则经多种途径传播，如新城疫可经消化道、呼吸道等多种途径传播。传播途径越多，流行越广泛，在防控上就更为困难。

**4. 自然因素的作用**

自然因素包括气候、气象、地理、地形等条件。自然因素尤其对有生命的传递因素（媒介者）影响明显，如昆虫、蜱等活动受到季节的影响，以它们为传播媒介的传染病呈季节性发生。日光照射、干燥的气候对多数病原微生物有杀灭作用，而适宜的温度和湿度可促使病原微生物较长时期地保存在外界环境中，所以温度下降、空气的湿度上升则容易发生呼吸道传染病。在适当的条件、适当的季节和环境中，某种野生动物或啮齿类动物的活动范围加大，如果它们是传染来源，就会把病原微生物带到很大的范围内。发病的肉鸡被丢弃或销售到哪里，病原微生物就会散播到哪里。低温高湿的环境还能使鸡群的抵抗力减弱，较易发生呼吸系统传染病和条件性致病微生物所致的传染病。

**5. 社会因素的作用**

社会制度、人民经济状况和国民的文化水平、政治素质，生活方式、灾荒等，在鸡群传染病的发生上起着非常重要的作用。无论是传染源、传播途径还是易感鸡群都可以受人类活动的影响。当鸡群中病鸡是传染源时，鸡群中传染病能否继续散播，决定于鸡场饲养管理人员和鸡场兽医能否及时查明和隔离这些传染源，并及时采取有效的防制措施；存在于自然界的各种物体（有生命的和无生命的）是否有可

能成为传染病的传播媒介，也是由人类活动决定的，如除虫、灭鼠，及时消毒，焚烧、深埋污染物等，对消灭传播媒介有很好的效果；饲养管理人员和鸡场兽医的觉悟和素质，受到社会多方面的影响，他们又影响到各项工作的开展和制度的完善，尤其饲养管理制度、防疫制度，环境卫生等，这些均影响到鸡群的易感性。科学饲养、科学管理，防重于治等各项措施的实施，无一不与社会因素密切相关。

## 三、肉鸡疫病流行特点

近年来，随着肉鸡养殖的迅猛发展，肉鸡疫病也在不断的发生变化，给肉鸡生产带来了新的威胁。当前肉鸡疫病表现出了以下特点。

**1. 疫病传播速度越来越快**

当前肉鸡养殖最显著的特点是生产规模大、鸡只数量多。易感鸡只的增加，导致疫病在鸡群中传播流行的速度增快，如2010年以来我国部分地区的肉鸡鼻气管鸟杆菌病和2015年以来的心包积液综合征等。

**2. 疾病种类越来越多，传染性疾病危害最大**

肉鸡的人工饲养密度越来越大，由于自然选择的结果，容易出现新的病毒种或变异毒株，引起发病。如禽流感病毒变异株、心包积液综合征病毒、禽戊型肝炎病毒的出现。

**3. 致病因子的协同作用，混合感染增多**

近年来，肉鸡疫病约有70%以上都是混合感染或继发感染。如常见的传染性腺胃炎、肌胃糜烂病、鸡痘和葡萄球菌病的混感、肉鸡肿头综合征（传染性支气管炎病毒与大肠杆菌、支原体的混合感染，温和型禽流感和大肠杆菌、支原体的混合感染）等。

**4. 细菌耐药现象越来越严重**

近年来，抗生素滥用等原因导致我国肉鸡群中也出现了严重耐药的“超级细菌”，给肉鸡的细菌性疾病防治提出了新的挑战。

**5. 免疫抑制性疾病的普遍存在**

肉鸡临床常见的免疫抑制性疾病包括传染性法氏囊炎、网状内皮组织增殖症、禽病毒性关节炎、鸡传染性贫血等，对肉鸡生产构成了潜在的威胁。

**6. 部分传染病的临床症状多样化**

鸡群中病原体的变异和进化后出现新的毒力型、新的致病型或新的变异型，进而引发同一疾病临床症状呈现多种类型同时并存，且各临床症状间相关性很小，自然康复后的交叉保护率很低。如传染性支气管炎有呼吸型、肾型、腺胃型、生殖型、肠型及胸型。马立克氏病有神经型、皮肤型、内脏型、眼型等类型，既有缓和的亚临床感染导致免疫抑制，又有造成巨大损失的超强毒株引起的疾病等。

## 第二节　鸡场免疫

### 一、免疫学基本知识

**1. 免疫**

通过预防接种，使鸡的体内产生针对某种病原体的特异性抗体，从而获得对某种病原体引起的疾病的抵抗力。

**2. 疫苗（菌苗）**

疫苗是用于接种动物，使之产生免疫保护力，以预防、控制和消灭传染病的生物制品。其原理是将细菌、病毒和寄生虫以及代谢产物，经过人工致弱或灭活，使之丧失毒力，但可以刺激和激活机体非特异性和特异性免疫系统，产生干扰素、白介素和抗体等物质；当机体再次接触到相同的病原时，免疫系统内的记忆细胞会迅速作出反应，产生细胞免疫和体液免疫，杀灭病原体，对机体产生保护作用。目前动物用疫苗主要包括灭活疫苗、弱毒疫苗等传统疫苗和基因工程疫苗、核酸疫苗和转基因可饲疫苗等新型疫苗。

**3. 抗原**

能刺激机体产生抗体的侵入物质，如病毒、细菌、细菌产物或其它有毒物质等。

**4. 抗体**

抗原刺激机体的免疫系统（胸腺、法氏囊、盲肠、扁桃体等），使免疫系统发生反应而产生的一种生物化学物质。

**5. 凝集反应**

抗原、抗体结合产生凝集，形成团块。体外凝集反应也是常用的诊断方法之一。

**6. 既往症反应**

机体侵入某种抗原（如病毒），该抗原被巨噬细胞吞噬，这种巨噬细胞迁移到有表面抗体的B淋巴细胞，在此发生反应，B淋巴细胞释放出抗体，同时产生记忆细胞。当第二次相同的抗原（如病毒）侵害时，这些记忆细胞还能识别，因此防御反应比第一次更快，产生抗体更多，这就叫既往症反应。

**7. 体液抗体**

在血液及淋巴液循环系统中的抗体。

**8. 生物制品**

是指应用微生物学、寄生虫学、免疫学、遗传学及生物化学的理论和方法，利用微生物或寄生虫及其代谢产物或应答产物制备的一类物质。这类物质供预防、治疗及诊断动物疾病之用。

**9. SPF种蛋**

即无特定病原体的种蛋，专供制作各种疫苗使用。要做到无特异性病原，必须排除以下病原：腺病毒、脑脊髓炎病毒、肾炎病毒、鸡传染性贫血病毒、传染性支气管病毒、传染性喉气管炎病毒、传染性法氏囊病毒、禽流感病毒、鸡副嗜血杆菌、禽痘病毒、禽白血病病毒、马立克氏病毒、支原体、新城疫病毒、沙门氏菌、呼肠孤病毒、网状内皮细胞组织增生病毒、劳斯肉瘤病毒、禽结核、肿头综合征病原体等。只有使用这样的种蛋制作的疫苗才能保证疫苗的质量，才能保证免疫效果。

## 二、疫苗免疫的作用

传染病的控制原理主要是针对传染病流行的三个环节：传染源、传播途径与易感动物。

疫苗免疫的主要作用是保护易感动物，对于消灭传染源、切断传播途径作用不大。疫苗免疫是控制疫病的最后一道防线，而不是第一道防线。所以联合国粮农组织（FAO）、世界卫生组织（WHO）、世界

动物卫生组织（OIE）在防控H5N1亚型高致病性禽流感的指南中明确指出，完整的防控措施应包括：养殖场的生物安全，发生疫情时动物及其产品流通的限制，扑杀销毁感染动物，疫点隔离、封锁和消毒，谨慎使用疫苗等。

对高致病性禽流感、新城疫等疫病来说，疫苗免疫鸡群不能产生消除性免疫，即不能消除已存在的病原体，或完全阻止强毒的感染和复制。疫苗免疫可以减少鸡发病死亡，减少病毒的载量，但不能阻止强毒的复制和排出。另外，禽流感是一种抗原变异很快的疾病，疫苗的防控作用受到限制，故消灭和控制疫病不能单纯或过分依赖疫苗。疫苗在防控疫病流行过程中可作为最后一道防线，但不能作为第一道防线，因此应正确认识疫苗的作用，改变疫苗可以抵挡一切疫病、可以解决一切问题的观念。

因为绝大多数疫苗不能够提供消除性免疫，所以现在对疫苗评价有一个新的趋向，即从临床保护率和减少攻毒后的排毒率两方面来综合评价疫苗的免疫效果。如免疫新城疫不同类型的疫苗后，临床保护率可能都是100%，但攻毒后的排毒率可能有很大差异。

## 三、肉鸡常用的疫苗及疫苗管理

**1. 肉鸡场常用的疫苗有两类：弱毒活疫苗和灭活疫苗。**

（1）弱毒活疫苗　它是将强毒株通过非宿主动物或细胞传代致弱或物理化学方法致弱或基因工程方法致弱，再与保护剂冻干而成。弱毒活疫苗可以在机体内繁殖，用较少剂量就可以达到良好的免疫效果；可以通过模拟自然感染途径接种（点眼、滴鼻、口服等）或肌肉接种，产生全身免疫反应或局部免疫反应。

国内常用的弱毒活疫苗有：马立克氏病疫苗（种鸡用）、鸡新城疫弱毒疫苗、鸡传染性法氏囊炎冻干疫苗、传染性支气管炎冻干疫苗、鸡痘冻干疫苗、鸡病毒性关节炎冻干疫苗等。

（2）灭活疫苗　是将免疫原性强的病原微生物在合适的培养基增殖后，再用物理或者化学方法灭活，使其致病性丧失，但保留免疫原性，代谢产物也可用于灭活疫苗的制备。灭活疫苗比较安全，但需要多次接种才能产生比较持久的免疫力。灭活疫苗可皮下注射或肌内注

射接种，引起以体液免疫为主的免疫应答。

国内常用的灭活疫苗包括：鸡新城疫油乳剂灭活疫苗、禽流感油乳剂灭活疫苗、鸡传染性支气管炎油乳剂灭活疫苗、鸡减蛋综合征油乳剂灭活疫苗、鸡传染性法氏囊炎油乳剂灭活疫苗、禽病毒性关节炎油乳剂灭活疫苗、鸡败血支原体油乳剂灭活疫苗、鸡传染性鼻炎油乳剂灭活疫苗、禽霍乱油乳剂灭活疫苗、禽霍乱蜂胶佐剂疫苗、鸡大肠杆菌多价复合蜂胶佐剂疫苗、鸡新城疫-减蛋综合征二联油乳剂灭活疫苗、鸡新城疫-传染性支气管炎（肾型）二联油乳剂灭活疫苗、鸡新城疫-传染性支气管炎-减蛋综合征三联油乳剂灭活疫苗等。

**2. 疫苗管理**

为了保证肉鸡所用疫苗的质量，应正确购买、运输、保存和使用疫苗。

（1）购买　不买过期疫苗。不使用失效的疫苗。

（2）运输　运输前须妥善包装，防止碰破后疫苗流失。运输途中避免高温和日光照射，应低温运送。大量运输时使用冷藏车，少量疫苗可装入盛有冰块的广口保温瓶内运送。但对灭活疫苗在寒冷季节要防止冻结。

（3）保存　无耐热保护剂的弱毒活疫苗必须保存于冰箱冷冻室（－18℃以下）冻结保存；有耐热保护剂的弱毒活疫苗保存在冰箱冷藏室（4～8℃）。灭活疫苗保存在冰箱冷藏室（4～8℃）。

（4）使用

① 免疫接种前，对使用的疫苗进行仔细检查。瓶签上的说明（名称、批号、用法、用量、有效期）必须清楚，瓶子与瓶塞无裂缝破损，瓶内的疫苗色泽性状正常，无杂质异物，无霉菌生长，否则不得使用。

② 吸取和稀释疫苗时，必须充分振荡，使其混合均匀。不需要稀释的疫苗，先除去瓶塞上的封蜡，用酒精棉球消毒瓶塞。

③ 需要注射接种的疫苗，在瓶塞上固定一个消毒的针头专供吸取疫苗，抽吸到疫苗后不拔出，用酒精棉包裹，以便再次抽吸。给鸡注射用过的针头，不能重复抽吸，以免污染疫苗。

④ 已经打开瓶塞或稀释过的疫苗，必须当天用完，未用完的疫苗经加热处理后废弃，以防污染环境。吸入注射器内未用完的疫苗应注

入专用空瓶内再处理。

## 四、疫苗免疫途径

### （一）滴鼻、点眼免疫

滴鼻、点眼免疫接种方法如果操作得当，效果确实可靠，主要预防呼吸道疾病。缺点：需要消耗大量的劳动力和时间，有一定的应激，如操作上稍有马虎，则往往达不到预期效果。

疫苗稀释液一般用生理盐水、蒸馏水或凉开水，不要随便加入抗生素或其他化学药物。稀释液的用量要准确，最好根据自己所用的滴管或针头事先滴试，确定每毫升多少滴，然后再计算疫苗稀释液的实际用量。一般1000羽份的疫苗用70～80mL稀释液稀释后，每只鸡可滴2滴。

免疫前，首先用吸管吸取少量稀释液移入到疫苗瓶中，待疫苗完全溶解后，再倒入稀释液中混匀，即可使用。为使操作准确无误，一手一次最好抓一只鸡，在滴入疫苗前，应把鸡的头颈摆成水平的位置（一只眼朝天，另一只眼朝地），并用一只手指按住向地面的一侧鼻孔。接种时，用清洁的吸管在每只鸡一侧的眼睛和鼻孔内分别滴一滴稀释的疫苗液，待滴入眼结膜和鼻孔的疫苗完全吸收后再放开鸡。

应注意做好已接种鸡和未接种鸡之间的隔离，防止漏免。稀释的疫苗要在1～2h内用完。为减少应激，最好在晚上弱光环境下接种，也可在白天适当关闭门窗后，在稍暗的光线下接种。

### （二）饮水免疫

和注射法、滴鼻法、点眼法相比，饮水免疫省时、省力，减少了抓鸡及注射时的应激刺激，适合群体免疫，在肉鸡生产中应用非常广泛。饮水免疫应注意以下几点。

① 疫苗选择　应选用高效价的弱毒活疫苗，如鸡新城疫弱毒疫苗、鸡传染性支气管炎弱毒疫苗等。

② 饮水免疫前使鸡有一定程度的渴感，以使疫苗在短时间内（2h左右）饮完　进行疫苗饮水免疫前，必须对鸡群进行停水。停水时间依据环境温度而定，一般情况下，舍温在8～15℃时，停水4～6h；

16～25℃，停水3～4h；25℃以上，停水1～3h。停水时间过短，饮欲不强，鸡只饮入的疫苗量不够，剩余的疫苗则会因时间长而失活；停水时间过长，鸡群渴感极度增加，供水时，易造成体质好的鸡只暴饮而造成水中毒。

③ 水质要求　稀释疫苗最好用凉开水，也可用深井水加0.1%～0.3%脱脂奶粉稀释，疫苗要现用现配，不得用温水和热水。雏鸡饮用水应清洁卫生。

④ 免疫时机　建议选择晴天，早晨太阳升起的时候进行。

⑤ 饮水量　饮水免疫前，应准确计算鸡群的饮水量。水量过多或过少都会影响鸡群的免疫效果。水过少会导致免疫效果不均一，水过多会出现鸡群不能及时饮完含有疫苗的饮水，导致疫苗不能完全且及时地被鸡群摄入，而影响免疫效果。所以，必须根据舍温、日龄，准确计算每只鸡在停水时间内的饮水量。也可在用疫苗前3d连续记录鸡的饮水量，取其平均值以确定饮水量，通常用于稀释疫苗的水量约为鸡群日常饮水量的30%。免疫后1～2h再正常饮水。

⑥ 禁忌　配制好的疫苗稀释液严禁阳光直射。饮水免疫不得使用金属容器，容器应用清水刷洗干净，没有残留消毒剂和洗涤剂等。免疫前后3d，肉鸡饲料和饮水中不宜加入抗生素等药物。

⑦ 饮水免疫前提　饮水免疫前应详细检查鸡群的健康状况，对病弱鸡或疑似病弱鸡要及时隔离，不得进行饮水免疫。

⑧ 免疫合格判定　要对鸡群进行严格监测，母源抗体阴性鸡群免疫2～3周后抗体水平比免疫前要上升两个滴度，免疫才算成功，否则应重新免疫。

⑨ 预防免疫应激　在饮水免疫前后3d，饲料中可加入多种维生素以缓解应激，尤其是维生素C、维生素A和维生素E。

### （三）喷雾免疫

喷雾免疫简便而有效，对鸡呼吸道病的免疫效果很理想，可对鸡进行大群免疫。

#### 1. 喷雾免疫步骤

（1）选择喷雾器械　选择合适的喷雾器械并试用，以检查其性能。

（2）配苗　稀释液应使用去离子水或蒸馏水，最好加入5%甘油

或0.2%脱脂奶粉。喷雾免疫疫苗的使用量是其他免疫法疫苗使用量的2倍，配液量应根据免疫的具体对象而定，稀释液的用量（以每1000只鸡为单位）参照如下：1周龄鸡每1000只的喷雾量是200～300mL；2～4周龄400～500mL；5～10周龄800～1000mL；10周龄以上1500～2000mL。也可视喷雾次数和免疫时间长短凭经验调整，稀释后的疫苗应在2h内用完。

（3）喷雾方法　1日龄雏鸡喷雾时，可打开出雏器或运雏箱，使其排列整齐。

**2. 喷雾免疫注意事项**

喷雾免疫是利用气压使稀释的疫苗雾化，并均匀地悬浮于空气中，雾化的疫苗随呼吸进入鸡体，使鸡获得免疫力。只有预防呼吸道疾病的疫苗才可以通过喷雾方式进行免疫，如鸡新城疫弱毒疫苗等。当鸡发生呼吸道疾病时不能进行喷雾免疫，否则不仅不会产生理想效果，而且还可能加重病情。喷雾免疫应注意以下问题。

（1）喷雾免疫的时间和环境　喷雾免疫一般选择在傍晚，以减少鸡群的应激反应，并避免阳光直射疫苗。关闭鸡舍的门窗和通风设备，减少鸡舍内的空气流动，将鸡群处于阴暗处。喷雾器或雾化器内应无消毒剂等残留，最好选用疫苗接种专用的器具。

（2）疫苗的配制及用量　选用不含氯元素和铁元素的清洁水溶解疫苗，常用的水有去离子水和蒸馏水，不能选用生理盐水等含盐类的稀释剂，以免喷出的雾粒迅速干燥致使盐类浓度升高而影响疫苗的效力。

（3）雾化粒子的大小要适中　在喷雾前可以用定量的水试喷，掌握好最佳的喷雾速度、喷雾流量和雾化粒子大小。该免疫法在患有慢性呼吸道病的鸡群中应慎用。新城疫弱毒疫苗会引发操作人员单侧性眼炎，因此，喷雾人员要注意自身防护。

## （四）注射免疫

注射免疫有皮下注射与肌内注射两种方法。皮下注射对鸡只免疫应激小、抗体维持时间长，是实际生产中较常用的免疫接种方法；肌内注射抗体上升快，但对鸡的应激大，容易造成残鸡，且抗体维持时间短，常用做紧急免疫。

**1. 注射免疫关键点**

注射免疫关键点是注射器械的消毒与校正剂量。免疫前，将注射器、针头、胶管采用煮沸法消毒备用；同时校准注射器，保证注射量与免疫剂量一致。

(1) 颈部皮下注射　免疫部位在颈部正中线的下1/3处。操作要领：用拇指和食指捏起鸡只颈部皮肤，使表皮和颈部肌肉之间产生气窝，同时向气窝内注入疫苗。注射时，针头应向后向下，与鸡只颈部纵轴平行。

(2) 胸部注射　免疫胸部肌肉或皮下；也可选择翅膀近端关节附近的肌肉进行注射。操作要领：抓鸡人员一手抓住双翅，另一手抓住双腿，将鸡固定，将胸部向上，平行抓好；皮下注射时，用手将胸部羽毛拨开，针头呈15°角将疫苗注入，同时用拇指按压注入部位，使疫苗扩散，防止疫苗漏出；胸部肌肉注射时，针头方向应与胸骨大致平行，雏鸡插入深度为0.5～1.0cm，日龄较大的鸡可为1.0～2.0cm。

(3) 腿部注射免疫部位　大腿部外侧肌肉或皮下。操作要领：针头方向应与腿骨大致平行，肌肉注射呈30°～45°角、皮下注射呈15°角将疫苗注入。

**2. 推荐的免疫操作方法**

2周龄前，颈部皮下注射。2周龄后，胸部皮下注射。

产蛋阶段优先免疫方法：胸部皮下→颈部皮下→腿部皮下→胸部肌肉→腿部肌肉。

**3. 注射免疫注意事项**

(1) 免疫用的疫苗应提前从冰箱中取出，保证疫苗使用时为常温，减少低温疫苗对鸡的冷应激。使用前及使用过程中充分摇晃疫苗，保证每只鸡获得均一的抗原量。

(2) 颈部皮下注射时，应避免将疫苗注射到颈部血管、神经或靠近头部的部位，避免鸡只死亡、残疾或肿头。胸肌注射时，应防止误刺入肝脏、心脏或胸腔内，引起鸡只意外死亡。因腿部有大的血管且神经干较多，又是家禽负重的主要部分，一般不宜做肌肉注射。

(3) 应先接种健康鸡只，再接种假定健康鸡只。注射过程中勤换针头，每注射几十只鸡或100只鸡至少更换一次针头。

（4）选择不同的部位注射疫苗。由于疫苗对局部组织的损伤及过多疫苗在同一部位的蓄积会造成吸收障碍，影响鸡群健康与免疫效果。用连续注射器接种疫苗，注射剂量要反复校正，减少误差。针头不能太粗，以免拔针后疫苗流出。

### （五）疫苗刺种

适用于鸡痘、鸡脑脊髓炎、鸡痘-传染性脑脊髓炎二联弱毒活疫苗等的免疫。免疫时抓鸡人员一手将鸡的双脚固定，另一手轻轻展开鸡的翅膀，拇指拨开羽毛，露出三角区，免疫人员用特制的疫苗刺种针蘸取疫苗，垂直刺入翅膀内侧无血管处的翼膜内。

刺种免疫需要注意以下事项：

① 要保证稀释液质量　推荐使用专用稀释液，条件不允许时，可用灭菌蒸馏水或生理盐水替代。

② 疫苗配制　先将少量稀释液倒入疫苗瓶中，待疫苗溶解后，回倒至稀释液瓶中，用稀释液反复冲洗疫苗瓶 2～3 次，保证瓶中无疫苗残留。刺翅免疫时由于每只鸡耗用疫苗量很少，如果配制的疫苗在 2h 内不能用完，疫苗就会失效。没有用完的稀释疫苗应妥善处理后废弃。

③ 刺种部位　在鸡翅翼膜内侧中央，严禁刺入肌肉、血管、关节等部位。必须刺一下浸一下刺种针，疫苗液须浸过刺种针槽，保证刺种时针槽内充满药液；刺种针应垂直向下刺入。

## 五、制定适宜的免疫程序

免疫程序是指在鸡的生产周期中，为了预防传染病而制定的疫苗种类、用量、用法、接种次数、间隔时间等。制定适合本鸡场的免疫程序应考虑以下问题。

#### 1. 根据当地和本场疫病流行规律，制定所需接种疫苗的种类

肉鸡接种疫苗的种类应是当地比较流行或曾经发生及受威胁的病种。最好选用与当地疫病流行毒株（或菌株）相对应的优势血清型疫苗毒株（或菌株）。

#### 2. 根据雏鸡母源抗体水平确定疫苗的首免日龄

首免日龄的确定，应依据雏鸡群的母源抗体的情况，一般认为 $4\log_2$ 的 HI 抗体是免疫的临界值。目前，国内许多养鸡场往往采取

"一刀切"的免疫程序，不管雏鸡的母源抗体水平高低，而将首免日龄固定在某一日龄，这是不合理的，会造成NDV（新城疫病毒）的早期感染或新城疫疫苗的免疫效果下降甚至免疫失败。

**3. 确定接种日龄还应考虑鸡的易感性**

马立克氏病的免疫必须在出壳24h内进行，因为此时雏鸡对马立克氏病的易感性最高，随着日龄的增长，其易感性降低。

**4. 及时评价免疫效果**

在条件允许的情况下，需对新城疫等疫苗的免疫效果进行监测与评估，并根据鸡群免疫抗体水平的高低，决定何时需要加强免疫或者对免疫程序进行相应调整。一般在免疫后2～3周后可进行抗体监测。

**5. 饲养管理水平、营养状况、免疫增强剂的使用情况**

我国国内许多养殖业主"重防疫轻监测"的观点仍然很严重，以为给鸡群进行了疫苗免疫，就可以产生保护作用，殊不知有很多因素都可以制约疫苗对机体的刺激从而影响免疫效果。

一般管理水平高、营养状况良好的鸡群可获得很好的免疫效果，反之效果不佳或无效。合理使用免疫增强剂（黄芪多糖、地黄提取物等）的鸡群，疫苗抗体水平更高。某些疾病、运输、炎热、通风不良等应激状态下，一般不宜进行接种免疫，待应激消除后再进行接种。

**6. 加强生物安全**

就群体免疫而言，由于个体免疫的差异，即使频繁接种疫苗，也不可能产生100%的保护率。正因为如此，建立健全的生物安全体系对于综合防控肉鸡疫病至关重要。因此，改变目前粗放的养殖模式，尽量实行全进全出的养殖模式，避免不同禽群的混合饲养，提高生物安全管理水平和质量，通过中长期的免疫和净化方案来达到局部乃至全国范围内对新城疫等疫病的净化。

附录二中的免疫程序供养殖过程中参考。

## 六、紧急接种应注意的问题

接种疫苗前应对鸡群健康状况进行详细调查。若有严重传染病流行，则应停止接种。若是个别病鸡，应该剔除、隔离，然后接种健康

鸡。对疑似有疫病流行的地区，可在严格消毒的条件下，对未发病的鸡只做紧急预防接种。免疫接种时间应根据传染病的流行状况和鸡群的实际抗体水平来确定。

## 七、肉鸡免疫失败的原因

疫苗接种是预防家禽传染病的有效方法之一，但不是打了禽流感疫苗就能保证鸡群不发生禽流感。免疫接种能否获得成功，不仅取决于使用疫苗的质量、接种方法和免疫时间等外界因素，还取决于机体的免疫应答能力这一内部因素。生产过程中，时有免疫鸡群发生传染病（免疫失败）的情况，原因可能包括：

### 1. 疫苗及稀释剂

(1) 疫苗选择不当　日龄小的肉鸡选用了中等毒力的疫苗，如应该接种传染性支气管炎疫苗 $H_{120}$ 时选用了传染性支气管炎疫苗 $H_{52}$。

(2) 疫苗的质量　疫苗不是正规生物制品厂生产，尤其是非 SPF 鸡胚生产的。疫苗质量不合格或已过期失效。疫苗因运输、保存不当或疫苗取出后在免疫接种前受到日光的直接照射，或取出时间过长，或疫苗稀释后未在规定时间内用完，均会影响免疫效果。

(3) 疫苗病毒间的干扰作用　将两种或两种以上无交叉反应的抗原同时接种时，机体对其中一种抗原的抗体应答显著降低，从而影响这些疫苗的免疫接种效果，如新城疫病毒和传染性支气管炎病毒之间的干扰。

(4) 疫苗稀释剂　疫苗稀释剂存在质量问题或未经消毒处理或受到污染而将杂质带进疫苗；饮水免疫时饮水用具未消毒、清洗，或饮水器中含消毒药等都会造成免疫不理想或免疫失败。

### 2. 鸡群机体状况

(1) 遗传因素　肉鸡机体对接种抗原产生免疫应答，在一定程度上是受遗传控制的。鸡的品种繁多，免疫应答各有差异；即使同一品种不同个体的鸡，对同一疫苗的免疫反应强弱也不一致。有的鸡自身存在先天性免疫缺陷，也可导致免疫失败。

(2) 母源抗体的影响　种鸡个体免疫应答差异以及不同批次雏鸡群不一定来自同一种鸡群等原因，造成雏鸡母源抗体水平参差不齐。

如果接种时的母源抗体过高，母源抗体干扰疫苗毒株在体内的复制，会导致免疫效力低下。

（3）营养因素　维生素及许多其他营养成分都对鸡免疫力有显著影响。缺乏维生素A、B族维生素、维生素D、维生素E和多种微量元素及全价蛋白时，免疫反应明显受到抑制。

（4）应激因素　鸡群处于应激反应敏感期时接种疫苗，就会减弱鸡的免疫应答能力。各种应激包括环境温度过高或过低、湿度过大或过小、通风不良、拥挤、突然换饲料、运输、转群等。

**3. 免疫程序不合理**

鸡场制定的免疫程序不合理，不切合当地鸡病流行规律和本场实际需要。如免疫方法不当。滴鼻、点眼免疫时，疫苗未能进入鼻腔、眼内；肌注免疫时，出现“飞针”，疫苗根本没有注射进去或注入的疫苗从注射孔流出，造成疫苗注射量不足并导致疫苗污染环境。饮水免疫时，免疫前未限水或饮水器内加水量太多，使配制的疫苗未能在规定时间内饮完而影响剂量。

**4. 疾病因素**

（1）病原血清型　多数病原微生物有多个血清型，甚至有多个血清亚型，某鸡场感染的病原微生物与使用的疫苗毒株（或菌苗菌株）在抗原上可能存在较大差异或不属于一个血清（亚）型，从而导致免疫失败。

（2）免疫抑制问题　马立克氏病、淋巴白血病、传染性法氏囊病、传染性贫血、球虫病、霉菌毒素、滥用免疫抑制性药物等能导致鸡群发生免疫抑制。患有此类疾病的鸡群接种疫苗，可能发生严重的反应，甚至引起死亡。

（3）消毒卫生制度不健全　鸡舍及周围环境中存在大量的病原微生物，在接种疫苗期间鸡群已受到病毒或细菌的感染。器械和用具消毒不严，使免疫接种成了病原传播，而引发疫病流行。

**5. 其他因素**

许多重金属（铅、镉、汞、砷）均可抑制免疫应答而导致免疫失败；某些化学物质（卤化苯、卤素、农药）可引起鸡免疫系统部分甚至全部萎缩以及活性细胞的破坏，进而引起免疫失败。

# 第三节　肉鸡场消毒

## 一、肉鸡场消毒的意义

养鸡场实行定期的严格消毒制度是预防和控制传染病发生、传播和蔓延的最好方法。由于鸡只的流动，人员、运输工具的迁移，饲养原材料的输入，肉鸡排泄物等对养殖场环境都带来了污染，只有制定严格的消毒管理制度和采取一整套严密的定期消毒措施，才能有效地消灭散播于环境、鸡体表面及饲养工具上的病原体，保证饲养的鸡群健康成长。

所谓“定期消毒”是指根据气候特点、本场生产实际，对鸡舍、舍内空气、饲料仓库、道路、周围环境、消毒池、鸡群、饮水等制订具体的消毒计划，在规定的时间进行消毒。如，每周1～2次带鸡消毒；周围环境每月消毒1～2次。

## 二、消毒方法

消毒是指用物理或化学等方法清除或杀灭物体中病原微生物，只要求达到消除传染性的目的，而对非病原微生物及其芽孢、孢子并不严格要求全部杀死。消毒方法有生物消毒法、物理消毒法与化学消毒法三大类。

### 1. 生物消毒法

将鸡场产生的粪便堆积在一起进行发酵处理，可产生70℃以上的温度，利用发酵过程中微生物生命活动所产生的热量杀灭其中的病毒、无芽孢菌、寄生虫虫卵等，以起到消毒作用。

### 2. 物理消毒法

即利用阳光、紫外线、干燥、高温（包括煮沸、火焰等）杀灭病原体。

（1）清扫、冲洗、通风、干燥　使用这些方法可以清除鸡舍及环境中存在的粪便、垫料、设备和用具上的大多数病原微生物，是一切消毒措施和程序的基础。

（2）紫外线照射　阳光暴晒、紫外线灯照射等产生的紫外线能使微生物体内的原生质发生光化学作用，使其体内蛋白质凝固，从而达到杀死病原微生物的作用。

（3）高温

① 焚烧　多用于抵抗力顽强的病原体及感染该病原体引起的传染病的尸体和垫料污物等的消毒。粪便、垫料、污染的垃圾和病死鸡的尸体等，均可焚烧。

② 煮沸和蒸汽　多用于一般病原体的消毒。对各种金属物品、用具、玻璃器具、衣物等可进行煮沸消毒，其中可加入少许碱，如苏打或肥皂等，以促使蛋白质、脂肪的溶解，防止金属生锈，提高沸点，增强消毒效果。也可用烘箱进行干热消毒，或用高压蒸汽进行湿热消毒。

③ 焚烧和烘烤　使用火焰进行焚烧和烘烤，是一种简单有效的消毒方法。鸡舍地面、金属笼具、砖墙等可以用火焰喷射，从专用的火焰喷射消毒器中喷出的火焰具有很高的温度，能有效杀死病原微生物。

### 3. 化学消毒法

即利用化学药物的作用杀死细菌和病毒，以达到消毒目的。

① 喷雾法或泼洒法　将消毒药配制成一定浓度的溶液，用喷雾器对需要消毒的地方进行喷雾消毒，或直接将消毒药泼洒到需要消毒的地方，如带鸡消毒。

② 擦拭法　用布块浸沾消毒药液，擦拭被消毒的物体，如对笼具的擦拭消毒。

③ 浸泡法　将被消毒的物品浸泡于消毒药液内，如种蛋、食槽、生产工具的消毒。

④ 熏蒸法　常用的有福尔马林配合高锰酸钾对密闭的鸡舍、孵化机进行熏蒸消毒。

⑤ 饮水法　在饮水中加入适当浓度的消毒药。

## 三、消毒设备

### 1. 高压清洗机

主要用途是冲洗鸡舍、饲养设备、车辆等，在水中加入消毒剂，

可同时实现物理冲刷与化学消毒的作用，效果显著。

**2. 高压喷雾装置**

喷雾消毒能杀灭场内、舍内灰尘和空气中的各种致病菌，大大降低舍内病原体的数量，从而减少传染病的发生，提高养殖场的经济效益。

## 四、鸡场消毒

**1. 环境消毒**

① 车辆消毒　鸡场门口设消毒池，池内放2%氢氧化钠溶液，每星期更换两次，水深需淹没过往车辆的轮胎。外来车辆用0.5%过氧乙酸喷雾消毒。

② 道路及场地　每1～2周用2%氢氧化钠加0.1%季铵盐喷洒消毒1次。

**2. 鸡舍消毒**

鸡舍消毒的目的是给鸡群创造一个良好的、干净舒适的环境，清除以往鸡群和外界环境中的病原体。养鸡生产中鸡舍消毒的好坏直接影响到鸡群的健康，必须做好鸡舍的消毒工作。

鸡舍消毒分为空舍消毒和带鸡消毒，合理的鸡舍消毒程序如下。

① 空舍消毒　首先应清除舍内的粪便、垫料、死鸡及垃圾等，用高压水枪按从上至下的顺序冲洗鸡舍棚、四壁窗户和门、鸡笼、饮水器（槽）、食槽及设备等。待干后，地面及1m以下的墙壁用2%～3%火碱刷洗，再用清水冲净，风干后再对鸡舍从上至下喷雾消毒，将天棚、墙壁、地面及饲养用具喷湿。灭鼠，将灭鼠药撒入整个鸡舍。熏蒸消毒，将鸡舍封闭好，熏蒸24～48h后再打开门窗和排风机通风，以便散发甲醛气味，大约通风1周。在进鸡之前，再次对鸡舍内从上到下喷雾消毒一遍即可。为降低成本，也可采用加热的方法使甲醛挥发。消毒效果受温度、湿度影响很大，室温在20℃以上、湿度达70%时消毒效果较好。

② 带鸡消毒　首先尽可能彻底地扫除鸡笼、地面、墙壁、物品上的鸡粪、羽毛、粉尘、污秽垫料和屋顶蜘蛛网等，再用清水将污物冲洗出鸡舍，提高消毒效果。冲洗的污水应由下水道或暗水道排流到远

处，不能排到鸡舍周围。待干后再对鸡舍从上至下喷雾消毒，将天棚、墙壁、地面及饲养用具喷湿。

正常情况下，带鸡每周消毒最少一次（雏鸡每周2次）；周边有疫情时，每周至少两次；场内有疫情时，每天一次。消毒药可选用0.1%～0.2%过氧乙酸、1∶（500～1000）欧福或0.05%百毒杀，更换、交叉使用。喷雾应距鸡体50cm左右为宜，用量为30～50mL/$m^3$。

**3. 死鸡和鸡粪的处理**

死鸡深埋或焚烧，鸡粪要做无害化处理（生产沼气或堆积发酵）。

**4. 人员消毒**

凡进入生产区的人员，必须经过消毒间，到更衣室更换工作服及鞋帽后，方可进入生产区、养殖区。鸡舍应设立脚踏消毒盆，进入鸡舍者必须在此消毒。

工作人员的鞋帽及工作服每天要消毒一次，每周要清洗消毒一次。在免疫前用0.05%～0.1%新洁尔灭溶液消毒手。

## 第四节　肉鸡疾病防控

### 一、肉鸡疾病的防控原则

当今肉鸡疾病已成为严重影响和制约我国肉鸡养殖发展的门槛。要控制肉鸡疾病，必须从育种、饲养管理、疾病防治、环境改善与生物安全建设方面着手。

从长远计划来看，肉鸡疾病的防治首先必须从育种工作入手。家禽繁育科学工作者和种禽企业在良种繁育过程中，不仅应兼顾培育生产性能越来越高的动物品种，还应该通过基因工程手段筛选和培育具有抗病力相关基因的抗病品种；同时在种禽引种和从国外引进SPF种蛋或疫苗过程中，应根据禽病临床研究进展与时俱进地跟进和强化疫病检疫工作，防止新的疫病从国外引入；在种禽饲养过程中，加强种群管理和疫病净化。根据各种新型垂直传播疾病的发现，及时地监测控制各种能够垂直传播型疫病的流行，保证为家禽养殖企业输送健康的鸡雏。

从饲养管理入手，要防止肉鸡疫病，必须坚持“养重于防、防重于治”的原则。必须认识到，只有把肉鸡养好，给予其良好的生存条件和合理、先进的饲养管理程序，才能保障肉鸡的健康并提高其抗病能力。

从改善环境入手，减少肉鸡疫病的发生。随着社会的进步与人们生活水平的提高，对环境的要求越来越高，例如，肉鸡场法人首先必须考虑环保问题。解决养殖与环保的矛盾问题，根本办法和出路还是要走养殖业与种植业结合的道路。规模化养殖场的建设要考虑全封闭、自动化的问题，因为这样既可节省劳动力，又可提高鸡舍的空气质量与肉鸡生长的环境条件，有利于疾病的控制。

肉鸡疾病的防治必须遵循消灭传染源、切断传播途径与保护易感鸡群三大原则。首先必须做好病原与病因的检测与诊断工作。只有把病原与病因搞清楚，防治工作才能有的放矢，并取得满意的效果，在此基础上进行传染源的控制工作，特别是种禽疾病控制与净化工作，减少和消灭传染源。其次对肉鸡传染病与寄生虫的防治，切断传播途径至关重要。必须严格加强从国外引进鸡只的检疫工作，防止外来病的入侵和病原的带入。同时更要加强国内禽类及产品流通领域的严格检疫工作，提高检疫水平，切断传播途径和阻止病原的散布与传播。强化禽类及其产品流动的监管，特别是活禽的流动监管。第三，保护易感鸡群不仅仅是注射疫苗，而且要从提高鸡群整体健康水平角度全方位考虑。对于新发传染病要坚持执行“早、快、严、小”四字方针，即及早发现、快速反应、严格处置、小范围扑灭。把新发传染病消灭在初发状态，以免其扩散。对已存在的广泛流行并严重发病的传染病，必须做到免疫无病，在此基础上开展病原的检测，或区分疫苗免疫鸡群与野毒感染动物的抗体鉴别检测，分群、隔离、淘汰带病鸡群，净化疾病。建立健康种鸡群，最终停止免疫，消灭某种传染病。

当前肉鸡疾病复杂，老病没有消灭，新病不断发生，病急乱投医现象严重。临床上注射疫苗和用药比较混乱，因此提倡养殖业主遵循“少用疫苗、少用药、环境友好、绿色健康养殖”的理念。用药最好是先把本场的病原菌种类调查清楚，针对本场本地分离的病原菌进行药敏试验，然后再选择敏感的药物治疗，这样才能收到较好的效果。环境友好方面，除大环境外，肉鸡机体的内环境也很重要，怎样提高肉鸡自身的抗病力是关键。从肉鸡养殖到餐桌，整个的生产加工链要做到无公害、无污染、绿色健康养殖，真正实现健康肉鸡、健康食品、健康人类的新理念。

## 二、加强肉鸡疫病防控中生物安全工作

疫病问题已成为制约我国肉鸡养殖业发展的瓶颈之一，不仅造成严重经济损失，使生产成本急剧上升，而且带来食品安全等公共卫生问题，影响公众的消费心理。因此，疾病问题严重影响我国肉鸡养殖业的可持续发展。我国在肉鸡疫病的防治方面与发达国家最大的差距表现在生物安全方面。

### (一) 生物安全概述

2008年，FAO、OIE、世界银行对养殖业的生物安全的概念是：为降低病原体传入和散布风险而实施的措施，它要求人们采取一整套的措施和行为以降低涉及家养和野生动物及其产品所有活动的风险。养殖业的生物安全又可分为用来避免（防止）病原体进入畜禽群或养殖场的外部生物安全和当病原体已存在时防止疾病在畜群或农场内向未感染动物散布或向其他农场散布的内部生物安全。

养殖场水平的生物安全有三大要素：隔离、清扫（清洗）、消毒。隔离是生物安全第一和最重要的要素，它涉及使可能感染的动物和污染的材料与未感染动物隔开。隔离被认为是为达到所需生物安全水平最有效的步骤。隔离是建立和维持一种屏障系统，以防止和限制感染动物和污染材料进入未感染区域的可能机会。隔离可防止大多数污染和传染。

清扫（清洗）是生物安全第二个最有效的步骤。大多数病原体污染含在黏附于被污染物表面上的粪、尿或分泌物中，清洗可除去污染的大多数病原体。必须对进入养殖场的车辆、设备等材料彻底清洗以除去可见的污物。

生物安全最后一步是消毒。OIE陆生动物卫生法典对消毒的定义是：“在彻底清洗后，用来破坏动物疫病包括人畜共患病病原体的方

法；这些方法针对畜禽舍、车辆和直接或间接可能已污染的不同物件。”

## （二）我国在生物安全方面存在的问题和面临的主要任务

### 1. 应加强饲养管理水平

我国养殖业发展过程中，在饲养数量增加的同时，养殖模式特别是生物安全水平未发生根本变化，饲养管理粗放。

FAO根据生物安全水平，将养殖场分为四类：第一类是具有高生物安全水平的工业化整合系统；第二类是具有中至高生物安全水平的商业化畜禽生产系统；第三类是仅有低至最低的生物安全的商业化畜禽生产系统；第四类是仅有最低生物安全的庭院式生产。根据这一分类，我国大多数的养殖企业处在低至最低生物安全的第三类和第四类，仅有少数企业能达到第一类和第二类的生物安全标准。形成鲜明对照的是发达国家的养殖业为高生物安全水平（第一类和第二类）的大型集约化饲养系统，甚至巴西和泰国等发展中国家的养禽业，其主体也是高生物安全水平的大型集约化饲养系统。

近年来我国的肉鸡养殖业在规模上有较大发展，每个经营单位其饲养数量增加较快，但生物安全水平未能有相应提高。另外，很多规模化养殖企业的生物安全措施也不能完全确保杜绝病原传入，疫病传入和发生的风险仍很大。

我国养殖业在发展过程中总体规划不够合理，有些地区的饲养密度过大，很难实施有效的生物安全措施，给疾病防治带来难度。

### 2. 建立健全的准入制度

我国种禽企业良莠不齐，准入制度不健全，总体水平不高，达到第一类和第二类生物安全水平的仅是一小部分。

从疾病防控角度上看，祖代和父母代存在较多的疾病问题，必然会影响到商品代。种禽业有三个突出问题：一是鸡白痢、支原体病和禽白血病等胚传疾病种鸡群的阳性率普遍较高，缺乏规范的全国性的行业疾病净化和根除计划。这些病的阳性率从祖代、父母代到商品代不断放大，造成商品代很难饲养，如我国为了控制育雏期的鸡白痢，只能依赖抗生素；而在发达国家中，这些病在种群中均已得到很好净化，如鸡白痢已根除多年。二是种禽使用的活疫苗带来外源病原体污染问题。我国大部分种禽，尤其是父母代种禽还不能完全使用真正SPF源的活疫苗，这就使一些经胚传播的病原体，如腺病毒、网状内皮组织增生症病毒（REV)、呼肠孤病毒（REOV)、禽白血病病毒（ALV)、鸡传染性贫血病毒（CIAV)、支原体、沙门氏菌等，由于活疫苗的使用而造成在种禽中的人工传播感染，所以在商品代这些病的阳性率，远比国外要高。三是免疫程序有待优化，对一些重要传染病，种禽不能提供后代平均滴度较高、变异系数较小的母源抗体，给后代的免疫预防带来困难。发达国家的种禽疾病防控，主要靠生物安全，而疫苗和药物仅起辅助作用。

**3. 合理使用疫苗**

我国对高致病性禽流感、鸡新城疫等重大疫病的防控存在认识误区，不能科学地认识疫苗在防控中的作用，不能科学地使用疫苗，而是过分依赖疫苗乃至滥用疫苗。

绝大多数疫苗，如预防鸡新城疫、高致病性禽流感等疾病的疫苗，都不能提供消除性免疫，即不能消除体内已经存在的病原体，也不能阻止强毒病原体的感染和复制（呼吸道、消化道或其他部位)，仅能提供临床保护（不发生临床症状和死亡）并抑制强毒的繁殖（降低病毒载量)。而不同疫病的疫苗，在临床保护和降低强毒载量方面差异很大，同种疫苗对不同种动物的差异也很大。

**4. 我国疫病监测工作和对新发传染病的应答机制需要完善和提高**

我国在控制重大动物疫病方面面临两大任务：扑灭今后有可能发生的“新发”传染病，控制和根除现已存在的地方流行性重大疫病。如果发生一种新发传染病，能否做到在扩散之前将其扑灭，如何做到“早、快、严、小”，第一时间报告可疑病例是关键。从国家层面上说，应建立新发传染病的早期预警和快速反应系统，在第一时间发现疫情、报告疫情，快速做出决策和反应。在疫情仅局限于小范围时将其扑灭是控制新发传染病的最佳选择。在出现新发传染病时，扑灭疫情是最急迫的大事，应放在一切工作的首位。新发传染病开始在一地区暴发时，搞清传播路线极为重要。暴发调查要做疫源追踪和散布追踪，只有这样才能及时扑灭疫情。

## 三、肉鸡养殖生物安全体系建设

### (一) 肉种鸡疫病净化

可以垂直传播的鸡病有多种，其中垂直传播的细菌性疫病包括：鸡伤寒、鸡白痢、禽波氏杆菌病、禽奇异变形杆菌病、鼻气管炎鸟杆菌等；垂直传播的病毒性疫病包括：禽白血病、禽网状内皮组织增生症、鸡传染性贫血、呼肠孤病毒感染、禽传染性脑脊髓炎、Ⅰ型腺病毒感染、产蛋下降综合征等；垂直传播的其他疫病：支原体病、衣原体病等。当种鸡感染有这些疾病或者通过接种不合格的、被这些疾病病原污染的活毒疫苗时，病原就会随着曾祖代→祖代→父母代→商品代而大范围传播，其所造成的损失是无法估量的。

近年来垂直传播性疾病给养鸡生产带来的损失不容低估，尤其是那些可导致免疫抑制的病毒性垂直传染性疾病，如鸡白血病病毒、网状内皮组织增生症病毒、鸡传染性贫血病毒、呼肠孤病毒感染，其垂直传播往往导致鸡群的免疫系统受损或发育不良，导致鸡群疫苗的免疫失败，同时又容易继发感染其他细菌、病毒、霉菌或寄生虫病。这种鸡群往往表现为食欲低下、消化不良、排饲料便、生长迟缓、体弱多病，给商品肉鸡和肉杂鸡的生产造成了不可估量的损失。因此，只有认真对待疫病净化工作的肉种禽场，才能为商品肉鸡养殖企业提供优秀的雏鸡。

### (二) 加大对SPF鸡胚和疫苗的质量监管

疫苗病原污染是疫病传播的重要途径，这在我国历史上也是有深刻教训的。这涉及生产疫苗所用SPF鸡胚和疫苗生产过程中的质量控制问题。我国质量技术监督局1999年11月10日颁布中国SPF鸡国家标准，并从2000年4月1日起实施（该标准2008年修订，2009年5月1日起实施修订版），标准共10个，即GB/T 17998—2008、GB/T 17999.1—2008、GB/T 17999.2—2008、GB/T 17999.3—2008、GB/T 17999.4—2008、GB/T 17999.5—2008、GB/T 17999.6—2008、GB/T 17999.7—2008、GB/T 17999.8—2008、GB/T 17999.9—2008，标准规定：我国SPF鸡应不含19种病原微生物，包括禽腺病毒、产蛋下降综合征病毒、禽脑脊髓炎病毒、禽流感病毒、多杀性巴氏杆菌、禽呼肠孤病毒、禽白血病、禽贫血病毒、鸡痘病毒、鸡副嗜血杆菌、传染性支气管炎病毒、传染性法氏囊病病毒、传染性喉气管炎病毒、鸡马立克氏病病毒、鸡败血支原体、鸡滑液囊支原体、鸡新城疫病毒、网状内皮组织增生症病毒、鸡白痢沙门氏菌。国外 SPF 鸡主要控制 16 种病原微生物，即一种细菌（鸡白痢沙门氏菌）、两种支原体（鸡败血支原体、鸡滑液囊支原体）和十三种病毒（禽腺病毒、产蛋下降综合征病毒、禽脑脊髓炎病毒、禽流感病毒、禽呼肠孤病毒、禽白血病、鸡痘病毒、传染性支气管炎病毒、传染性法氏囊病病毒、传染性喉气管炎病毒、鸡马立克氏病病毒、鸡新城疫病毒、网状内皮组织增生症病毒）。

为了保证生物制品的质量，农业部 2005 年版《中华人民共和国兽药典》将“生产检验用动物标准”正式纳入国家标准；2006 年 11 月 22 日，农业部农医发［2006］10 号《农业部关于加强兽用生物制品生产检验原材料监督管理的通知》中规定：自 2008 年 1 月 1 日起，GMP 疫苗生产企业疫苗菌（毒）种的制备与鉴定、活疫苗的生产以及疫苗检验用的鸡和鸡胚必须全部 SPF 化。我国 SPF 鸡胚的质量不尽如人意，因 SPF 鸡受到污染而导致的生物制品质量问题仍时有发生。因此，国家应设立 SPF 鸡与鸡胚权威检测机构，按照国家标准，切实加强对进口 SPF 鸡胚、疫苗和国内 SPF 种鸡场、SPF 鸡胚、生物制品企业疫苗产品的检验检疫力度。在所检测病原的种类上，要与时俱进，根据禽病研究的进展，考虑增检相应项目。从国外进口的 SPF 种蛋和国内 SPF 鸡场售出的 SPF 种蛋，需要附有国家指定权威检测机构提供的检验报告，并标明其适用的范围，确保国外引进和国内生产的 SPF 种蛋及生物制品不会携带病原微生物，保障进入市场的疫苗的安全性和有效性，严防因疫苗污染导致某些疫病的大面积传播和扩散。

### （三）饲料安全质量

饲料的安全卫生既直接关系到饲喂动物的安全和健康，又通过动物产品间接影响到消费者的卫生和安全。饲料中的各种营养成分与机体的免疫功能都存在密切的关系，饲料营养的全价性直接关系到动物抗病能力的高低。由于我国饲料生产企业规模大小不一，各企业的生

产水平各异，饲料质量也良莠不齐。生产实践中，因饲料原料霉变，霉菌、毒素、细菌以及一些有毒有害化学物质污染超标和饲料维生素、微量元素缺乏导致鸡群患病的案例时有发生，对动物机体本身健康和畜产品的质量都会产生严重威胁；因此质量技术监督部门应该不断改进和加强对饲料安全性和全价性的检测措施和抽检、执法力度。饲料生产企业也应该加强自身的质量检验检测能力，切实保证饲料产品的安全性和全价性。

## 四、肉鸡场疫病防治的综合体系

生物安全与免疫接种、药物防治相辅相成。现代化饲养管理体系下的疫病防治中，生物安全已经和免疫接种、药物防治共同组成了疫病控制体系。良好的生物安全措施可以为免疫接种和药物防治提供一个良好的使用环境，提高免疫接种和药物防治的效果。

### （一）生物安全体系的建立是鸡群传染病防治的第一道防线

生物安全是通过实施严格隔离、消毒和防疫等措施来预防和净化多种疫病，消除疫病威胁。

伴随肉鸡养殖业规模化、集约化的发展，肉鸡始终受到疫病的威胁，生物安全成为肉鸡养殖业能否成功和获利的关键，它具有较大的经济意义。生物安全可以针对所有疫病，采取高水平生物安全措施，保护鸡群免遭病原微生物的侵袭，提高鸡群的生产性能和饲料转化率，降低鸡群的死亡率和养鸡业生产成本，减少或避免疫病在国内和地区间广泛发生。虽然生物安全措施需要一定投入，但比发生疫病后的治疗费用、死亡淘汰、生产性能下降等造成的经济损失要小的多，所以生物安全措施是相对最经济的。

保持环境清洁卫生和消毒是生物安全措施的一个重要方面，如进行彻底清扫可减少约90%的病毒含量；如喷洒常规消毒剂可杀灭95%以上的病毒；如进行福尔马林和高锰酸钾熏蒸，病毒和细菌的杀灭率可达99.9%。而免疫接种和药物防治只能针对某些疫病。因此，生物安全与免疫接种和药物防治疫病的范围有很大不同。

实践证明，通过可靠的生物安全措施，可以将传染性疾病降到最低限度。

**1. 养殖场环境保护的主要技术措施**

养殖场的选址和规划布局需要从人和动物的双重安全出发，在保证阻隔病原微生物传播的前提下选择鸡场位置。鸡场在选址上既要远离居民区、化工厂、污水与垃圾处理厂、畜禽生产场所、屠宰场、集贸市场和交通要道，又要具备地势高燥、背风向阳、有充足干净的水源、电力供给方便等便利条件，并且严禁在旧养殖场基础上改扩建，其目的是阻隔病原微生物、工业污染由外部传入厂区和保证鸡场气味、排放物不污染居民区环境。在鸡场内部，应合理利用地势和当地的气候条件进行规划布局。既要注意鸡场排污、排水的便利，鸡舍的保温和通风，又要考虑各功能单元之间的防疫管理，保证养鸡场生物安全体系的正确实施。

（1）鸡场与城市和主要运输干道之间距离　从生物安全的角度来说，养殖场离城市的距离越远，越有利于生物安全体系的构建和鸡场环境的控制，但从交通运输和市场销售角度考虑，显然肉鸡养殖场距离城市又不宜太远。因此，应根据鸡场的性质具体情况具体分析。鸡场与主要运输干道之间距离最好控制在3000m以上，并以位于当地主干道的上风向为好。与其他大型养殖场的距离距离越远越好，至少应在1500m以上。

（2）鸡场内功能分区　大型集约化鸡场各功能区上一般以行政经营管理区、职工生活区和生产区异地建设为好。由于行政经营管理区和职工生活区与外界联系较多，人员流动量较大，可以将行政经营管理区、职工生活区建设在附近的村镇，而将养殖场独立建设于郊外，作为一个独立的功能单位。这样更有利于鸡场的防疫管理。规模较小的养殖场，各功能区的建设也应该将行政管理区、职工生活区、饲养区和粪污处理区根据拟建场区的地形地势、主导风向，按照由高至低、由上风向到下风向顺序分布；各功能区之间应建立隔离围墙或防疫隔离带，养殖区四周应设立防疫沟。

（3）鸡舍的排列布局　鸡舍的排列要根据地形地势、鸡舍的数量和每栋鸡舍的长度等设计为单列或双列。不管哪种排列，净道与污道要严格分开，不能交叉。雏鸡、饲料走净道入场，病死鸡、淘汰鸡、粪便运输车走污道运出，以防止交叉污染。不同布局的鸡舍均应以污

道最少为原则。不同的生产区独立饲养，各区之间要有一定距离的隔离带，并设隔离墙和绿化带，这样既可改善鸡场小气候、净化鸡场空气，又可以减少病原在不同生产区之间的交叉传播。生产区内要做到"全进全出"。在鸡群出栏后要做到对鸡舍、笼具和道路的严格冲洗消毒。开放式鸡舍间距以舍高的五倍间距为宜，全封闭式鸡舍间距控制在三倍舍高即可满足防疫要求。

(4) 卫生消毒设施的设立　场区入口处设立车辆消毒池、熏蒸消毒室和人员淋浴消毒室，所有进出场人员、车辆、物品必须经过消毒方可出入。每栋舍设立唯一可控入口，饲养员和其他人员在进入鸡舍前必须先经过淋浴消毒和在消毒盆消毒后，更换生产区专用清洁工作装，才能进入鸡舍。

各生产区需配备高压冲洗消毒设备，对生产区内的鸡舍和道路采取定期的冲洗消毒，最大限度地降低环境病原微生物的数量，降低鸡群受感染的机会。

在主生产区之外下风向设立病理观察和剖检室，在下风向约500m设化尸坑和粪便发酵池。有条件的养殖场可以建立焚烧炉，用于无害化处理病死的畜禽。

**2. 养殖过程主要生物安全的防控技术**

建立并落实严格的卫生防疫安全管理制度。养殖场有了完善的硬件设施，并建立了严格的卫生防疫安全管理制度，还需要这些制度和措施真正落实和执行。不能让良好的设施成为摆设，制度成为张贴于墙壁的装饰。

(1) 雏鸡和疫苗的质量检测　鸡苗和疫苗的质量是关系到养殖成败的关键因素，也是容易从外界带来传染病的重要媒介。引进的不合格的鸡苗可能带有垂直传染的各种疾病，也可能雏鸡一出壳就会有某些营养缺乏症（如种蛋维生素 $B_6$、维生素 $K_3$、维生素 C、维生素 A、维生素 E 缺乏时，可导致1日龄雏鸡肌胃角质膜出血）；质量不合格的活毒疫苗也可能带来风险［如携带有（疫苗度之外的）其他病原、疫苗本身或保质期问题使疫苗的效价不足］；灭活疫苗是否存在甲醛的含量超标等。大型集约化养殖场应当掌握一些必要的检验检疫手段，对于鸡苗、疫苗的质量从其源头进行考察、采样检测，最大限度地保证

所引进的鸡苗和疫苗安全，降低不必要的安全隐患。

(2) 鸡舍的准备　每批鸡在进入鸡舍前应进行彻底的清扫与冲洗、喷洒消毒和熏蒸消毒（见本书第四章第三节）。

(3) 控制适宜的鸡舍环境　适宜的鸡舍小气候对于保障鸡群的健康发育、防止鸡群感染各种疾病起着至关重要的作用。

① 适宜的温、湿度环境　适宜的温度、湿度环境既可以保证鸡群摄入最少量的饲料、发挥最大的生产潜能，又可以防止环境变化对鸡群造成的应激性反应。

寒冷的刺激会导致呼吸道黏膜腺体的分泌增加，而纤毛的运动能力减弱，其结果是气管黏膜表面溶胶性黏液增多，使表层的凝胶性黏液脱离纤毛表面；同时寒冷的刺激又使得纤毛上皮的摆动作用下降，不利于黏液运输系统将气管内的异物和各种病原粒子运输到喉头、鼻腔并经喷嚏和咳嗽反射排出体外。气温的骤然降低还可以通过反射引起气管平滑肌的痉挛、黏膜血管收缩、局部血液循环障碍使得到达黏膜的非特异性免疫细胞——单核细胞减少。所以突然的冷应激往往会诱发急性呼吸道疾病的发生。

环境湿度过大和过低同样不利于家禽的健康。湿度过低，空气中的尘埃和微生物的数量增多，会增加呼吸道黏液-纤毛运输转运的负担，使鸡群更容易出现传染性支气管炎、支原体、沙门氏菌、大肠杆菌的感染；湿度过大既不利于炎热的夏季机体的辐射散热，导致家禽的热应激、生产性能下降、伤亡率增加；同时高温高湿环境下饲料和饮水容易滋生细菌和真菌，从而导致鸡群细菌和真菌的感染率大大增加。临床实践也证明：夏季是家禽白色念珠菌病、曲霉菌性肺炎、坏死性肠炎和溃疡性肠炎的高发季节。而在气候寒冷的冬季，湿度过大会导致机体的非蒸发性散热加快，不但会降低饲料的转化率和产蛋率，还会加重冷应激对机体健康的不利影响。所以需要将鸡舍的温度、湿度控制在适宜的范围内，才有利于鸡群的健康、减少疾病的发生。

② 通风换气　鸡是一种代谢旺盛的动物，呼吸频率较高，呼吸时排出的大量二氧化碳，加上鸡舍内粪便发酵所排出的有害气体（氨气、硫化氢、甲烷、粪臭素等）以及空气中的尘埃、微生物，使得鸡舍空气污浊、氨气过浓、氧气的供应不足，如果不能够及时的通风换气，

必将激发鸡群呼吸道疾病的发生。

③ 控制适宜的饲养密度　适宜的饲养密度是预防家禽疾病不可忽视的重要措施之一。密度过大，不但会由于鸡群拥挤诱发鸡群啄癖、发育不整齐和疫苗免疫失败，而且也会由于空气中尘埃和病原微生物多，使得鸡群极易感染支原体、大肠杆菌气囊炎，进而影响肉鸡的成活率和肉鸡的生产性能。

④ 坚持日常的预防性消毒、必要环节的应急性消毒　在正常情况下，为了预防传染病的发生，应采取定期的舍内带鸡消毒。在周围鸡场或本鸡场发生传染性疾病的情况下，为了防止病原体由外传入鸡场或者病原体向外界环境散播，及时控制疫情蔓延，可以采取应急性地加强消毒的频次。待到传染病平息之后，还要对污染的场、舍进行全面彻底的消毒。

(4) 保持喂料系统和饮水系统的清洁卫生　在环境气候或者饲料本身比较潮湿的情况下，在料塔壁、料线、料槽容易出现饲料的霉变甚至板结；鸡场的水源、水塔和水线也有可能由于给药、污染等导致污染超标；生产上曾遇到某大型集约化鸡场由于给水系统长期不消毒，导致鸡群暴发严重的细菌性肠炎，经检测，从水塔、水线的头、中、尾端采集的饮水中分离出严重超标的金黄色葡萄球菌、铜绿假单胞菌。故此，定期的检查和检测喂料系统和饮水系统的清洁卫生，对于鸡场的生物安全极为重要。

(5) 及时淘汰残次鸡　鸡群中的残次个体，不但没有生产价值或者生产价值不大，而且多是带菌或者带毒的，是疾病的传染源，及时地淘汰这些残次个体，一方面可以保证整群鸡的健康，同时还可以降低饲料成本和管理费用，提高生产效益。

(6) 重视鸡场的杀虫、灭鼠工作，是保障生物安全的重要环节　有害昆虫（如蚊、蝇、蜱、螨、虱等）和啮齿类动物不但可以直接危害家禽的健康，而且还是鸡场疫情和人畜共患病的传播媒介。如蚊蝇通过叮咬家禽可以在鸡群间传播禽痘病毒，并在禽痘发生时，对禽痘疫情传播和扩散起到推波助澜的作用；库蠓和蚋分别可以传播鸡的考氏住白细胞原虫病、沙氏住白细胞原虫病。老鼠不仅是多种病原的携带者，而且是鸡群的直接伤害者和禽蛋、饲料的糟蹋者，给养鸡生产带来较大的损失。因此防控和消灭害虫、加强灭鼠工作也是养鸡场生物安全防护不可忽视的重要环节。

**3. 重视机体免疫功能的保健及重要性**

鸡群特异性的免疫力可以依靠免疫接种来获得，而机体的整体免疫功能更多的是依靠机体的非特异性免疫屏障作用来抵御病原微生物的入侵，包括皮肤、黏膜（包括呼吸道、消化道、泌尿生殖道和其他可视黏膜）机械物理屏障的完整、化学屏障的正常、生物屏障的完善及免疫屏障的发育正常及功能发挥正常。此外由于家禽没有哺乳动物的淋巴结，其肝脏功能的正常与否在机体的非特异性免疫功能方面起着极为重要的作用，它在消灭来源于机体各组织器官侵入的病原（细菌、病毒、寄生虫等）和外来抗原（细菌毒素）方面起着至关重要的作用。

因此在饲养实践中，要保障鸡群的健康，除了要注重饲养管理外，应重视家禽饲养过程中的促免疫、抗氧化、保肝等方面的保健工作，这对于提高鸡群体质、减少鸡群发病、降低抗生素和抗菌药物的使用、减少畜产品抗生素的残留、保证食品安全具有重要意义。

### （二）免疫防治是鸡群传染病防治的第二道防线

免疫接种是建立肉鸡群特异性免疫能力、预防传染病发生的有效措施。在我国肉鸡现有养殖环境条件下，疫苗免疫是各个养殖企业非常重视的一种传染病防治手段。

### （三）正确的诊断治疗是鸡群传染防治的第三道防线

及时准确的诊断是预防、治疗肉鸡疾病的重要前提和环节，要达到快速而准确的诊断，需要具备全面而丰富的疾病防治和饲养管理知识，运用各种诊断方法，进行综合分析。肉鸡疾病诊断方法有多种，而实际生产中最常用的是：临床诊断检查技术、病理学诊断技术和实验室诊断技术。肉鸡不同疾病的发生都有其自身的特点，只要抓住这些疾病的特点运用恰当的诊断方法就可以对疾病做出正确的诊断，进而采取正确可靠的治疗方案，才不至于怠误病情，使疾病及时得到控制。

## 五、建立兽医卫生防疫制度

兽医卫生防疫制度是实现肉鸡健康养殖的重要环节，建立健全各

项卫生防疫制度是肉鸡生产的有效保障。因此在生产过程中应坚持做到以下方面的内容：

① 坚持“预防为主，防治结合，防重于治”的原则，防止动物疫病发生，提高养殖效益。

② 肉鸡饲养场取得“动物防疫条件合格证”后，方可投入使用。

③ 肉鸡场法人或兽医为动物防疫工作的主要负责人，认真组织做好各项动物防疫制度的落实工作。

④ 实行封闭管理，严格控制进出场人员。

⑤ 按照规定的免疫程序进行免疫，严格进行场区卫生消毒。

⑥ 鸡只调出前应在规定时间内向当地动物卫生监督机构报检。跨省引进的雏鸡等，应向输入地省级动物监督机构申请办理审批手续，取得检疫证明。对跨省引进的鸡群应按照国家规定进行隔离观察。

⑦ 发现病死肉鸡，应及时隔离，同时立即向当地动物卫生监督机构报告。

⑧ 发生重大疫情，应按照当地政府要求协助开展扑灭工作。

⑨ 场区内粪便、垫料、病死鸡只按规定进行无害化处理。

⑩ 建立健全各项防疫档案，记录至少保存两年。

## 六、肉鸡场的其他防疫灭病措施

① 鸡场周围要有围墙，鸡场要有门，鸡场生产区和鸡舍门口要设消毒池，池内配制2%火碱水或20%石灰乳等，消毒液要及时更换，经常保持有效浓度，严禁一切外来动物进入场内，严禁把外面购买的鸡的相关产品带入饲养区，闲杂人员和买鸡者不准进入鸡场，应尽量减少参观。

② 鸡舍应保持通风良好，光线充足；鸡舍内外定期清扫，所有饲养用具应定期清洗消毒，经常保持清洁，饲槽定期清洗、消毒。

③ 根据鸡只的生长情况和生产需要，供给所需的全价配合饲料，经常注意检查饲料品质，禁止饲喂不清洁、发霉、变质的饲料，饲料加工厂也应具有防疫消毒措施。工作人员出入必须严格消毒、更衣、换鞋。

④ 鸡粪要堆积发酵或用蓄粪池发酵，利用生物热消灭粪便中的病

原体、微生物，并提高肥效。

⑤ 定期给鸡驱除体内外寄生虫。

⑥ 养殖规模很大的肉鸡饲养场门口一侧设置进出人员消毒室和专职消毒人员，消毒室设置喷雾消毒器、紫外线杀菌灯、脚踏消毒池、熏蒸衣柜和场区工作服，有条件的鸡场还可设淋浴装置。对出入人员实施衣服喷雾、照射消毒和脚踏消毒。兽医人员和饲养人员在工作期间必须穿工作服和工作鞋；工作结束，工作服和工作鞋严禁带出场外（生产区）。工作服和工作鞋要经常消毒，保持清洁。

⑦ 经常出入鸡场的车辆，如运送饲料、药物或产品等的车辆，常被一些病原微生物污染，因此，为了防止病原微生物的传播，有必要对出入养殖场的车辆进行消毒。一般在养殖场的大门口建有消毒池或消毒通道，对进出车辆车轮进行消毒。大门口消毒池的长度应为进出车辆车轮的两个周长以上，以保证车轮能全部得到消毒，宽度应与入口大门等宽，深度以可浸入车轮轮胎高度的1/2为宜（一般不少于15cm）。

⑧ 为确保鸡场安全，防止疫病传入，在引进肉种鸡时，必须由非疫区购入，经当地兽医部门检疫，并签发检疫证明书，再经本场兽医验证、检疫，隔离观察2周，经检查健康者，方可混群。

# 第五章　肉鸡疾病诊断技术

## 第一节　发病肉鸡场基本情况的调查与分析

了解肉鸡场的基本情况，是肉鸡病诊断的重要一环。有些疾病，通过调查和了解，几乎就可以确诊，例如，看到中毒剂量的用药处方或饲料配方；有些疾病通过调查和了解，可以为疾病的诊断指明方向，例如在药房中看到已使用的失效疫苗或预防药物、明显失误的免疫程序等。调查了解的过程应在互相信任的气氛中，才能得到第一手真实的材料。

### 一、肉鸡场基本情况

① 肉鸡场养鸡的历史，饲养鸡的种类，饲养量，经济效益，人员文化程度和来源等。

② 肉鸡场鸡舍的地理位置、环境，附近是否有养鸡场、畜禽加工厂或市场，是否易受冷空气和热应激的影响，排水系统如何是否容易积水等。

③ 场内各种建筑物的布局是否合理，生活办公区（含办公室、宿舍、食堂等）、生产区（包括生产用房和辅助用房）、隔离区（包括兽医室、废弃物处理等区域），生活区与生产区之间有无隔离墙与消毒通道；隔离区应设在下风处和地势最低的地段。

④ 是笼养、网上或地面厚垫料平养，还是放牧，如何供料、供水，粪便如何清理等。鸡群是否有放牧，牧地是否放养过发病的鸡群，是否施放过农药等。

⑤ 自配饲料还是从饲料厂购进，饲料质量如何，饲料是否有霉变结块等。

⑥ 饮水的来源和卫生标准，水源是否充足，是否缺水、断水。

⑦ 热源来源（煤气、煤、柴或炭），鸡苗来源，运输过程中是否有失误，何时饮水和开食。

⑧ 鸡群的生产记录，包括饮水、食料量、死亡数和淘汰数，育成率、体重、均匀度的比较，种母鸡开产周龄、产蛋率、蛋重等。

⑨ 鸡场（群）近期内是否还有其他与疾病有关的异常情况。

### 二、疫病防治情况

① 了解肉鸡场的发病史，曾发生过疾病的种类和次数；由何部门作过何种诊断，采用过的防治措施以及达到的效果。

② 本次发病鸡的种类、栋或舍数，主要症状及病理变化，诊断及治疗情况的描述。

③ 免疫接种情况，按计划应接种的疫苗种类和时间，实际完成情况，是否有漏接。疫苗的来源、厂家、批号、有效期及外观质量如何。疫苗在转运和保存过程中是否有失误，疫苗的选择是否合适；疫苗稀释量、稀释液种类及稀释方法是否正确，稀释后在多长时间内用完；采用哪种接种途径，是否有漏接或错接，免疫效果如何，是否进行过免疫监测等。

④ 药物使用情况，本场曾使用过的药物的种类、剂量和用药时间，是个体投药还是群体投药，经饮水、饲料或注射给药，用药效果如何，过去是否曾使用过类似的药物，过去使用该种药物时，鸡群是否有不正常的反应。

## 第二节 临床诊断

对鸡病，尤其是重大疫病的诊断，最好到生产现场对鸡群进行临

床的检查。如仅从送检人员的介绍和对送检病死鸡的检测作出诊断，有时可能会误诊，因为送检人员介绍病鸡的症状和病变不一定准确和全面，而送检的病死鸡不一定有代表性。对鸡群的临床检查包括群体检查和个体检查。

## 一、群体检查

肉鸡群的表现：在安静状态下观察其身体状况，要多了解正常情况下鸡群的表现。

群体检查的目的主要在于掌握鸡群的基本状况。

在进入鸡舍后，可以轻轻地敲击铁桶等物品使发出突然的响声，此时如全群精神状况良好，则所有鸡只会停止采食、饮水和走动，凝视片刻，而病鸡则对声响毫无反应，闭目昏睡。

看看无反应或反应迟钝的病鸡占多少比例，可以粗略了解疾病的严重程度。

若是放养鸡群，可以拿一条小棍子，在鸡舍内边走边慢慢驱赶鸡只，健康的鸡只在你靠近之前早已走得远远的，而病鸡则走动笨拙或根本无反应。

也可以在早晨添加饲料和饮水时观察鸡群的状况，健康的鸡群在添加饲料时都拥挤到食槽边争食饲料，而病鸡则对饲料毫无兴趣，呆立不动或啄食一下，停很久再啄一下。

在了解鸡群大体状况后，还要对鸡群作进一步仔细的观察，看看是否有以下异常。

① 鸡群的营养和发育状况、体质强弱、大小均匀度；鸡冠的颜色是鲜红或紫蓝、苍白，冠上是否长有水疱、痘痂或冠癣；羽毛的颜色、光泽、丰满整洁程度，是否有过多的羽毛断折和脱落，是否有局部或全身的脱毛或无毛，肛门附近羽毛是否有粪污等。

② 有无神经症状的病鸡，如全身震颤，头颈扭曲，盲目前冲或后退，转圈运动，高度兴奋，不停走动，跛行，麻痹瘫痪，呆立昏睡，卧地不起等。

③ 眼鼻是否有分泌物，分泌物是浆液性、黏液性或脓性；是否有眼结膜水肿，上下眼睑粘连，睑面肿胀；有无咳嗽、异常呼吸音、张

口仲颈呼吸和怪叫声，浅频呼吸，深稀呼吸，临终呼吸；口角有无黏液、血液或过多饲料黏着。

④ 食料量和饮水量如何，嗉囊是否异常饱胀；粪便呈圆条状或呈水样，粪便中是否有饲料颗粒，黏液、血液，颜色为灰褐、硫黄色、棕褐色、灰白色、黄绿色或红色，是否有异常恶臭味。

⑤ 鸡群发病数、死亡数，死亡多在下午、夜间或全日均匀，从发病到死亡的时间为几小时还是毫无前兆症状而突然死亡等。

## 二、个体检查

个体鸡只的检查：动态情况下寻求个别特殊的鸡只，检查其外观、羽毛、可视黏膜（天然孔附近）、皮肤、关节、眼鼻、泄殖腔、呼吸音等。

对有病鸡群的个体有两种检测方式：一种是对一定数量的病鸡逐只进行检查；另一种是随机拦截一小群逐只进行检查，分别记录检查结果，然后做统计，看看有某种症状病鸡的总数和所占比例，这对疾病的初步诊断很有好处。

个体检查包括以下几方面。

① 体温的检查　用手掌抓住两腿或插入两翼下，感觉体温是否异常，然后将体温计插入肛门内，停留 5min，读取体温值。

② 皮肤检查　皮肤的弹性、颜色正常否，是否有紫蓝色或红色斑块，是否有脓肿、坏疽、气肿、水肿，斑疹、水疱。

③ 眼部、嗉囊、泄殖腔检查　眼结膜是否苍白、潮红或黄色，眼结膜下有无干酪样物，眼球是否正常；用手指压齐鼻孔，有无黏性或脓性分泌物；用手指触摸嗉囊内容物是否过分饱满坚实，是否有过多的水分或气体；翻开泄殖腔注意有无充血、出血、水肿、坏死，或有假膜附着，肛门是否被白色粪便所黏结。

④ 口腔检查　打开口腔，注意口腔黏膜的颜色，有无疱疹、脓疱、假膜、溃疡、异物；口腔是否有过多的黏液，黏液上是否混有血液。一手打开口腔，另一手用手指将喉头向上顶可见到喉头和气管，注意喉气管有无明显的充血、出血，喉头周围是否有干酪样物附着。

## 三、肉鸡常见症状和可能发生的疾病

临床检查肉鸡疾病过程中可能看到很多症状，应将发现的症状和可能的疾病联系起来。某一疾病的典型症状出现时，提示可能发生该种疾病。常见症状和可能相关的疾病见附录三。

# 第三节　病理学诊断

## 一、病理剖检的意义及诊断理论依据

### 1. 病理剖检的意义

尸体剖检简称尸检，是应用动物病理学以及其他有关学科的理论知识、技术来检查死亡肉鸡尸体的各种变化，以诊断疾病的一种技术方法。通过对肉鸡进行尸体剖检可以查出病变和病因，分析各种病变的主次和相互关系，确定诊断，查明死因，以利于临床及时总结经验，改进和提高临床诊疗水平。同时，通过肉鸡尸体剖检可以尽快发现和确诊某些传染病、寄生虫病、营养代谢病、中毒性疾病等群发病和新发生的疾病，为防疫部门及时采取防制措施提供依据。此外，通过尸体剖检广泛收集各种疾病的病理标本和病理资料，可以为揭示某些疑难病症的发病机理并最终控制它们提供重要的基础资料。因此掌握肉鸡尸体剖检技术，对于做好肉鸡疾病的防控工作具有重要意义。

### 2. 病理学诊断疾病的理论依据

不同的疾病作用于机体，所引起的器官组织的病理形态学变化不同。所以，病理形态学变化常常是提示诊断的出发点，并成为建立诊断的重要依据。不同病原体引起的机体反应有其特异性，例如新城疫病鸡的小肠黏膜枣核样出血、溃疡；痘病的痘疹；马立克氏病病鸡的内脏结节状肿瘤、坐骨神经不对称性肿胀等病变特点，都是具有诊断意义的病变，可作为诊断疾病依据。但是，值得注意的是，上述的特异性是相对的。一方面不同的疾病可引起相同的病变；另一方面同一种疾病在不同的个体引起的病变可能不完全一致，同一种疾病即使是在同一个个体的不同发展阶段表现也不一样。诊断不能只以一种病变

特点为依据，应进行综合诊断。同时，在群发病的诊断中要注意，不要仅以某一个个体的病变特点为依据下结论，要尽量多剖检，进行综合分析。

## 二、病理剖检的一般原则

### 1. 剖检人员的组织和安排

病理剖检工作应由具有一定专业技术知识的兽医来执行，在剖检之前应做好人员安排，剖检工作的人员组成一般包括主检员 1 人，助检员 1～2 人，记录员 1 人，在场人可包括单位负责人以及有关人员。主检人是剖检工作质量的重要保证，一般应具有较高的专业水平，通晓兽医专业基础理论，尤其是病理学的理论和病理剖检技术。

### 2. 剖检用具的准备

剖检工具主要有手术剪、长镊、无齿镊、直尺、电子台秤、量杯、搪瓷盘、注射器、针头、棉花、垃圾桶等。还应备有胶皮手套、滑石粉、工作服、酒精灯、吸管、平皿、洗手盆、医用口罩和消毒药品。

### 3. 剖检地点的选择

大型肉鸡养殖场应设有专门的病理剖检室，其场地选择应符合我国政府发布的环境保护法及兽医法的规定。最好建在与肉鸡养殖区、公共场所、居民住宅、水源地和交通要道有一定距离（至少 500m）的地方，以保证人和动物安全，防止疾病扩散。

### 4. 剖检时间的要求

应尽早进行剖检，因为肉鸡死后体内将发生自溶和腐败，夏季尤为明显。若发生死后自溶、腐败则影响病变的辨认和剖检诊断的效果，以致丧失剖检价值。剖检工作最好在白天进行，因为白天在自然光线下才能正确地反映器官组织固有的颜色。在紧急情况下，必须在夜间剖检时，光线一定要充足，不能在有色灯光下剖检。

## 三、病理剖检的注意事项

### 1. 剖检前的要求

动手剖检前应详细了解尸体来源、病史、临床症状、治疗经过和临死前的表现。必要时还要请有关人员介绍病情及了解对尸检的要求，

以便有目的、有重点地进行检查。

**2. 剖检记录要求**

剖检时，剖检者应认真细致地检查病变，客观地描述、记录检查所见，切忌主观片面、草率从事。

**3. 清洁、消毒和剖检人员的卫生防护要求**

兽医人员在进行尸体剖检过程中必须穿工作服，戴乳胶手套和线手套以及工作帽、口罩。兽医人员不慎发生外伤时应立即停止剖检，用碘酒消毒伤口后包扎。若血液或其他渗出物溅入眼内时，应立即用2%硼酸溶液洗眼。

剖检过程中应经常用低浓度的消毒液冲洗手套上和器械上的血液及其他分泌物、渗出物等。在采取脏器和病变组织时，注意不要使血液、脓液和其他渗出物污染地面面积过大，以防止病原扩散。

每次解剖病死鸡后，病理剖检室的地面及靠近地面的墙壁部分须用水冲洗干净。打开紫外线灯（≥1.5W/$m^3$）进行空气消毒，室内温度不低于20℃，相对湿度不超过50%，一般照射30min。必要时可喷雾2%过氧乙酸8mL/$m^3$（相当于0.16g/$m^3$）密闭消毒30min。

未经检查的脏器切面，不可用水冲洗，以免改变其原有颜色和性状。在检查病变过程中，如需要送检，应及时将采取的病变组织投入固定液内，以便用于病理组织学检查。

剖检患传染病的尸体后，应将衣物和器械上附着的脓液、血液等先用清水洗净，再用消毒液充分消毒，最后用清水清洗干净。金属器械使用后用清水冲洗干净，浸泡在1∶1000苯扎溴铵（新洁尔灭）内含0.5%亚硝酸钠的溶液中4～6h，消毒后用流水将器械冲洗干净，再用纱布擦干，涂抹凡士林或液体石蜡，防止生锈。

剖检人员双手先用肥皂水洗涤，再用消毒液冲洗，最后用清水冲洗。

## 四、影响病理变化的因素

**1. 病原体的特性**

细菌、病毒、支原体、真菌等不同种类的病原体，可引起不同的疾病。毒株（菌株）不同形成的病变也不同。

**2. 机体的状态**

主要包括营养、免疫、年龄和品种等因素。如免疫与否、接种疫苗后抗体效价的高低对病变形成都有影响。肉雏鸡和成年肉鸡患同一疾病，往往其病理变化也不尽相同，一般体质强壮的鸡病变比较典型。

**3. 饲养管理条件**

饲养管理的好坏与病变形成有一定的相关性。

**4. 地理环境条件**

同一疾病在不同地区，可有不同程度的表现，但疾病的性质不变。

**5. 用药与否**

预防性投药和治疗用药，两者剂量有别，应注意分析判定。经过治疗后往往病变不再具典型性。

**6. 病程**

病变形成需要时间，不同疾病病程也不尽相同。

**7. 混合感染和继发感染**

感染类型往往影响典型病变的形成和出现，剖检时应注意识别，总结时应辩证的分析。

## 五、死后变化的判定和识别

动物死亡后，各系统、各器官组织的功能和代谢过程均完全停止，由于体内组织酶和细菌的作用及外界环境的影响，组织的原有结构和性状发生一系列变化，叫做尸体变化或称为死征。尸体变化是动物死后发生的，与生前病变无关，剖检时若不注意，易与生前病变相混淆，影响诊断的准确性。因此，学会正确地判定和识别尸体变化，对于正确地做出病理诊断十分重要。尸体变化（死征）包括以下几种。

**1. 尸冷**

尸冷是指动物死亡后，尸体温度逐渐降低至与外界环境温度相等的现象。尸冷的发生是因机体死亡后，产热过程停止，而散热过程仍继续进行。尸体温度下降的速度，在死后最初几小时较快，以后逐渐变慢。通常室温条件下，平均每小时下降1℃。尸冷受季节的影响，冬季寒冷将加速尸冷的过程，而夏天炎热则将延缓尸冷的过程。尸冷检查有助于确定死亡的时间。

**2. 尸僵**

动物死亡后，最初由于神经系统麻痹，肌肉失去紧张力而变松弛柔软。但经过很短时间后，肢体的肌肉即行收缩变为僵硬，肢体各个关节不能伸屈，使尸体固定于一定的形状，这种现象称为尸僵。尸僵的表现是关节僵直，不能屈伸，口角紧闭，难以开启。尸僵开始的时间，随外界条件及机体状态不同而异。尸僵的顺序是从头部→颈部→胸部→躯干→尾部，解僵的顺序与尸僵的顺序相同。

尸僵出现的早晚、发展程度以及持续时间的长短，与外界因素和自身状态有关。周围气温较高时，尸僵出现较早，解僵较快；寒冷时则尸僵出现较晚，解僵较迟。急性死亡和营养状况良好的动物尸僵发生快而明显。死于慢性病和瘦弱的动物，尸僵发生慢且不完全。死前肌肉运动较剧烈，尸僵发生快而明显。死于败血症的动物，尸僵不明显或不出现。尸僵检查，对于判定动物死亡的时间和姿势有一定的意义。

**3. 尸斑**

动物死后，心跳停止，位于心血管内的血液，由于心肌和平滑肌的收缩而被排挤到静脉系统内，在血液凝固以前，血液因重力作用而流到尸体低位部的血管中，使这些部位呈暗红色，此现象叫尸体的坠积性充血。若死亡时间较久，红细胞崩解，将周围组织染成紫红色，称为尸斑浸润。根据尸斑可以推断动物死亡时躺卧的状态和死亡的时间。

**4. 血液凝固**

动物死后，血流停止，血液中抗凝血因素丧失而发生血液凝固，在心腔和大血管中可看到暗红色的血凝块。死后血凝块的特征是颜色暗红、表面光滑而有弹性，与心血管壁不粘连，应注意与生前凝血（血栓）的区别。贫血或濒死期长的动物，因死后红细胞下沉，血凝块上层呈淡黄色、下层呈暗红色。死于窒息的动物，因血中含有大量二氧化碳，血液常不凝固。死于败血症的动物，常血凝不良。

**5. 自溶及腐败**

动物死后各器官功能停止，组织代谢也随之停止，但组织细胞内酶的活性尚存，组织细胞在组织中蛋白水解酶的作用下发生自体分解，即为自溶。自溶在胃肠道、肝脏、肾脏等发生较快，初期胃肠黏膜可自行脱落，严重时可发生穿孔。组织自溶时产生的分解产物，为腐败微生物生长繁殖提供了良好的营养条件，随着时间推移，大量腐败菌生长繁殖，导致蛋白质彻底分解，产生大量气体如二氧化碳、氨气、硫化氢、尸胺等，因此可见胃肠道充气、肝包膜下出现气泡等，并具有恶臭。组织蛋白分解形成的硫化氢与血中的血红蛋白或从其中游离出的铁结合，生成硫化血红蛋白与硫化铁而使组织呈污绿色，炎热季节或温度很高的环境取出的肉鸡皮肤容易见到这种颜色，这种死鸡无剖检价值。

## 六、肉鸡尸体剖检

### 1. 外部检查

（1）天然孔的检查　注意口、鼻、眼等有无分泌物及其数量与性状。检查鼻窦时可用剪刀在鼻孔前将喙的上颌横向剪断，以手稍压鼻部，注意有无分泌物流出。视检泄殖孔的状态，注意其内腔黏膜的变化、内容物的性状以及周围的羽毛有无粪便污染等。例如雏鸡白痢时，在泄殖孔的外口常有石膏样灰白色的粪团黏附或堵塞。

（2）皮肤的检查　视检头冠、肉髯，注意头部和其他各部的皮肤有无痘疮或皮疹。观察腹壁及嗉囊表面皮肤的色泽，有无尸体腐败的现象。检查鸡足时注意鳞足病及足底趾瘤（葡萄球菌感染）。

（3）关节的检查　检查各关节有无肿胀，龙骨突有无变形、弯曲等现象。

（4）病鸡的营养状况　用手触摸胸骨两侧的肌肉，根据肌肉丰满度及龙骨的显突情况来判断病鸡生前的营养状况。

### 2. 内部检查

① 体腔剖开　外部检查后，用新洁尔灭溶液或清水将鸡羽毛打湿，拔掉胸腹和颈部羽毛，切开大腿与腹侧连接的皮肤，用力将两大腿向外翻压直至两髋关节脱臼，使鸡体背卧位平放于瓷盘上。由喙角沿体中线至胸骨前方剪开皮肤，并向两侧分离；再在泄殖孔前的皮肤作一横切线，由此切线两端沿腹壁两侧至胸壁作二垂直切线，这样从横切线切口处的皮下组织开始分离，即可将腹部和胸部皮肤整片分离，

此时可检查皮下组织的状态。再按上述皮肤切线的相应处剪开腹壁肌肉，两侧胸壁可用骨剪自后向前将肋骨、乌喙骨和锁骨一一剪断。然后握住龙骨突的后缘用力向上前方翻拉，并切断周围的软组织，即可去掉胸骨，露出体腔。

剖开体腔后，注意检查各部位的气囊。气囊是由浆膜所构成，正常时透明菲薄，有光泽。如发现浑浊增厚，或表面被覆有渗出物或增生物，均为异常状态。

检查体腔时，注意体腔内容物。正常时，体腔内各器官表面均湿润而有光泽。异常时可见体腔内液体增多，或有病理性渗出物以及其他病变。

② 脏器的采出　体腔内器官的采出，可先将心脏连心包一起剪离，再采出肝，然后将肌胃、腺胃、肠管、胰腺、脾脏及生殖器官一同采出。隐藏于肋间隙的肺脏及腰荐骨陷凹部的肾脏，可用外科刀柄剥离取出。

③ 颈部气管的采出　先用剪刀将下颌骨、食道、嗉囊剪开。注意食道黏膜的变化及嗉囊内容物的分量、性状以及嗉囊内膜的变化。再剪开喉头、气管，检查其黏膜及腔内分泌物。

④ 脑的采出　可先用刀剥离头部皮肤，再剪开颅顶骨，即可露出大脑和小脑。然后轻轻剥离，将前端的嗅脑、脑下垂体及视神经交叉等部逐一剪断，即可将整个大脑和小脑采出。

⑤ 脏器的检查　检查的方法基本上和家畜相同。

⑥ 心脏　将心包囊剪开，注意心包腔有无积水，心包囊与与心壁有无粘连。心脏的检查要注意其形态、大小、心外膜 状态，有无出血点。然后将两侧心房及心室剪开，检查心内膜及观察心肌的色泽及性状。

⑦ 肺脏　注意观察其形态、色泽和质度，有无结节，切开检查有无炎症、坏死灶等变化。

⑧ 腺胃和肌胃　先将腺胃、肌胃一同切开，检查腺胃胃壁的厚度，内容物的性状，黏膜及腺体的状态，有无寄生虫。再剥离肌胃的角质膜，检查胃壁性状。

⑨ 肠管　先注意肠系膜及肠浆膜的状态。空肠、回肠及盲肠入口

处均有淋巴集结。肠管的中段处有一卵黄盲管，初生雏鸡可有一些未被吸收的卵黄存在。肠管的检查应注意黏膜和其内容物的性状，以及有无充血、出血、坏死、溃疡和寄生虫等。两侧盲肠也应该剪开检查，小鸡盲肠球虫病时可见明显的病变。

⑩ 肝脏　注意观察其形态、大小、色泽、质度，有无肿大，表面有无坏死灶、坏死点、出血点、结节等。切开检查切面组织的性状。

⑪ 脾脏　注意观察其形态、大小、色泽、质地、表面及切面的性状等。

⑫ 肾脏　一对，分为三叶，境界不明显，无皮髓质区别，检查时注意其大小、色泽、质地、表面及切面的性状等。肾有尿酸盐沉着时，可见灰白色点，肿大。

⑬ 胰腺　分为三叶，有 2～3 条导管，分别开口于十二指肠与胆管开口相邻。注意检查有无出血、坏死等病变。

⑭ 睾丸　成鸡注意其大小、表面及切面的状态。

⑮ 卵巢和输卵管　左侧卵巢较发达，右侧常萎缩。输卵管与卵巢接近处为漏斗部，其后为蛋白分泌部。管身弯曲三次，黏膜呈白色，黏膜上有黏稠透明液，仔细观察，有大小不同的钙粒。形成卵膜处为狭部，卵壳形成处为子宫部。阴道部肌肉发达。检查卵巢时，注意其形态、色泽。正常时卵泡呈圆球形，金黄色，有光泽。当患急性传染病时，卵泡的表面常见有充血、出血，甚至卵泡破裂。成年母鸡患鸡白痢时，卵巢的卵泡可发生变形，颜色也转变为灰黄、灰白或深红不等。检查输卵管时，注意其黏膜和内容物的性状，有无充血、出血和寄生虫。

⑯ 脑　注意脑膜血管有无充血、出血及切面脑实质的变化。脑组织的变化主要依靠组织学检查。在进行鸡病剖检时常常看到许多病理变化，对看到的病变要进行分析，与可能的疾病联系起来，反复分析，最后做出诊断。

## 七、剖检后的清洗消毒工作及尸体处理

### 1. 动物尸体的运送

运送动物尸体和病害动物产品应采用密闭的、不渗水的容器，装

前卸后必须要消毒。

**2. 无害化处理方法**

剖检完毕后，应据疾病的种类妥善处理，基本原则是防止疾病扩散和蔓延，以免尸体成为疾病的传染源，剖检后的尸体可参照《病害动物和病害动物产品生物安全处理规程》(GB 16548—2006) 执行。该标准规定了畜禽病害肉尸及其产品的销毁、化制、高温处理和化学处理的技术规程。

(1) 销毁　销毁的适用对象：确认为高致病性禽流行性感冒、鸡新城疫、肉毒梭菌中毒症、结核病的染疫动物以及其他严重危害人畜健康的病害动物及其产品；病死、毒死或不明死因动物的尸体；经检验对人畜有毒有害的、需销毁的病害动物和病害动物产品；从动物体割除下来的病变部分；人工接种病原生物系或进行药物试验的病害动物和病害动物产品；国家规定的应该销毁的动物和动物产品。

① 掩埋法　掩埋法是处理畜禽病害肉尸的一种常用、可靠、简便易行的方法。本法不适用于患有炭疽等芽孢杆菌类疫病的染疫动物及产品、组织的处理。

选择地点：掩埋地应远离学校、公共场所、居民住宅区、村庄、动物饲养和屠宰场所、饮用水源地、河流、泄洪区、草原及交通要道，避开岩石地区，位于主导风向的下方，不影响农业生产，避开公共视野。

挖坑：挖掘及填埋设备，如挖掘机、装卸机、推土机、平路机和反铲挖土机等，挖掘大型掩埋坑的适宜设备应是挖掘机。

修建掩埋坑：掩埋坑的大小取决于机械、场地和所需掩埋物品的多少；坑应尽可能的深 (2～7m)、坑壁应垂直；坑的宽度应能让机械平稳地水平填埋处理物品，例如：如果使用推土机填埋，坑的宽度不能超过一个举臂的宽度 (大约 3m)，否则很难从一个方向把肉尸水平地填入坑中，确定坑的适宜宽度是为了避免填埋后还不得不在坑中移动肉尸。坑的长度则应由填埋物品的多少来决定。估算坑的容积可参照以下参数：坑的底部必须高出地下水位至少 1m，坑内填埋的肉尸和物品不能太多，掩埋物的顶部距坑面不得少于 1.5m。

掩埋：

a. 坑底处理　在坑底洒漂白粉或生石灰，量可根据掩埋尸体的量确定（0.5～2.0kg/m$^2$）掩埋尸体量大的应多加，反之可少加或不加。

b. 尸体处理　动物尸体先用10%漂白粉上清液喷雾（200mL/m$^2$），作用2h。

c. 入坑　将处理过的动物尸体投入坑内，使之侧卧，并将污染的土层和运尸体时的有关污染物如垫草、绳索、饲料、少量的奶和其他物品等一并入坑。

d. 掩埋　先用40cm厚的土层覆盖尸体，然后再放入未分层的熟石灰或干漂白粉20～40g/m$^2$（2～5cm厚），然后覆土掩埋，平整地面，覆盖土层厚度不应少于1.5m。

e. 设置标识　掩埋场应标志清楚，并得到合理保护。

f. 场地检查　应对掩埋场地进行必要的检查，以便在发现渗漏或其他问题时及时采取相应措施，在场地可被重新开放载畜之前，应对无害化处理场地再次复查，以确保对畜禽的生物和生理安全。复查应在掩埋坑封闭后3个月进行。

注意事项：a. 石灰或干漂白粉切忌直接覆盖在尸体上，因为在潮湿的条件下熟石灰会减缓或阻止尸体的分解；b. 掩埋工作应在现场督察人员的监督指挥下，严格按程序进行，所有工作人员在工作开始前必须接受培训；c. 掩埋后的地表环境应使用有效消毒药喷洒消毒。

② 焚烧法　将病害动物尸体或病害动物产品投入焚化炉或用其他方式烧毁炭化。焚烧法既费钱又费力，只有在不适合用掩埋法处理动物尸体时用。焚化可采用的方法有：柴堆火化、焚化炉和焚烧窖/坑等。

注意：焚烧产生的烟气可对环境造成严重的污染，因此现在少用。

③ 发酵法　这种方法是将尸体抛入专门的动物尸体发酵池内，利用生物热的方法将尸体发酵分解，以达到无害化处理的目的。

选择地点：选择远离住宅、动物饲养场、草原、水源及交通要道的地方。

建发酵池：池为圆井形，深9～10m，直径3m，池壁及池底用不透水材料制作成（可用砖砌成后涂层水泥）。池口高出地面约30cm，池口做一个盖，盖平时落锁，池内有通气管。如有条件，可在池上修

一小屋。尸体堆积于池内，当堆至距池口1.5m处时，再用另一个池。此池封闭发酵，夏季不少于2个月，冬季不少于3个月，待尸体完全腐败分解后，可以挖出作肥料，两池轮换使用。

注意事项：a. 发酵池盖平时要锁好，防止人员或动物跌入池内；b. 要等尸体完全腐败分解后，再挖出作肥料。

(2) 化制　适用对象：除了规定应该销毁的动物疫病以外的其他疫病的染疫动物，以及病变严重、肌肉发生退行性变化的动物的整个尸体或胴体、内脏。

操作方法：利用干化、湿化机，将原料分类，分别投入化制。

## 八、病料的采集、固定及运送

### (一) 病理组织材料的采集、固定及运送

实际工作中为了能全面正确地诊断疾病，需要采取病理材料送检化验，以确定发病死亡原因，为此下面将分别叙述各种病理材料的选取、固定、包装运送的方法及其注意事项。

#### 1. 组织材料的选取

剖检者在剖检过程中，应根据需要亲自动手，有目的地进行选择，不可任意地切取或委托他人完成。同时要注意：

(1) 病理组织材料应及时固定，以免发生死后变化影响诊断。

(2) 切取组织材料时，在同一块组织中应包括病灶和正常组织两个部分。

(3) 各种疾病病变部位不同，选取病理材料时也不完全一样。遇病因不明的病例时，应多选取组织，以免遗漏病变。

(4) 选取病理材料时，切勿挤压或损伤组织，即便是在肠黏膜上沾有粪便，也不得用手或其它用具刮抹。组织块在固定前最好不要用水冲。

(5) 先取的组织材料要求全面，能包括各器官的主要结构。如肾组织应含有肾皮质、髓质、肾盂及包膜，肠应含有黏膜、浆膜等。

(6) 选取的组织材料，厚度不应超过2～4mm，才容易迅速固定。其面积应不小于1～3$cm^2$，以便尽可能全面地观察病变。

(7) 相类似的组织应分别置于不同的瓶中或切成不同的形状。如：

十二指肠可在组织块的一端剪一个缺迹、空肠剪两个缺迹、回肠剪三个缺迹等，并加以描绘，注明该组织在器官上的部位，或用大头针插上编号，备以后辨认。

**2. 病理组织材料的固定**

（1）为避免材料的挤压和扭转，装盛容器最好用广口瓶。薄壁组织，如胃肠道、胆囊等，可将其浆膜面贴附在厚纸片上再投入固定液中。

（2）固定液要充足，最好要10倍于该组织体积。

（3）固定时间的长短，依固定液种类而异，过长或过短均不适宜。如用10%福尔马林液固定，应于24～48h后，用水冲洗10min，再放入新液中保存。

（4）在厚纸上用铅笔写好剖检编号（用石蜡浸渍），与组织块一同保存。瓶外也应须注明号码。

**3. 病理组织的包装与运送**

（1）如将标本运送他处检查时，应把瓶口用石蜡等封住，并用棉花和油布包妥，盛在金属盒或筒中，再放入木箱中。木箱的空隙要用填充物塞紧，以免震动。若送大块标本时，先将标本固定几天以后取出，然后包裹上几层浸渍固定液的纱布，先装入金属容器中，再放入木箱。传染病病例的标本，一定要先固定杀菌，然后置于金属容器中包装，切不可麻痹大意，以免途中散布传染。

（2）冬季寒冷时，为防止运送中冻坏组织，可先用10%福尔马林固定，以后再用30%～50%甘油福尔马林或甘油酒精固定运送。

（3）执行剖检的单位，最好留有各种脏器的代表组织，以备必要时复检之用。

### （二）其他实验室诊断病料的采集、固定及运送

剖检者不但要注意病尸的形态学变化，而且需要研究病原微生物和各种毒物。因为有时形态学的变化比较轻微，而病原微生物检查或毒物的分析却能找到动物发病与死亡的原因，故剖检者要负责采集材料。如果要运送至外单位进行检查化验时，剖检者还应将采集的材料作初步处理，附上详细说明，方可寄送。

为了使结果可靠，采集病原材料等应在肉鸡死后愈早愈好，同时

各种材料的采集最好在剖开胸腹腔后，未取出脏器之前，以免受污染而影响检查结果。

在运送材料时应说明该动物的饲养管理情况，死亡日期与时间，病料采集的日期与时间，申请检查之目的，病料性状及可疑疾患等。若疑为传染病，应说明鸡群发病率。死亡率及剖检所见。

**1. 细菌学检查材料**

采集细菌学检查用的病料，要求无菌操作，以避免污染。使用的工具要煮沸消毒，使用前再经火焰消毒。在实际工作中不能做到时，最好取新鲜的整个器官或大块的组织及时送检。

在剖检时，器官表面常污染，故在采集病料之前，应先清洁及杀灭器官表面之杂菌。在切开皮肤之前，局部皮肤应先用来苏尔消毒；采取内脏时，不要触及其他器官。如果当场进行细菌培养，可用刀（剪）在灯上烤至红热，烧灼取材部位，使该处表层组织发焦，而后立即取材接种。

（1）心血　以毛细吸管或 20mL 的注射器穿过心房，刺入心脏内。普通注射器也可用以采血，但针头要粗些。

（2）实质脏器　采取组织块放于灭菌的试管或广口瓶中，取的组织块大小约 $2cm^2$ 即可。若不是当时直接培养而是外送检查时，组织块要大些；要注意各个脏器组织分别装于不同的容器内，避免相互污染。

（3）腹水、心包液、关节液及脑脊髓液　用消毒的注射器和针头吸取，分别注入经过消毒的容器中。

（4）其它　脓汁和渗出物用消毒的棉花球采取后，置于消毒的试管中运送。检查大肠杆菌、肠道杆菌等时可结扎一段肠道送检；或先烧灼肠浆膜，然后自该处穿破肠壁，用吸管或棉花球采取内容物检查，或装在消毒的广口瓶中送检。细菌性心瓣膜炎可采取赘生物培养及涂片检查。

（5）涂片或印片　此项工作在细菌学检查中颇有价值，尤其是对于难培养的细菌更是不可缺少的手段。普通的血液涂片或组织印片用美蓝或革兰氏染色。结核分枝杆菌、副结核分枝杆菌等用抗酸染色。一般原虫疾病，则需做血液或组织液之薄片及厚片。厚片的做法：用洁净玻片，滴一滴血液或组织液于其上，使之摊开约 $1cm^2$ 大小，平放

于洁净的37℃温箱中，干燥两小时后取出，浸于2%冰醋酸4份及2%酒石酸1份之混合液中，约5～10min，以脱去血红蛋白，取出后再脱水，并于纯酒精中固定2～5min，进行染色检查。若是本单位缺乏染色条件需寄送外单位进行检查的，还应该把一部分涂片和印片用甲醇固定3min后不加染色一起寄出。此外，脓汁和渗出物也可以采用本方法。

(6) 取做凝集、沉淀、补体结合及中和试验用的血液、脑脊髓液或其他液体，均需用干燥消毒的注射器及针头采取，并置于干的玻璃瓶或试管中。如果是血液，应该放成斜面，避免震动，防止溶血，待自然凝固析出血清后再送检或者抽出血清送检。

(7) 送检材料均应保持在正立，系缚于木架上，装入保温瓶中或将材料放入冰筒内，外套木（纸）盒，盒中塞紧锯末等物。玻片可用火柴棒间隔开，但表面的两张要把涂有病料的一面向内，再用胶布裹紧，装在木盒中寄送。

**2. 病毒学病料**

选取病毒材料时，应考虑到各种病毒的致病特性，选择各种病毒侵害的组织。在选取过程中，力求避免细菌的污染。病料置于消毒的广口瓶内或盖有软木塞的玻璃瓶中。

用于病毒检查的心血、血清及脊髓液应用无菌方法采取，置于灭菌的玻璃瓶中。冷藏在冰筒内送检。

疑为病毒性脑炎尸体，应在死后立刻将其脑剖开，切开两侧大脑半球，一半置于未稀释的中性甘油中，另一半放在10%福尔马林溶液中。用于PCR检测的病料应冷冻保存。

**3. 毒物病料**

死于中毒的动物，常因食入有毒植物、杀虫农药或因放毒或其它原因。送检化验材料，应包括肝、肾组织和血液标本，胃、肠、肾脏等内容物以及饲料样品。各种内脏及内容物应分别装于无化学杂质的玻璃容器内。

为防止发酵影响化学分析，可以冰冻，保持冷却运送。容器须先用重铬酸钾-硫酸洗涤液洗，再用常水冲洗，再用蒸馏水冲洗两三次即可。所取的材料应避免化学消毒剂污染；送检材料中切不可放入化学

防腐剂。

根据剖检结果并参照临床资料及送检样品性状，也可提出可疑的毒物，作为实验室诊断参考，送检时应附有尸检记录。例如疑似铅中毒，实验室可先进行铅分析，以节省不必要的工作。凡病例需要进行法医检验时，应特别注意在采取标本以后，必须专人保管、送检，以防止中间人传递有误。

## 第四节 实验室检验与诊断技术

### 一、血液学检验

#### (一) 血液的采集

根据需要量，可以从禽类的翼下静脉或心脏采集血液。

**1. 翼下静脉采血**

做血液涂片或抗体检测时用血量较少，可以从翼下静脉采血。在翼下静脉处拔去羽毛使血管清晰暴露，将皮肤用干棉球擦拭干净，手指压静脉的近心端使血管暴起，用较粗的针头刺破血管，血液即自动流出，如做血液涂片可用盖玻片蘸取适量血液。如做抗体检测可用塑料采血管（采血管长度12～15cm即可）一端置血滴处，另一端稍低，血液将自动流入采血管中，采血后用火烧采血管一端并用镊子加压封闭管口，静置待血液凝固后分离血清备用。如进行血细胞计数和血沉、血细胞压积测定等，应用吸取了少量抗凝剂的针管采血。

**2. 心脏采血**

当需要血量大时，可用心脏采血法。心脏采血时准备好注射器和抗凝剂，抗凝剂与血液的比例为1∶9。将被采血的鸡只侧卧保定，左右均可，拔去胸部羽毛，酒精消毒，采血用针头应适当粗一点、长一点，以1.6mm×38mm针头为宜。在用手触摸心脏跳动最明显的部位垂直刺入，如果刺入准确，血液会自动涌入针管中，如果不顺利可调节进针深度和角度。

## （二）红细胞计数

### 1. 器材

显微镜、血细胞计数器。血细胞计数器是由一块计数板、两个血液稀释管及盖片组成。

### 2. 稀释液

稀释液采用0.9%的氯化钠。

### 3. 操作

（1）吸取稀释液将血液稀释200倍或100倍。

（2）将盖片盖在计数板上，然后将稀释管中的血液吹出2～3滴，将稀释管的尖端靠近盖玻片的边沿滴一小滴，使液体在盖片下迅速扩散，静置片刻，然后开始计数。

（3）先用低倍物镜找到计数室，再换高倍物镜。通常取计数室四角和中央的5个中方格（即80个小方格）中的细胞计数。按照从左到右、从上到下的顺序数完一个方格再数下一方格，压线的细胞只能计数一次，即数上不数下，数左不数右（图5-1、图5-2）。

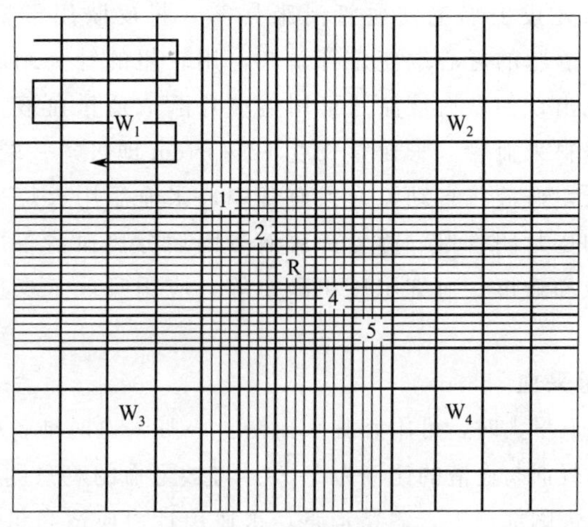

图5-1　血细胞计数室

（4）按下面公式计算每立方毫米血液中的红细胞数。

每立方毫米中红细胞数＝80个小方格中红细胞总数×5×10×稀

释倍数(200 倍或 100 倍)

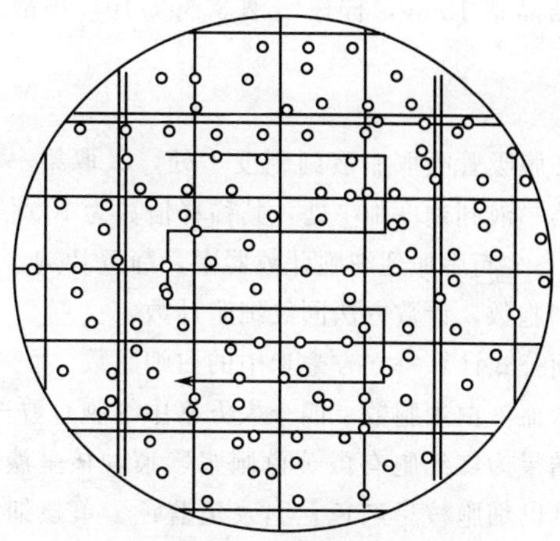

图 5-2　红细胞计数

因为每个小方格面积为 $1/5mm^2$、计数室深度为 1/10mm，所以公式中乘以 5，再乘以 10。也可以将 80 个小方格中细胞总数乘 $10^4$（200 倍稀释）或乘 5000（100 倍稀释）。

（5）实验结束后，随时将计数板用蒸馏水冲洗干净，再用纱布擦干保存。稀释管用蒸馏水冲洗数次后再用 95%的酒精冲洗，直至壶腹中的玻璃球可以自由滚动为止。

**4. 临床意义**

红细胞增多是由于血液浓缩，见于各种原因引起的脱水，如长期严重腹泻或长期饮水不足；红细胞数减少见于各种原因引起的贫血，如鸡传染性贫血、住白细胞原虫病以及肠道寄生虫病等。

### （三）白细胞计数

**1. 器材**

显微镜、血细胞计数器。

**2. 稀释液**

由于鸡红细胞有核，计数时不方便，可以对白细胞进行染色，以便区别。鸡白细胞计数常用直接染色法。染色稀释液（分别过滤保存）配方如下：

第一液为中性红 25mg，氯化钠 0.9g，蒸馏水 100mL。

第二液为结晶紫 12mg，柠檬酸钠 3.8g，10%甲醛 0.8mL，蒸馏水 100mL。

### 3. 操作

（1）用红细胞吸管吸取血液到刻度 1 处，吸取第一液到壶腹部一半处，再吸取第二液到刻度 101 处，其稀释倍数为 100 倍，振荡 5min。

（2）弃去 2～3 滴后加到细胞计数器中，静置片刻，计数四角四个大方格中的白细胞数，计数方法同红细胞计数。

（3）按下面公式计算每立方毫米中的白细胞数。

每立方毫米血液白细胞数＝四个大方格中细胞总数÷4×10×100

本法染色结果为红细胞有微黄色胞浆影痕，核呈淡蓝色；颗粒白细胞呈红色；淋巴细胞核呈红色，胞浆呈蓝色。单核细胞较淋巴细胞大，呈不正形。凝血细胞呈卵圆形，透明玻璃样，带暗绿色阴影，胞浆与胞核无明显界限，一端或两端有明显的颗粒。

本法的优点是既可以做白细胞计数又可做分类计数，还可以做红细胞计数，简便快速而又较准确。

### 4. 临床意义

白细胞增多见于多种细菌感染，白细胞减少特别是有粒白细胞减少见于叶酸缺乏症。

## （四）白细胞分类计数

### 1. 器材

显微镜、载玻片。

### 2. 染色方法

常用瑞氏染色法。

染色液配方：瑞氏染色粉 0.3g，甘油 3mL，甲醇 97mL。将瑞氏染色粉置研钵中加入甘油充分研磨，再加入甲醇，倒入棕色瓶子中密闭，一周后过滤即可使用。

染色方法：血液涂片干燥后，滴加瑞氏染色液，染 1～2min（勿使干燥）后再滴加等量缓冲液（磷酸二氢钾 5.74g，磷酸氢二钠 3.8g，蒸馏水 1000mL）混匀，再染色 3～5min。自来水冲洗，干燥，镜检。

### 3. 结果

（1）异嗜性粒细胞（假嗜酸性粒细胞） 近圆形，胞浆无色透明，胞浆中有许多嗜酸性棒状或纺锤形颗粒。

（2）嗜酸性粒细胞 与异嗜性粒细胞相似，嗜酸性颗粒呈球形，染色比异嗜性粒细胞的颗粒深，呈深红色，胞浆为淡蓝灰色，核常分叶。

（3）嗜碱性粒细胞 与异嗜性粒细胞相似，胞浆中有中等大小深紫色颗粒，核呈圆形或卵圆形或分叶，染色较淡。

（4）淋巴细胞 大小不一，胞浆微嗜碱性，核常偏位，一侧有缺陷。

（5）单核细胞 与大淋巴细胞不易区分，胞浆丰富呈蓝灰色，核大且不规则。

### 4. 临床意义

白细胞比例的变化表明疾病的性质：细菌感染时，异嗜性白细胞增多；病毒性疾病时，淋巴细胞增多；寄生虫病和过敏性疾病时，嗜酸性白细胞增多。

## （五）血清尿酸的测定

### 1. 原理

无蛋白血滤液中的尿酸在碱性溶液中被磷钨酸氧化成尿素及二氧化碳，磷钨酸则被还原成钨蓝，可通过比色测定。

### 2. 试剂

（1）磷钨酸试剂 称取磷钨酸（AR）40g，溶于约300mL蒸馏水中，加入85%磷酸32mL和玻璃珠数粒，回流2h。冷却至室温，加蒸馏水至1000mL，混匀，加硫酸锂32g混匀，冰箱保存可长期稳定有效。

（2）14%碳酸钠液 称取无水碳酸钠（AR）70g溶于500mL蒸馏水中，保存于塑料瓶中。

（3）尿素贮存标准液（1mg/mL） 精确称取尿素（AR）100mg、碳酸锂（AR）60mg，置于100mL容量瓶中，加蒸馏水50mL，置于60℃水浴中溶解，冷却至室温，加蒸馏水至100mL，暗处保存可长期有效。

(4) 尿素应用标准液 (0.01mg/mL) 将标准储存液用蒸馏水 100 倍稀释即成。

### 3. 操作

血清尿酸的测定按表 5-1 进行。

**表 5-1 尿酸测定操作**

| 试 剂 | 空白管 | 标准管 | 测定管 |
|---|---|---|---|
| 无蛋白血滤液/mL | — | — | 3.0 |
| 蒸馏水/mL | 3.0 | — | — |
| 尿素应用标准液/mL | — | 3.0 | — |
| 14%碳酸钠液/mL | 1.0 | 1.0 | 1.0 |
| 磷钨酸试剂/mL | 1.0 | 1.0 | 1.0 |
| 混合后放置 15min,用波长 710nm 比色,以空白管调零,读取各管光密度 | | | |

无蛋白血滤液的制备如下:

① 钨酸蛋白沉淀剂 蒸馏水 800mL, 1/3mol/L 硫酸 100mL, 85%浓磷酸 (相对密度 1.71) 0.1mL, 10%钨酸钠 100mL。上述试剂依次加入, 混匀。

② 方法 1 份抗凝血剂加 9 份钨酸蛋白沉淀剂, 混匀, 过滤或离心即得。

### 4. 计算

$$尿素(mg/dL)=\frac{测定管光密度}{标准管光密度}\times 0.03\times\frac{100}{0.3}$$

$$尿酸(mmol/L)=尿素(mg/dL)\times 0.0596$$

正常参考值:

罗斯-308 父母代鸡为 (0.99378±0.1435)mmol/L;

罗斯-308 祖代鸡为 (0.8163±0.1241)mmol/L。

### 5. 临床意义

尿酸为核蛋白和禽类氨基酸代谢的最终产物, 血液尿酸含量升高可作为诊断家禽痛风的重要指标。

## 二、病原学检验

### （一）细菌学检验

细菌个体微小，无色透明，在一般显微镜下不易识别，必须用适当的染料使其着色后，才能看到其形态、排列和结构。某些细菌因有特殊的染色性，更可借特殊的染色方法加以鉴别。因此染色技术是细菌鉴定中的基本技术之一。细菌细胞的基本构造是由细胞壁、胞浆膜、细胞浆及核体、核糖体和内含物等基本结构。此外，有的细菌除具有基本构造外，还能形成荚膜、芽孢、鞭毛和柔毛等特殊构造（图 5-3）。

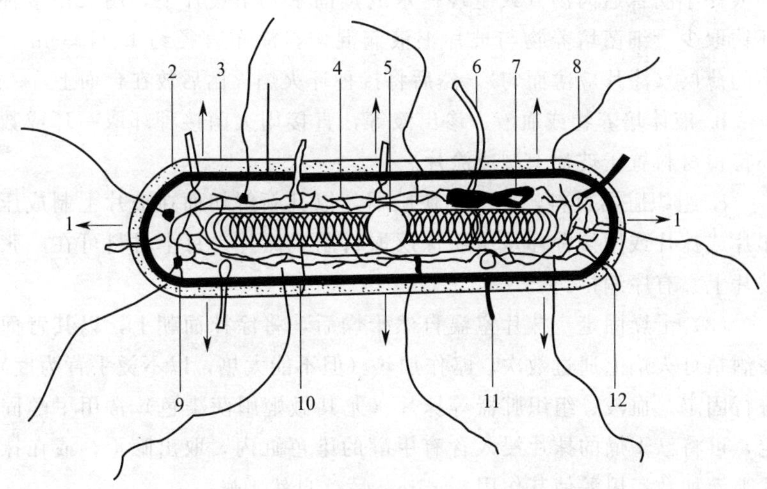


图 5-3　细菌细胞超微结构模式图

1—外毒素；2—细胞壁；3—荚膜；4—核糖体；5—芽孢；6—性纤毛；7—中介体；8—鞭毛；9—鞭毛的基础颗粒；10—DNA；11—纤毛的基础颗粒；12—纤毛或柔毛

#### 1. 细菌标本制作和染色

（1）不染色标本的制备和检验　不染色标本主要用于观察活体微生物的状态和运动性，如压滴标本。取洁净载玻片，在其上加一滴无菌生理盐水（如果是液体材料可以不加水），再用接种环在火焰上灼烧灭菌后蘸取适量的待检材料于水滴上混合均匀，然后在水滴上加盖一

张洁净的盖玻片，注意不可有气泡。检查时将标本置于显微镜载物台上，先用低倍镜找到观察目标，然后用高倍镜或油镜观察。光线应暗一些，最好用暗视野显微镜观察。

（2）染色标本的制备

① 载玻片的准备　取清洁载玻片，用纱布擦干净，如有油迹或污垢，用少量酒精擦拭。通过火焰灼烧 2～3 次，以便除去残余油迹，然后根据所检材料多少，可在玻片背面划出方格或圆圈作为记号。

② 抹片的制备

a. 固体斜面或平板培养物或脓汁、粪便等，用接种环或滴管取一环或一小滴普通肉汤（或生理盐水或蒸馏水）于玻片上，用灭菌接种环钩取少量细菌培养物与玻片上液滴混匀，涂布直径约 1～1.5cm 大小的薄层（涂片应薄而匀）。然后将接种环火焰灭菌后放在台面上。

b. 液体培养物或血液、渗出液等，直接用灭菌接种环取一环或数环待检材料置于玻片上制成涂片。

c. 组织脏器材料，取一小块脏器，以其新鲜切面在玻片上制成压印片或抹片或用接种环从组织深层取材制成涂片。每个材料可在一张玻片上，有序编排。

（3）干燥固定　抹片室温自然干燥后，将涂抹面朝上，以其背面在酒精灯火焰上通过数次，略作加热（但不能太热，以不烫手背为度）进行固定。血液、组织脏器等抹片（尤其做姬姆萨染色）常用甲醇固定，可将已干燥的抹片浸入含有甲醇的染色缸内，取出晾干，或在抹片上滴加数滴甲醇使其作用 3～5min 后，自然干燥。

固定目的：a. 杀死细菌；b. 使菌体蛋白凝固附着在玻片上，以防被水冲洗掉；c. 改变细菌对染料的通透性，因活细菌一般不允许染料进入细菌体内。

（4）染色方法

① 单染色法

A. 美蓝染色法

a. 染色液配制：美蓝（亚甲蓝）0.3g，95%酒精 30.0mL，0.01%氢氧化钾溶液 100.0mL。将美蓝先溶于酒精中，然后与氢氧化钾溶液混合即成。

b. 染色方法：取经干燥、固定的涂片滴加美蓝染液2～3滴，使染液盖满涂片，1～2min后用小水流冲洗，晾干或用滤纸吸干，镜检。

c. 染色结果：菌体呈蓝色，荚膜呈粉红色。

B. 瑞氏染色法

a. 染色液配制：瑞氏染粉0.1g，甘油1.0mL，中性甲醇60.0mL。将瑞氏染粉和甘油置乳钵中研磨均匀，加入甲醇溶解后装入棕色试剂瓶中，1周后过滤即成。该染液存放越久染色效果越好。

b. 染色方法：涂片自然干燥后不需固定，直接滴加瑞氏染液数滴，染1～2min，再加等量蒸馏水轻轻晃动玻片或向染液吹气，使染色液混匀，4～5min后经水洗、干燥即可镜检。

c. 染色结果：菌体呈蓝色，其他细胞呈不同的颜色。

② 复染色法

A. 革兰氏染色法

a. 染色液配制——草酸铵结晶紫（龙胆紫）溶液：结晶紫2.0g，95%酒精20.0mL，1%草酸铵溶液30.0mL。结晶紫溶于酒精中，然后与草酸铵溶液混合即成，此溶液可以长期保存。

革兰氏碘溶液（鲁格氏液）：碘片1.0g，碘化钾2.0g，蒸馏水30.0mL。碘化钾溶于蒸馏水中，再加入碘片，完全溶解后加蒸馏水至300mL。

石炭酸复红溶液：碱性复红0.3g，95%酒精10.0mL，5%石炭酸水溶液90.0mL。复红溶于酒精中，再加入石炭酸溶液混合过滤即成。此溶液保存于棕色瓶中。

b. 染色方法：在干燥并经火焰固定的涂片上滴加草酸铵结晶紫2～3滴，染1min，水洗，加革兰氏碘溶液2～3滴，媒染1min，水洗，再加95%酒精3～5滴脱色，摇动玻片数次，倾去酒精，再加酒精，反复2～3次至无紫色脱下（30～60s），然后加石炭酸复红溶液复染1min，水洗，干燥，油镜观察。

c. 染色结果：革兰氏阳性菌呈蓝紫色，革兰氏阴性菌为红色。

B. 姬姆萨染色法

a. 染色液配制：姬姆萨染色粉0.6g，甘油50.0mL，甲醇50.0mL。将姬姆萨染色粉加于甘油中，55～60℃水浴1.5～2h，加入

甲醇，静置1d以上，过滤即成原液（储备液）。使用时用中性或微碱性蒸馏水20～25倍稀释。蒸馏水应是中性或微碱性，否则染不上色。若蒸馏水偏酸性，可在10mL蒸馏水中加1滴1%碳酸钾溶液。

b. 染色方法：涂片或触片经自然干燥后，无需固定，直接滴加姬姆萨染色液数滴（染液中有甲醇，能起固定作用），经2min后再加等量蒸馏水，轻轻摇晃使之与染液混合均匀，5min后水洗、干燥。或将玻片浸入盛有染色液的染色缸中，染色数小时或过夜，取出后水洗、干燥、镜检。后者染色效果较好。

c. 染色结果：菌体呈蓝青色，其他组织呈不同的颜色。

C. 芽孢染色法

a. 染色液配制：5%孔雀石绿水溶液，0.5%沙黄水溶液或石炭酸溶液。

b. 染色方法：取干燥火焰固定的涂片，滴加5%孔雀石绿水溶液于涂片上，加热使其产生水蒸气，但不产生气泡为佳，加热30～60s，冷却后水洗，以石炭酸复红液（或沙黄水溶液）复染30s，取出后水洗、吹干、镜检。

c. 染色结果：菌体呈红色，芽孢呈绿色。

D. 鞭毛染色法

a. 染色液配制：0.5%苦味酸1.0mL，20%鞣酸液1.0mL，5%钾明矾液0.5mL，11%复红酒精溶液0.15mL。将上述各液在使用前按顺序混合即可使用。

b. 染色方法：取10～12h的幼龄菌，用1%福尔马林液制成菌液，固定24h后，于载玻片上涂成薄片。待自然干燥后，用上述染色液加温染色30s至1min，然后静置1～2min，取出后水洗、干燥、镜检。

c. 染色结果：菌体呈深红色，鞭毛为淡红色。

E. 抗酸染色法（萋-尼氏染色法）

a. 染色液配制——石炭酸复红染液：3%碱性复红酒精溶液10mL，5%石炭酸溶液90mL。

3%盐酸酒精脱色液：95%酒精97mL，浓盐酸3mL。

骆氏美蓝染液：美蓝0.3g，95%酒精300mL，0.01%氢氧化钾100mL。

b. 染色方法：用结核杆菌培养物（痰液或病灶内容物）涂片，火焰固定；滴加石炭酸复红染液于玻片上，滴满为度，火焰加温至出现蒸汽（但不能出现气泡）约3～5min，如果染液即将干涸，应再加染液补充之，充分水洗；用3%盐酸酒精液脱色30～60s，水洗；用骆氏美蓝复染1～2min，水洗；用吸水纸吸去水分，干燥，镜检。

c. 染色结果：抗酸性细菌能抵抗含酸酒精脱色作用，而染为红色，非抗酸性细菌和组织细胞可被盐酸酒精脱色，而为美蓝复染成蓝色。

F. 荚膜染色法　以福尔马林龙胆紫法为例。

a. 染色方法：涂片干燥后，滴加2%～3%福尔马林龙胆紫染液，染色20～30min，立即水洗、干燥、镜检。

b. 染色结果：荚膜呈淡紫色，菌体为深紫色。

G. 支原体染色法

a. 染色方法：涂片自然干燥，用pH 7.2的PBS稀释20倍的姬姆萨染色液染色3h，水洗后立即用丙酮浸洗一次，干燥后镜检。

b. 染色结果：支原体呈紫红色，多在细胞外，偶尔可见在中性粒细胞胞浆中。菌体呈环状、球状、直杆状、弯杆状或三角形。

H. 真菌染色法　以乳酸酚棉蓝染色法为例。

a. 染色液配制：结晶石炭酸20.0g，乳酸20.0mL，甘油40.0mL，蒸馏水20.0mL，棉蓝（或中国蓝）0.05g。将各种药品混合加温溶解后加入棉蓝溶解，过滤即成。

b. 染色方法：先将染色液滴加在玻片上，再将被检样品放在染色液中，涂抹均匀，加盖玻片，微加温后镜检。

c. 染色结果：真菌呈蓝色。

**2. 细菌的形态检验**

（1）细菌的基本形态细菌从形态上可分为球状、杆状和螺旋状三种基本类型。

① 球菌　大多数呈球形，也有呈矛头状、肾形、扁豆形。球菌的直径为0.5～2μm。按排列方式可分为单球菌、双球菌、四联球菌、八叠球菌、链球菌和葡萄球菌等。

② 杆菌　一般呈正圆柱形，多数杆菌菌体平直或少有弯曲，也有

近似卵圆形的。杆菌的大小差别较大，小的杆菌长0.5～1.0μm，中等杆菌长2.0～3.0μm，大型杆菌长3.0～10.0μm，杆菌直径为0.5～1.0μm。按排列方式可分为单杆菌、双杆菌、链杆菌。此外，还有一些特殊形态，如球杆菌、分枝杆菌、棒状杆菌等。

③ 螺旋状菌　菌体弯曲或呈螺旋状，可分为弧菌和螺菌。弧菌只有一个弯曲，呈弧形或逗点状。螺菌则有两个以上的弯曲，呈螺旋状。

细菌的形态学检验是通过显微镜观察细菌的形状、大小和排列方式，从而初步判断是何种细菌。

（2）细菌的显微镜观察

① 显微镜的基本结构　现代普通光学显微镜是利用目镜和物镜两组透镜系统来放大成像，它由机械装置和光学系统两大部分组成。光学系统中，物镜的性能最为关键，它直接影响着显微镜的分辨率。普通光学显微镜通常配置几种不同放大倍数的物镜，其中油镜是一种高倍放大的物镜，一般都标有放大倍数（100倍）和特别标记，以便识别。国产镜多用“油”字表示，国外产品则常用“Oil”或“HI”作记号。油镜上还常漆有黑环或红环，而且油镜镜身比高倍镜和低倍镜长，镜片最小，这也是识别的另一个标志。

② 油镜的使用　检查细菌标本，多用油镜进行。为了增加照明亮度，增加显微镜的分辨率，需要在载玻片与油镜镜头之间加滴镜油（香柏油）。

进行油镜检查时，应先对好光线，然后在标本上加香柏油一滴（切勿过多），将标本放在载物台的正中。转换油镜头浸入油滴中，使其几乎与标本面相接触（但不应接触）。用左眼由接目镜注视镜内，同时慢慢转动粗螺旋，提起镜筒（此时严禁用粗螺旋降下镜筒），若能模糊看到物像时，再转动微螺旋，直至物像清晰为止，随即进行检查观察。油镜用过后，应立即用擦镜纸将镜头擦净。如油渍已干，则须用擦镜纸蘸少许二甲苯溶解并擦去油渍，然后用干净镜纸擦净镜头。

③ 显微摄影　显微摄影是把显微镜下观察到的图像记录下来的技术，显微图像可用于保存资料、交流等。

④ 显微镜使用后的维护　上升镜筒，取下载玻片，用擦镜纸拭去镜头上的镜油，然后用擦镜纸蘸少许二甲苯（香柏油溶于二甲苯）擦

去镜头上残留的油迹，最后再用干净的擦镜纸擦去残留的二甲苯，用擦镜纸清洁其他物镜及目镜，用绸布清洁显微镜的金属部件。将物镜转成八字形，再向下旋。同时，把聚光镜降下，以免接物镜与聚光镜发生碰撞。切断电源，加盖防尘罩。

**3. 细菌的分离培养**

当根据细菌的形态特征很难区分出是什么细菌时，还需要进行细菌的培养特性和生化特性的鉴定，进行这些鉴定必须进行细菌的分离培养。不同细菌对营养的要求有所不同。

培养基是由人工方法配合而成的营养基质，专供微生物培养、分离、鉴别、研究和保存菌种用的混合营养物制品。培养基的基本成分有营养物质、凝固物质、抑制剂和指示剂。常用的营养物质有蛋白胨、肉浸液、牛肉膏、各种糖类、血液、无机盐、鸡蛋和动物血清、生长因子等。最常用凝固物质为琼脂，有时也使用明胶、卵白蛋白、血清等作为赋形剂。常用的抑制剂有胆盐、煌绿、玫瑰红酸、亚硫酸钠、亚硒酸钠和某些抗生素。培养基中加入的指示剂有酚红、中性红、甲基红、酸性复红、溴甲酚紫、溴麝香草酚蓝等酸碱指示剂，美蓝作为氧气指示剂。根据培养基的形态分为固体、液体和半固体培养基；按用途可分为基础培养基、增菌培养基、选择培养基、厌氧培养基、鉴别培养基等；按成分可分为合成培养基和天然培养基。常用的培养基有以下几种。

（1）常用培养基

① 普通营养琼脂培养基是一种常用培养基，适用于多种细菌的分离培养。

② 血液琼脂培养基是在普通营养琼脂培养基高压灭菌后，冷却至50～60℃时加入5%～10%抗凝全血或脱纤维蛋白血（马血、牛血、绵羊血、兔血或鸡血均可，血液要无菌采取），用途包括：分离娇嫩的细菌；检查细菌的溶血性；分离培养副嗜血杆菌、弯杆菌等。

③ S.S琼脂培养基用于培养和鉴别沙门氏菌属和志贺菌属。本培养基严禁高压灭菌和过度煮沸。煌绿不能久放，配制后10d内用完，否则就应倒掉。柠檬酸钠、硫代硫酸钠对大肠杆菌有抑制作用，煌绿在这样浓度下对大肠杆菌无抑制作用，仅有助于致病菌的生长。除肠

道革兰氏阴性菌能在此培养基上生长外，其他细菌均被抑制。

④ 麦康凯琼脂培养基用于分离培养肠杆菌和沙门氏菌。

⑤ 伊红美蓝培养基用作大肠杆菌、沙门氏菌、志贺氏菌属分离培养，也可做菌群调查。

⑥ 厌氧肉肝汤一般用于厌氧菌培养及检验用。

细菌学检验中还要进行生化检验，常用的生化检验管和培养基都能在市场上买到，无需自己配制。

（2）细菌的分离与培养

① 需氧菌的分离培养方法

a. 分离培养：其目的是将被检查的材料做适当的稀释，以便能得到单个菌落。有利于菌落性状的观察和对可疑菌作出初步鉴定。避免因接种量大而造成菌落连成一片，发育成菌苔，其操作方法如下。

右手持接种棒，使用前须酒精灯火焰灭菌，灭菌时先将接种棒直立灭菌待烧红后，再横向持棒烧金属柄部分，通过火焰 3～4 次。

用接种环无菌取样：或取斜面培养物，或取液体材料，或肉汤培养物。

接种培养平板时以左手掌托平皿，拇指、食指及中指将平皿盖揭开成 30°左右的角度（角度越小越好，以免空气中的细菌进入平皿中将培养基污染）。

将所取材料涂布于平板培养基边缘，然后将多余的细菌在火焰上烧灼，待接种环冷却后再与所涂细菌轻轻接触开始划线，其方法如图 5-4 所示。

划线时应防止划破培养基，以 45°为宜，在划线时不要重复，以免形成菌苔。

b. 纯培养菌的获得与移植法：将划线分离培养 24h 的平板从 37℃恒温箱取出，挑取单个菌落，经染色镜检，证明不含杂菌，然后用接种环挑取单个菌落，移植于琼脂斜面培养，所得到的培养物即为纯培养物，再做其他各项试验检查和致病性试验等。具体操作方法如下。

两试管斜面移植时，左手斜持菌种管和被接种琼脂斜面管，使管

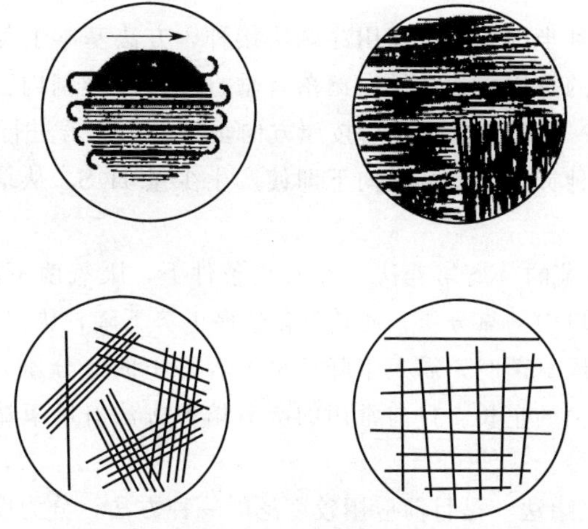

图 5-4 平板划线法

口互相并齐，管底部放在拇指和食指之间，松动两管棉塞，以便接种时容易拔出。右手持接种棒，在火焰上灭菌后，用右手小指和无名指并齐同时拔出两管棉塞，将管口进行火焰灭菌，使其靠近火焰，将接种环伸入菌种管内，先在无菌生长的琼脂上接触使冷却，再挑取少许细菌后拉出接种环立即伸入另一管斜面培养基上，勿碰及斜面和管壁，直达斜面底部，从斜面底部开始划曲线，向上至斜面顶端为止，管口通过火焰灭菌，将棉塞塞好。接种完毕，接种环通过火焰灭菌后放下接种棒，最后在斜面管壁上注明菌名、日期，置 37℃ 恒温箱中培养。

从平板培养基上选取可疑菌落移植到琼脂斜面上做纯培养时，则用右手执接种棒，将接种环火焰灭菌。左手打开平皿盖，挑取可疑菌落，然后左手盖上平皿盖后立即取斜面管，按上述方法进行接种，培养。

肉汤增菌培养为了提高由病料中分离培养细菌的机会，在用平板培养基做分离培养的同时，多用普通肉汤做增菌培养，病料中即使细菌很少，这样做也多能检查出。另外用肉汤培养细菌，以观察其在液体培养基上的生长表现，也是鉴别细菌的依据之一。其操作方法与斜面纯培养相同；无菌取病料少许接种增菌培养基或普通肉汤管内于

37℃下培养。

穿刺接种半固体培养基用穿刺法接种，方法基本上与纯培养接种相同，不同的是用接种针挑取菌落，垂直刺入培养基内。要从培养基表面的中部一直刺入管底然后按原方向垂直退出，若进行 $H_2S$ 产生试验时，将接种针沿管壁穿刺向下即使产生少量 $H_2S$，从培养基中也易识别。

② 厌氧菌的分离培养法　在有氧条件下，厌氧菌不能生长繁殖。只有降低环境中的氧分压，使其氧化还原电势下降，厌氧菌才能生长。所以在培养厌氧菌时，需人工降低培养容器中的氧分压并保持之，以有利于厌氧菌的生长。目前常用的厌氧培养方法有厌氧罐法、气袋法及厌氧箱三种。

A. 厌氧罐法　是目前应用较广泛的一种方法，分为以下两种。

a. 抽气换气法：该法适用于一般实验室，其特点是较经济，并可迅速建立厌氧环境。标本接种后，将平板放入厌氧罐，拧紧盖子，用真空泵抽出罐中空气，使压力真空表至－79.98kPa，停止抽气，充入高纯氮气使压力真空表，连续反复3次，最后在罐内－79.98kPa的情况下，充入70%的氮气，20%氢气，10%二氧化碳（或改用20%二氧化碳及80%氢气），罐中需放入催化剂钯粒，可催化罐中残余的氧气和氢气化合成水。同时罐中应放有美蓝指示管，美蓝在有氧的环境下呈蓝色，无氧时为无色，临用前首先将美蓝煮沸使变成无色，放入罐中先呈浅蓝色，待罐中无氧环境形成后，美蓝持续无色。

b. 气体发生袋法：气体发生袋由锡箔密封包装，其中含有两种药片，一种为含枸橼酸和碳酸氢钠的药片，另一种是含有硼氢化钠的药片。前者遇水放出二氧化碳，后者可释放氢气，使用时在袋的右上角剪一小口，灌进10mL蒸馏水，立即放入含有钯粒指示剂及平板培养基的厌氧罐中，拧紧盖子经2～3min后，可感到盖子微热并有少量水蒸气出现。密封1h左右罐中氧气的含量可低于1%。

B. 气袋法　此种方法不需要特殊设备，操作简单、使用方便，不但实验室中可用，而且外出采样，现场接种也可用。原理与气体发生袋完全相同，只是采用塑料袋代替了厌氧罐，气袋为一透明而密闭的

塑料袋，内装有气体发生安瓿、指示剂安瓿、含有催化剂的带孔塑料管各一支。其操作方法为首先将接种的平板培养基放入袋中，用弹簧夹夹紧袋口，然后用手指压碎气体发生安瓿，20min后再压碎指示剂安瓿，如果指示剂不变蓝色，说明袋内达到厌氧状态，即可放入37℃恒温箱中进行培养。

C. 厌氧培养箱　使用之前须仔细检查厌氧装备有无漏气等问题，以及催化剂、指示剂质量等。使用时严格遵守操作规程，保证箱内气体比例合理。

**4. 细菌的生化特性鉴定**

各种细菌具有独立的酶系统，所以在相应的培养基上生长时，会产生不同的代谢产物，据此可鉴定各种细菌。细菌的生化反应在种、型的鉴别上具有重要意义。进行生化性状检查，必须用纯培养菌进行。生化性状检查的项目很多，应按诊断需要适当选择。

**5. 药敏试验**

由于不规范用药，致使许多致病性细菌产生了耐药性，使得抗菌药物对细菌性疾病的控制效果越来越差，给鸡场造成了巨大的经济损失。因此，建议治疗细菌性疾病时先做药敏试验，根据其结果决定用何种药物。

细菌的药敏试验方法包括试管稀释法（全量法）、微量稀释法、琼脂稀释法、琼脂扩散法、联合药敏试验等。在临床上多用琼脂扩散法，必要时可做联合药敏试验。

（1）琼脂扩散法琼脂扩散法又可分为纸片琼脂扩散法和打孔法。

① 纸片琼脂扩散法（Kirby-Bauer法）

a. 试验材料：包括普通营养琼脂培养基、血液琼脂培养基或其他培养基、药敏试纸片（购买或自制）、待检细菌、恒温培养箱、接种环、酒精灯、打孔机、移液器等。

自制纸片的方法：取新华1号定性滤纸，用打孔机打成6mm直径的圆形小纸片。取圆纸片100片放入清洁干燥的青霉素空瓶中，瓶口以单层牛皮纸包扎。经120℃ 20min高压灭菌，放在37℃恒温箱或烘箱中干燥24～48h备用。

药液的制备（用于商品药的试验）：按商品药的治疗剂量的比

例配制药液，如果药品使用说明上标明5g可混水50kg，那么稀释浓度为1/10000，可用蒸馏水逐步稀释。此稀释液即为用于做药敏试验的药液。这种方法适用于对临床上使用的商品药物进行细菌敏感试验，以确定治疗用药。如果用纯粉药物，青霉素类配制成200IU/mL，磺胺类药物配制成10mg/mL，其他抗生素类一般配制成1mg/mL，中药则制成1g/mL的药液。稀释液可用生理盐水、PBS液或蒸馏水。

药敏纸片的浸泡及保存：取1mL已配制好的药液注入已灭菌的含100片纸片的小瓶中，置冰箱内浸泡1～2h，取出放37℃恒温箱内过夜烘干，干燥后即密封，并置冰箱中保存备用（可保存6个月或更长时间）。

b. 操作方法：药敏纸片法是最常用的方法，在超净台中用经（酒精灯）火焰灭菌的接种环挑取适量细菌培养物，以划线方式将细菌均匀涂布到平皿培养基上。将镊子于酒精灯火焰灭菌后略停，取药敏片贴到平皿培养基表面。为了使药敏片与培养基紧密相贴，可用镊子轻按几下药敏片。为了准确地观察结果，药敏片要有规律地分布于平皿培养基上。纸片间距至少30mm，在每种药敏片的平皿背面注明药物名称。将平皿培养基置于37℃恒温箱中培养24h后观察结果。按照抑菌圈大小判定敏感度的高低。

c. 结果判定：抑菌圈直径大于20mm为极敏感，15～20mm为高敏，10～15mm为中敏，小于10mm为低敏，无抑菌圈为耐药。对于多黏菌素抑菌圈，9mm以上为高敏，6～9mm为低敏，无抑菌圈为不敏感。中药的判定标准：抑菌圈直径15～20mm为极敏，15mm为中敏，15mm以下为敏感，无抑菌圈为不敏感。

② 打孔法　该法较简单，成本低、易操作，比较适用于商品药物的检测。将细菌均匀涂布到琼脂平皿培养基上。用灭菌的不锈钢小管（孔径为6mm，管的两端要平滑）或饮料管，在培养基上打孔，孔距为30mm，将孔中的培养基用牙签挑出，并将平皿底部在火焰上稍加烘烤，使培养基能充分地与平皿紧贴，以防药液渗漏。分别将待试药液加入孔内，加至满而不溢为止，如果是中草药粉剂，可将其直接加到孔中。将培养基放置于37℃恒温箱中培养24h后观察效果。结果判

定与 K-B 法即纸片琼脂扩散法相同。

为了尽快得到试验结果，可以直接将病料均匀地涂抹在平皿上，然后贴上药物纸片或打孔加药，这种方法至少可以提前 1d 得到结果。但混感细菌时结果可能不理想。

(2) 联合药敏试验　通过联合药敏试验可以测知药物之间的相互作用（图 5-5）。联合药敏试验适用于病原不明的严重感染、单一药物不能控制的混合感染以及长期用药仍不能控制的感染（耐药细菌的感染），治疗这些疾病需要联合用药。在治疗疾病时，一般采用两种药物联合治疗。

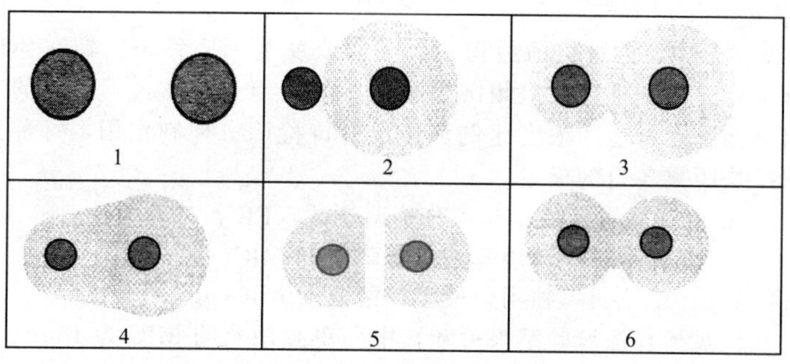


图 5-5　联合药敏试验可能出现的结果

1—细菌对两种药物都耐药；2—细菌对一种药物耐药；对另一种药物敏感，两种药物之间呈无关作用；3—对两种药物都敏感，但敏感度不同；4—协同作用；5—拮抗作用；6—累加作用

① 利用 K-B 法筛选药物　把两种药物纸片贴在琼脂平皿上，两纸片中心相距 24mm，35℃培养 18～24h，按图 5-5 判定结果。也可将两种纸片重叠在一起贴在琼脂平皿上，以观察两种药物之间存在何种作用。

② 利用棋盘稀释法选择两种药物联合应用最佳浓度比　在 K-B 法试验中如有两种药物具有协同或累加作用，可用棋盘稀释法进行联合药敏试验，以便筛选出两种药不同稀释度组合的最小抑菌浓度(MIC)。棋盘稀释法试验若出现表 5-2 的结果，可认为两种药物具有协同作用。

**表 5-2　棋盘稀释法**

| 甲药浓度/(mg/mL) | | | | | | | | |
|---|---|---|---|---|---|---|---|---|
| | — | — | — | — | — | — | — | — |
| 16 | — | — | — | — | — | — | — | — |
| 8 | + | + | + | — | — | — | — | — |
| 4 | + | + | + | — | — | — | — | — |
| 2 | + | + | + | + | + | — | — | — |
| 1 | + | + | + | + | + | — | — | — |
| 0.5 | + | + | + | + | + | — | — | — |
| 0 | + | + | + | + | + | — | — | — |
| 乙药浓度/(mg/mL) | 0 | 2 | 4 | 8 | 16 | 32 | | |

注："+"表示待检菌生长，"—"表示待检菌不生长。

表 5-2 中，两种抗菌药物各自稀释浓度范围应参考它们在体内的治疗浓度。根据棋盘法检测结果选择有效的组合药物，其选择的原则是组合药物在合适的浓度比例都显示对待检菌有抑制作用，每种药物的浓度均距离各自的极量远。

③ 稀释法联合药敏试验部分抑菌指数（FIC）计算方法

$$FIC=\frac{联合用药最小抑菌浓度\ MIC(\mu g/mL)}{单独用药最小抑菌浓度\ MIC(\mu g/mL)}$$

从棋盘稀释法试验结果可知，甲药单独用药的 MIC 为 16μm/mL，联合用药的 MIC 为 4μm/mL；乙药单独用药的 MIC 为 32μm/mL，联合用药的 MIC 为 8μm/mL。

甲、乙两种药联合应用的 FIC 为：

$$\begin{aligned}FIC &=\frac{4}{16}+\frac{8}{32}\\&=0.25+0.25\\&=0.5\end{aligned}$$

当 FIC 指数≤0.5 时，表示协同作用；0.5≥FIC<1 时，表示累加作用；FIC 指数为 1～2 时，表示无关作用；FIC 指数>2 时，表示拮抗作用。

### (二) 真菌的检验

真菌的检验可根据临床症状、病理变化做出初步诊断，确诊需要进行显微镜检查、病原分离或动物试验。

#### 1. 形态学检验

真菌个体都比较大，肉眼即可观察它的形态特征，但是要确定是何种

真菌，必须进行显微镜观察。显微镜观察可以直接观察也可染色后观察。

（1）直接镜检挑取少许肉眼可见的霉斑或菌丝置于载玻片上镜检。组织内可疑病变可以剪取少许组织置于载玻片上，滴加10%的氢氧化钾1～2滴，在酒精灯上稍微加温，加盖盖玻片压制成薄片，镜检，看到菌丝或孢子即可确诊。

（2）常用真菌染色法

① 革兰氏染色法　染色液配制和染色方法见细菌学检验。染色结果呈革兰氏阳性。

② 乳酸酚棉蓝染色法　染色液制作：将苯酚20.0g、乳酸20.0mL、甘油40.0mL、棉蓝0.05g、蒸馏水20.0mL混合后加热溶解，滤纸过滤即成。

染色方法：在标本片上滴一滴染色液，加盖玻片即可镜检。

染色结果：真菌呈蓝色。

**2. 真菌的分离培养**

（1）常用真菌培养基有沙保氏培养基和马铃薯琼脂培养基。

（2）分离培养　先将可疑病料研碎，再将抗生素和蒸馏水按1∶5加入病料中稀释，室温或4℃冰箱作用4h，然后用接种环蘸取稀释病料，于平板或斜面上画线，27～37℃下培养，逐日观察生长情况。也可用小室培养法培养，在无菌的凹玻片中滴加少许培养基，接种后加一盖玻片，盖玻片周围涂抹少量凡士林封闭以防止干燥，室温培养，每天在显微镜下观察。这种方法可以观察从孢子萌发到菌丝生长的整个过程。曲霉菌在沙保氏培养基上生长良好，经24h即可生长出白色或灰白色的绒毛状菌落，逐渐扩大；经36h可见菌落中心呈灰绿色，边缘呈放射状生长的白色菌丝；经48h菌落中心色泽变深，并有孢子脱落。

## （三）病毒包涵体染色

病毒是最小的非细胞型微生物，当病毒引起疾病的时候，其感染的细胞内可以形成包涵体，包涵体存在于细胞浆和细胞核内，但有时胞浆和胞核内可同时见到包涵体，在一般情况下，RNA病毒形成胞浆内包涵体，DNA病毒形成胞核内包涵体。

比较典型的包涵体在常规的HE染色中可以见到，形态大小与红细胞相似，胞核一般呈嗜酸性，周围有透明晕，胞浆呈嗜酸性，少部分呈嗜碱性。但是疱疹病毒感染时的核内包涵体和麻疹病毒包涵体，需通过特殊染色方法才能观察到。

（1）瑞氏染色法

① 染液配制

a. 瑞氏染液：称取瑞氏（Wright）染料粉0.1g放入乳钵中。加入甲醇60mL，缓缓添加，边用研棒研磨染料边加。甲醇全部加入后，再研磨几分钟，使染料全部溶解，即制成瑞氏染色原液。将原液装于棕色磨口瓶中，置于暗处2～4周。临用前将染液过滤。

b. 磷酸盐缓冲液：称取磷酸氢二钠3.8g，磷酸二氢钾5.47g。将两种试剂溶解于500mL蒸馏水中，全部溶解后，将蒸馏水加至1000mL，盛于试剂瓶中待用。

② 染色方法

a. 切取待查组织，用滤纸将切面的血液吸掉，做组织触片；或取待查组织做刮片。

b. 将待查组织轻轻印压在玻片上（刮片则轻涂于玻片上）。

c. 玻片在空气中干燥。

d. 把玻片放在染色架上，滴加足量瑞氏染色液，染5min。

e. 滴加等量缓冲液，摇动玻片，使之与染色液充分混合，直至混合液表面出现金属样光泽，染15min。

f. 水洗，干燥。

③ 染色结果　包涵体呈深嗜碱性小体。

（2）H.E染色法

① 染液配制

A. Harris苏木素染液

甲液：苏木素0.9g，无水乙醇10mL。

乙液：铵明矾（硫酸铝铵）或钾明矾（硫酸铝钾）20g，蒸馏水200mL。

配制时，先分别配好甲、乙二液。然后将甲、乙液混合并加热煮沸，待液体沸腾后将盛有液体的烧杯移开火焰，缓缓加入氧化汞1.25g，并用玻璃棒搅拌均匀，直至氧化汞完全溶解后，再将烧杯快速放入冷水中冷却，放置第二天过滤即可。加入冰醋酸20mL，可以使胞核更好着色。染色时间5～10min。

B. 伊红染液

水溶性伊红染液配制法如下。

a. 水溶性伊红Y 0.25～0.5g，蒸馏水100mL。

b. 水溶性伊红Y 0.5～1g，蒸馏水75mL，90%乙醇25mL。

配制方法：先用量杯量取所需蒸馏水，将伊红放入另一小量杯内，用少量蒸馏水沿玻璃棒滴入，并用玻璃棒研磨，再加入一些蒸馏水并搅拌，然后加入约需用量1/2的蒸馏水，稍静置后将其上清液倾入容器内。剩余的溶液经搅拌后加入余下的1/2蒸馏水，然后将前后两次溶液混合后盛入同一试剂瓶中备用。

醇溶性伊红染液配制法如下。

a. 醇溶性伊红0.5g，80%乙醇100mL。溶解后即可使用。

b. 醇溶性伊红0.5g，蒸馏水5mL，95%乙醇200mL。

先将伊红溶解于蒸馏水中，待其溶解后滴加冰醋酸至有浆糊状沉淀产生，再加余下的蒸馏水，继续滴加冰醋酸直至沉淀不再增加，过滤，弃去上清液留沉淀物，待其干燥后，溶于95%乙醇200mL中即可。

② 染色方法

a. 制片方法同瑞氏染色法

b. 把玻片放入Harris苏木素染液中1min。水洗。

c. 将玻片放入伊红染液中1min。

d. 干燥，镜检。

③ 染色结果　包涵体染成红色，其他组织着染蓝色，红细胞呈橘红色。

## 三、血清学检验

### （一）凝聚性试验

抗原与相应抗体结合形成复合物，在有电解质存在的条件下，复合物相互凝聚形成肉眼可见的凝聚小块或沉淀物，称为凝聚性试验。根据参与反应的抗原性质不同，分为由颗粒性抗原参与的凝集试验和由可溶性抗原参与的沉淀试验两大类。直接凝集试验是指颗粒性抗原与相应抗体直接结合并出现凝集现象，如平板凝集试验和试管凝集试验；而间接凝集试验是将可溶性抗原或抗体先吸附于一种与免疫无关的、一定大小的不溶性颗粒（统称为载体颗粒）的表面，然后再与相应的抗体或抗原作用，如间接血凝试验和乳胶凝集试验。

#### 1. 凝集试验

（1）平板凝集试验　为一种定性试验，即将含有已知抗体的诊断血清（适当稀释）与待检菌悬液各一滴在玻片上混合，数分钟后，如出现颗粒状或絮状凝集，即为阳性反应，适用于新分离细菌的鉴定和分型，如沙门氏菌、大肠杆菌的鉴定多用此法；相反，也可用已知的诊断抗原检测待检血清中是否存在相应抗体。

鸡白痢全血（血清）平板凝集试验首先用PBS将血清进行倍比系列稀释，然后取1滴抗原与1滴稀释血清混合，在1～2min内判定结果。能使抗原凝集的血清最高稀释倍数为血清的凝集效价。

(2) 试管凝集试验　是一种定量试验，用于测定被检血清或其他体液中的抗体及其效价，可作临床的辅助诊断，或用于流行病学监测。

(3) 间接血凝试验　将抗原（或抗体）吸附在比其体积大千万倍的红细胞表面，这种反应能大大提高反应的敏感性。只需要少量的抗体（或抗原）就可使这种致敏的红细胞通过抗原和抗体的结合而出现肉眼清晰可见的凝集现象。

(4) 乳胶凝集试验　以乳胶（聚苯乙烯颗粒）作为载体的一种间接凝集试验，即吸附可溶性抗原于其表面，特异性抗体与之结合后可产生凝集反应。用抗体致敏乳胶检测相应的抗原，称为反向间接乳胶凝集试验；反之，称为正向间接乳胶凝集试验。

**2. 沉淀试验**

(1) 环状沉淀试验　合适比例的可溶性抗原和特异性抗体在电解质参与下，可结合并产生肉眼可见的白色絮状沉淀环。

(2) 双向琼脂扩散试验　可溶性抗原与抗体在含有电解质的半固体（1%琼脂糖）内由高浓度向低浓度自由扩散，当两者相遇时，如果二者相对应而且比例适当，则可在相遇处形成白色沉淀线。主要用于鸡传染性法氏囊病、鸡马立克氏病、禽流感、禽脑脊髓炎、禽腺病毒感染等疫病的诊断。

① 1%琼脂糖平板制备　用含8%氯化钠的PBS（0.01mol，pH7.4）配制1%琼脂糖溶液，水浴加温或高压灭菌使其充分溶化后，倒入洁净培养皿，每皿20mL；平置，室温下凝固冷却后，用7孔打孔器在琼脂板上打孔。

② 血清抗体检测（被检鸡血清）　向中间孔滴加标准琼扩抗原，向周边孔滴加待检血清，其中至少有一孔加阳性血清，均以加满而不溢出为度；将加样后的琼脂平板加盖后平放于加盖的湿盒内，置37℃恒温箱中孵育，8～24h内观察并记录结果。

③ 抗原检测　向中间孔滴加阳性血清，向周边1、4孔加标准琼扩抗原，向周边2、3、5、6孔加待检样品。加样均以加满而不溢出为度。加样后的琼脂平板放入湿盒内，置37℃恒温箱中孵育，8～24h内观察并记录结果。

④ 结果判定　被检样品孔与中心孔之间形成清晰的沉淀线，并与周边已知抗原孔（或阳性血清孔）的沉淀线互相融合，判为阳性；若不出现沉淀线，则判为阴性。已知抗原与阳性血清之间所产生的沉淀线末端弯向被检样品孔内测时，则判为弱阳性。有时被检样品会出现两条以上沉淀线，其中一条与已知抗原-阳性血清的沉淀线融合者，仍判为阳性。

## （二）血凝（HA）和血凝抑制（HI）试验

有的病毒能够凝集某些动物（如鸡、豚鼠和人）的红细胞，这种现象称为红细胞凝集现象，简称血凝。正黏病毒（流感病毒）和副黏病毒（新城疫病毒）是最主要的红细胞凝集病毒，其他病毒如猪细小病毒、某些肠道病毒和腺病毒也具有凝集红细胞的作用。当这些病毒与相应的抗体发生特异性结合后，失去了与红细胞凝集的能力，称为红细胞血凝抑制。

流感病毒颗粒表面的血凝素（HA）蛋白，具有识别并吸附于红细胞表面受体的结构，HA 试验由此得名。HA 蛋白的抗体与 HA 蛋白的特异性结合能够干扰 HA 蛋白与红细胞受体的结合从而出现抑制现象。该试验可用于流感病毒分离株 HA 亚型的鉴定、检测禽血清中是否有与抗原亚型一致的感染或免疫抗体，此外 HI 试验还常用于新城疫病毒分离株的鉴定、检测禽血清中是否有与抗原亚型一致的感染或免疫抗体，检测。HA 和 HI 试验需要在每次试验时进行抗原标准化；需要正确判读的技能。

### 1. 阿氏（Alsevers）液配制

称量葡萄糖 2.05g、柠檬酸钠 0.8g、柠檬酸 0.055g、氯化钠 0.42g，加蒸馏水至 100mL，加热溶解后调 pH 值至 6.1，69kPa 15min 高压灭菌，4℃保存备用。

### 2. 鸡红细胞液的制备

（1）采血　用注射器吸取阿氏液约 1mL，取至少 2 只 SPF 鸡（如果没有 SPF 鸡，可用无禽流感和新城疫抗体的健康公鸡），采血 2～4mL，与阿氏液混合，放入装 10mL 阿氏液的离心管中混匀。

（2）洗涤鸡红细胞　将离心管中的血液经 1500～1800r/min 离心 8min，弃上清液；沉淀物加入阿氏液，轻轻混合，再经

1500～1800r/min 离心 8min，用吸管移去上清液及沉淀红细胞上层的白细胞薄膜。再重复 2 次以上过程后，加入阿氏液 20mL，轻轻混合成红细胞悬液，4℃保存备用，不超过 5d。

(3) 10%鸡红细胞悬液　取阿氏液保存不超过 5d 的红细胞悬液，在锥形刻度离心管中以 1500～1800r/min 离心 8min，弃去上清液，准确观察刻度离心管中红细胞体积（mL），加入 9 倍体积（mL）的生理盐水，用吸管反复吹吸使生理盐水与红细胞混合均匀。

(4) 1%鸡红细胞液　取混合均匀的 10%鸡红细胞悬液 1mL，加入 9mL 生理盐水，混合均匀即可。

**3. 抗原血凝效价测定**（HA 试验，微量法）

(1) 在微量反应板的 1～12 孔均加入 25μL PBS，换滴头。

(2) 吸取 25μL 病毒抗原悬液加入第 1 孔，混匀。

(3) 从第 1 孔吸取 25μL 病毒液加入第 2 孔，混匀后吸取 25μL 加入第 3 孔，如此进行对倍稀释至第 11 孔，从第 11 孔吸取 25μL 弃之，换滴头。

(4) 每孔再加入 25μL PBS。

(5) 每孔均加入 25μL 体积分数为 1%的鸡红细胞悬液（将鸡红细胞悬液充分摇匀后加入）。

(6) 振荡混匀，在室温（20～25℃）下静置 40min 后观察结果（如果环境温度太高，可置 4℃环境下反应 1h）。对照孔红细胞将呈明显的纽扣状沉到孔底。

(7) 结果判定将板倾斜，观察血凝板，判读结果（见表 5-3）。

**表 5-3　血凝试验结果判读标准**

| 类别 | 孔 底 所 见 | 结果 |
|---|---|---|
| 1 | 红细胞全部凝集，均匀铺于孔底，即 100%红细胞凝集 | ＋＋＋＋ |
| 2 | 红细胞凝集基本同上，但孔底有大圈 | ＋＋＋ |
| 3 | 红细胞于孔底形成中等大的圈，四周有小凝块 | ＋＋ |
| 4 | 红细胞于孔底形成小圆点，四周有少许凝集块 | ＋ |
| 5 | 红细胞于孔底呈小圆点，边缘光滑整齐，即红细胞完全不凝集 | － |

能使红细胞完全凝集（100%凝集，＋＋＋＋）的抗原最高稀释度

为该抗原的血凝效价，此效价为 1 个血凝单位（HAU）。注意对照孔应呈现完全不凝集（一），否则此次检验无效。

**4. 血凝抑制（HI）试验**（微量法）

（1）根据 HA 试验结果配制 4HAU 的病毒抗原。以完全血凝的病毒最高稀释倍数作为终点，终点稀释倍数除以 4 即为含 4HAU 的抗原的稀释倍数。例如，如果血凝的终点滴度为 1∶256，则 4HAU 抗原的稀释倍数应是 1∶64（256 除以 4）。

（2）在微量反应板的第 1 孔～第 11 孔加入 25μL PBS，第 12 孔加入 50μL PBS。

（3）吸取 25μL 血清加入第 1 孔内，充分混匀后吸 25μL 于第 2 孔，依次对倍稀释至第 10 孔，从第 10 孔吸取 25μL 弃去。

（4）第 1 孔～第 11 孔均加入含 4HAU 混匀的病毒抗原液 25μL，室温（约 20℃）静置至少 30min。

（5）每孔加入 25μL 体积分数为 1%的鸡红细胞悬液混匀，轻轻混匀，静置约 40min（室温约 20℃：若环境温度太高，可置 4℃条件下进行），对照孔红细胞将呈现纽扣状沉于孔底。

（6）结果判定

以完全抑制 4 个 HAU 抗原的血清最高稀释倍数作为 HI 滴度。

只有阴性对照孔血清滴度不大于 1∶4，阳性对照孔血清误差不超过 1 个滴度，试验结果才有效。HI 价小于或等于 1∶4 判定 HI 试验阴性；HI 价等于 1∶16 为可疑，需重复试验；HI 价大于或等于 1∶16 为阳性。

### （三）免疫标记技术

免疫标记技术是指用荧光素、酶、放射性同位素、SPA、生物素-亲和素或胶体金等作为示踪物，对抗体或抗原标记后进行抗原抗体反应，并借助于荧光显微镜、射线测定仪、酶标检测仪或对试验结果直接镜检观察或进行自动化测定，因此，免疫标记技术在敏感性、特异性、精确性及应用范围等方面远远超过一般的血清学方法。根据标记物的不同分为免疫荧光技术、放射免疫测定技术、免疫酶技术、免疫胶体金技术等，其中以免疫荧光技术、免疫酶技术和免疫胶体金技术在临床诊断上使用最为广泛。

**1. 酶联免疫吸附试验（ELISA）**

利用抗原、抗体反应的高度特异性和酶促反应的高度敏感性，定性或定量测定抗原或抗体的方法。如用间接ELISA检测禽流感病毒抗体或用双抗体夹心ELISA检测传染性支气管炎病毒（IBV）。

**2. 间接免疫荧光试验**

间接免疫荧光试验是用对应某一种抗原的抗体（一抗）与细胞孵育结合，再采用对应一抗的抗体（即二抗，二抗上偶联有荧光素分子）与细胞孵育结合后，在荧光显微镜下观察。

**3. 胶体金免疫层析试验**

胶体金颗粒对蛋白质有很强的吸附功能且不破坏其生物活性，可以与蛋白质如免疫球蛋白等非共价结合，形成胶体金标记物。将特异性的抗原或抗体以条带状固定在膜上，胶体金标记试剂（抗原或单克隆抗体）吸附在结合垫上，当待检样本加到试纸条一端的样本垫上后，通过毛细作用向前移动，溶解结合垫上的胶体金标记试剂后相互反应，再移动到固定的抗原或抗体区域时，待检物和金标试剂的结合物又与抗原或抗体发生特异性结合而被截留，聚集在检测带上，可以通过肉眼观察到红色检测线，检测结果在数分钟即可完成。

该检测方法的敏感性可相当或略低于斑点ELISA，主要用于定性检测，正朝着定量检测方面发展。该方法应用起来最为简便快速，易于掌握，可直接面向基层肉鸡场，用于鸡传染病中病原体的检测，如禽流感病毒和新城疫病毒的检测（彩图5-6）等。

## 四、分子生物学诊断

### （一）聚合酶链反应（PCR）技术

对于数量极少即可使宿主发病的病毒、感染早期无免疫应答的病毒、损害宿主免疫系统使之不产生免疫应答的病毒，以及感染后期基因嵌入宿主DNA中的病毒，最有效的检测方法当数PCR技术，PCR是模拟体内DNA的复制过程，由引物介导和耐DNA聚合酶催化在体外扩增特异性DNA片段的一种有效方法。目前，该技术已用于检测禽流感病毒、新城疫病毒、传染性支气管炎病毒、鸡传染性贫血病毒以及多种细菌等。PCR技术可直接从各种组织、体液中检测到病原，无

需分离培养，具有特异性和高灵敏度，比传统免疫学方法更直观更先进，但分子生物学技术所需仪器设备及试剂的费用均较昂贵，对操作技术要求也较高。

### （二）环介导等温扩增（LAMP）检测方法

环介导等温扩增技术是在等温条件下进行的核酸变性和自动循环的链置换核酸扩增反应，整个反应在水浴锅或恒温金属浴中即可完成。LAMP 具有灵敏、特异、简便、快速的特点，尤其适合在基层开展病原微生物的早期诊断和筛查。

## 五、寄生虫学诊断

### （一）蠕虫的常规检验

#### 1. 虫体检查法

肉眼观察粪便中有无虫体。将被检粪便加入 10 倍以上的清水，混匀沉淀，倒去上清液，反复数次，肉眼或放大镜在粪便中查找虫体，凭积累的经验或借助显微镜鉴别。

#### 2. 幼虫检查

有些线虫随粪便直接排出幼虫，有些蠕虫卵在外界环境中很快孵化出幼虫。对这类寄生虫的诊断可采用以下方法。

（1）漏斗幼虫分离法　取直肠内容物或新鲜粪便，平铺于漏斗内直径为 2～4cm 的金属筛网上，漏斗下连接一根 5～15cm 的橡皮管，橡皮管末端接一支小试管。在漏斗内加入 38℃的清洁温水使液面与筛网相接触，温室放置 1～2h，新孵出的幼虫沉于小试管底部，弃上清液，将沉淀物置于载玻片上，镜检，可见活动的幼虫。

（2）平皿幼虫分离法　取代检粪便 3～4g，置于平皿或玻璃表面皿中，加适量 40℃温水，5～10min 后除去粪渣，用低倍镜检查平皿中的液体，观察有无活动的幼虫存在。

（3）幼虫培养检查法　圆形目的线虫卵，在形态结构及大小上相似，镜检往往难鉴别，为了确诊，常将幼虫经过培养，待发育成感染性幼虫后再观测。方法是将新鲜粪便塑成半球形置于平皿中，在 25～30℃温度下（室内或温箱中，按情况每天加少量水）孵育几天，用漏

斗幼虫分离法处理，查看有无活动的幼虫。

**3. 虫卵检查法**

（1）涂片法　取50%甘油水溶液1滴置于载玻片上，然后取一小块粪便，与上述溶液混合，用镊子除去粪渣，涂布均匀，盖上盖玻片，即可镜检。如无甘油水溶液也可用生理盐水替代。虽然本法简单，但检出率不高，需反复检查才能证实。

（2）沉淀法　利用相对密度低于蠕虫卵的水处理被检粪便，使虫卵沉淀集中。

① 自然沉淀法　取粪便2～5g，加水混合制成悬液，用40～60目的铜丝筛滤去大块物质，静置15min后倾去上清液，如此反复直至上清液透明为止，弃去上清液，置沉淀物于载玻片，盖上盖玻片，镜检虫卵。

② 离心沉淀法　取粪便约1g放在试管中，加入5倍量的生理盐水，使其成混悬液，用40目的铜丝筛过滤入离心管中，以800r/min离心3～4min，小心弃去上清液，吸取管底沉渣，置于载玻片上，盖上盖玻片，镜检虫卵。

（3）漂浮法　采用相对密度大的溶液稀释粪便，使粪便中相对密度较小的虫卵漂浮到溶液的表面，再用显微镜检查，方法如下。

① 饱和盐水漂浮法　先配制食盐饱和溶液，在1000mL沸水中，加360～380g食盐，使溶解，用纱布过滤，冷却，如有结晶析出，即为饱和溶液。取粪便数克，置于小烧杯或试管中，加少量饱和盐水，充分混匀，再逐渐加入饱和盐水，当溶液加至容器边缘时，用镊子除去漂浮的大块粪便，然后静置半小时，此时比饱和盐水相对密度小的蠕虫卵，大多浮在表面，用接种环或金属小环在液体表面蘸取液膜数次，涂于载玻片上，盖上盖玻片，进行镜检。蘸取液膜用的金属小环用后应在火焰上烧灼，以免把蠕虫卵带到下一份被检材料中。本法也可将混合的粪液注满在直立的小试管或青霉素瓶中，在试管口上盖一盖玻片，使其与液面相接触，不留气泡。静置40～45min，将盖玻片取下，置于载玻片上，镜检。

② 硫酸锌溶液漂浮法　取粪便1g放入离心管中，加入33%硫酸锌溶液5mL，混匀，2000r/min离心3min，静置5min，取上清液一

滴，滴于载玻片上，加盖盖玻片，镜检虫卵。

③ 蔗糖漂浮法　取蔗糖 454g，加水 355mL 和石炭酸 6.7mL。取粪便 5g 左右放入离心管中，加入 10mL 蔗糖溶液，混匀，2000r/min 离心 3min，静置 5min，取上清液一滴，滴于载玻片上，加盖盖玻片，镜检虫卵。

**4. 蠕虫虫体的染色与鉴定**

(1) 吸虫　将收集所得的吸虫放入盛有生理盐水的小瓶中，活的虫体在生理盐水中放置一定时间，使其将胃肠内容物排出，并轻摇小瓶，洗去虫体表面的黏液。这时虫体呈半透明状，将其平铺于载玻片上，镜检观察，其内部构造隐约可见。未染色的虫体结构不清晰且其不能保存。若要保存，可将洗净后的虫体放入 70% 的乙醇或 5%～10% 的福尔马林溶液中固定。若要制成染色装片标本，先将虫体平铺于载玻片上，上覆盖另一载玻片并用橡皮筋缚紧，使虫体展平，为防止虫体过分压扁而破裂，可在玻片两端垫以适当厚的纸片，然后再放入上述固定液中，1～2d 后取出，分开玻片，取出虫体，仍浸于原来的固定液中，以备染色制成装片。常用的染色装片法有两种。

① 苏木紫染色装片法　将存于福尔马林固定液中的虫体取出，在流水中轻轻冲洗一夜，尽量将福尔马林洗净。如虫体存于 70% 的乙醇中，则需将虫体先移入 60% 和 30% 的乙醇中各 0.5～1h，视虫体大小而定，大的虫体需时较长，最后移入蒸馏水中 30min 以上。将苏木紫染液用水稀释 10～15 倍，使呈葡萄酒色。经上述处理过的虫体移至稀释后的染色液中，静置过夜，直至虫体内部各器官均已深染为止。将虫体移入盐酸酒精（将盐酸 0.5～1mL 加入 100mL 70% 乙醇中即可），分化至虫体成淡褐红色。在弱碱性水中复色（自来水或井水都可用，也可用蒸馏水加数滴氨水使呈弱碱性）至虫体回复到淡紫色。水洗虫体后依次放入 30%、60%、80%、90%、95% 各级浓度的乙醇各 0.5～1h，而后移入 100% 乙醇中 0.5h 使完全脱水，最后放入二甲苯中使虫体透明，透明后立即装片。一般在二甲苯中时间不超过 0.5h，将完全透明的虫体置于载玻片上，滴加光学树脂胶，盖上盖玻片即成。

② 盐酸卡红染色装片法　将存于福尔马林中的标本取出，在流水中轻轻冲洗一夜，洗去福尔马林，后依次经 30%、50% 和 70% 的乙醇

中各 0.5～1h，保存在 70%乙醇中的标本，无需处理即可染色。将上述标本移入盐酸卡红染液内 2～8h，然后在盐酸酒精中分化成褐色。用 70%的乙醇冲洗虫体，除去余酸。依次放入 80%、95%和 100%的乙醇中各 30min，再移入二甲苯中 30min 使虫体透明，透明后置于载玻片上，滴加光学树脂胶，覆以盖玻片封固。

(2) 绦虫　绦虫的收集和保存与吸虫基本相同，但收集绦虫必须注意保持其头节的完整，因为头节是鉴定绦虫的主要依据之一，而头节相对在整个虫体来说比较细小，易丢失。对于大型虫体，其体节可达数百节，若做染色装片标本，只能选其中一段成熟体节或孕卵体节作为制作标本之用。绦虫节片染色装片标本的制作与吸虫相同，但头节无需染色，只要将头节固定于 70%乙醇中，然后脱水（依次放入 80%、95%和 100%的乙醇中各 5～10min)，移入二甲苯中透明 5～10min，置于载玻片上，滴加光学树脂胶，覆以盖玻片封固。

(3) 线虫　收集的线虫应置于生理盐水中，充分振荡以洗去附着的黏液，尤其是一些具有较大口囊的虫体更需要充分清洗，以除去口囊内的杂物，寄生于肺组织内的线虫比较脆弱，清洗时易于崩解，应尽快加以固定。固定前，可立即置于显微镜下检查，这时虫体是透明的，内部结构清晰可见。虫体可用 70%乙醇固定，或用福尔马林生理盐水（生理盐水 90 份加入福尔马林 10 份）固定。固定后的虫体不透明，如想观察其内部结构，可加以透明，透明方法有以下两种。

① 甘油透明法　将保存的虫体置于含有 10%甘油的 70%乙醇的蒸发皿内，置 37℃恒温箱中，待酒精自然挥发后，虫体留于甘油中，虫体即已透明，可供检查。如欲快速检测虫体，可将上述蒸发皿水浴加温，促使酒精迅速挥发，而使虫体在短时间内透明。已透明过的虫体可长期保存于甘油中，随时可取出检查。

② 乳酸酚透明法　将甘油 2 份、乳酸 1 份、石炭酸 1 份、水 1 份混合即成乳酸酚透明液。先把线虫标本置于乳酸酚透明液和水（体积比 1∶1）的混合液中，0.5h 后移入纯乳酸酚透明液中，虫体很快透明，可供检查。检查后虫体应迅速放回原保存液中，否则虫体易变黑。一般线虫不做染色装片标本，如有需要，制法同吸虫。

**5. 虫卵的保存**

为了将粪便中的蠕虫虫卵保存以便随时检查，可取粪便用沉淀法收集虫卵，将所得沉淀渣加入60℃的福尔马林生理盐水中，再装入小瓶保存。

## （二）原虫的常规检验

**1. 血液原虫检查**

鸡血液原虫有住白细胞虫、锥虫等。检验时于翅静脉采血，制成血液涂片，经甲醇固定后，用瑞氏染色（或姬姆萨染色）法染色后镜检。

**2. 消化道原虫检查**

鸡消化道原虫有球虫、组织滴虫等。粪便中球虫卵囊的检查方法与蠕虫卵的检查方法相同。

（1）球虫检查　从病死鸡肠道病变部刮取米粒大小的肠黏膜涂布于清洁的载玻片上，滴加生理盐水1～2滴，加盖玻片后在高倍镜或暗视野下观察，可见大量球虫卵囊、裂殖体和大量柳叶形的裂殖子。另取少量肠黏膜做成薄的涂片，滴加甲醇液固定，待甲醇挥发后，用瑞氏染色液染色2h，然后在高倍镜下观察，可见裂殖体被染成浅紫色，裂殖子染成深紫色，小配子体呈圆形、紫红色，大配子体呈深蓝色、圆形或椭圆形。

如欲检查粪便中球虫卵囊的孢子形成过程及孢子化卵囊的形态，可将被检粪样放于平皿中，加入少量的水，最好加入0.5%重铬酸钾溶液，防止霉菌生长，于18～25℃环境下，每日取粪样检查直至可见到卵囊内已有孢子形成为止。如欲使卵囊保存在不发育状态，可在新鲜粪样中加入5%石炭酸溶液，以杀死其中卵囊，然后保存于玻璃瓶中。

（2）组织滴虫检查　由于组织滴虫个体小，不易观察，需要用暗视野显微镜观察，可直接刮取盲肠黏膜少许制成压片，在暗视野下可见活泼游动的虫体。冬季可将玻片放在手掌中适当加温，虫体活泼后再进行观察。

# 第六章　肉鸡常见疾病

## 第一节　病　毒　病

### 一、新城疫

新城疫（ND），又称亚洲鸡瘟（伪鸡瘟），是由新城疫病毒（NDV）引起的一种禽的急性、高度接触性传染病。ND被世界动物卫生组织（OIE）列为A类疫病。

#### （一）流行特点

鸡最易感，幼雏和中雏易感性最高。主要传染源为病鸡及间歇期带毒鸡。消化道、呼吸道为主要传播途径，人、饲养用具及运输车辆等其他工具可机械性传播病原。本病以春秋两季高发。本病毒存在于病鸡所有组织和器官内，包括血液、分泌物和排泄物，以脾、脑、肺含毒量最多，骨髓中含毒时间最长。

#### （二）临床症状

根据病情的严重程度分为典型新城疫和非典型新城疫。

**1. 典型新城疫**

自然感染潜伏期一般为3～5d，根据临床表现和病程的长短，可分为最急性、急性、亚急性或慢性三型。最急性型：突发病，常无特

征症状而迅速死亡，多见于流行初期和雏鸡。急性型：体温高达43～44℃，食欲减退或废绝，有渴感，精神萎靡、不愿走动，垂头缩颈或翅膀下垂，张口呼吸，眼半开或全闭，状似昏睡（彩图6-1）。种鸡产蛋率严重下降或产软壳蛋。

**2. 非典型新城疫**

初期与急性新城疫相似，其发病率和死亡率低，死亡持续时间长，临床症状表现不明显。

鸡群发病后，精神及采食量基本正常，仅出现一过性拉稀；发病5～7d后出现瘫痪、扭颈、观星、摇头、头点地等神经症状。鸡群可能会出现不同程度的呼吸道症状，有些仅见摇头、咳嗽，甚至只有在安静情况下才能听到轻微的呼吸道啰音，个别出现明显的呼吸困难等。种鸡产蛋率不同程度下降。

### （三）病理变化

**1. 典型新城疫**

病鸡嗉囊内聚集酸臭味、浑浊的液体。病死鸡内脏的浆膜面、黏膜出血。喉头和气管充血、出血，内有大量黏液。腺胃黏膜肿胀、出血，腺胃乳头和乳头间出血，腺胃和肌胃交界处有出血点（带）；有时肌胃角质层下出血，形成粟粒状溃疡。小肠淋巴滤泡处形成枣核样的出血斑或纤维素性坏死灶，略高于黏膜表面，严重时出现溃疡，尤以十二指肠升段1/3处、卵黄蒂后2～5cm处和两盲肠中间段回肠的前1/3处病变明显（彩图6-2）。盲肠、扁桃体肿大、出血、坏死，直肠黏膜皱褶呈条状出血或黄色纤维性坏死点，泄殖腔黏膜出血。腹部脂肪和心冠脂肪有时可见针尖大出血点。肾稍肿，因输尿管有尿酸盐沉积而形成“花斑肾”。种鸡卵泡充血、变性、坏死，或卵泡破裂最后形成卵黄性腹膜炎。

**2. 非典型新城疫**

病鸡主要表现为黏膜卡他性炎，喉头、气管黏膜充血，腺胃乳头出血少见，肠淋巴滤泡肿大、出血，直肠黏膜、盲肠扁桃体多见出血变化。

### （四）诊断要点

根据本病的流行特点、临床症状、病理变化对典型新城疫可以确

诊。但非典型新城疫因病变不明显，即使症状和病变明显，但不会同时出现在一个病例上，因此应多检查病死鸡，重点观察腺胃和肠道的特征变化，把所有的病变汇总在一起，然后结合流行特点、临床症状及实验室 HI 抗体检测进行综合判断，若抗体水平参差不齐，则可考虑本病。

### （五）防控技术

防制的原则以推行生物安全措施为主，免疫预防为辅的综合防制措施。

#### 1. 加强饲养管理与环境消毒

加强饲养管理，增强鸡的体质。重点是饲养密度适当，通风良好，选优质全价饲料，适当增加维生素用量。严格执行消毒制度，切断病原的传播途径。鸡场进出口设消毒池，做到临时消毒与定期消毒相结合。

#### 2. 正确选择疫苗种类及接种途径

合理预防接种，增强鸡群的特异免疫力，以抵抗病毒的感染。

（1）重组新城疫病毒灭活疫苗（A-Ⅶ株） 与疫苗株 LaSota 相比，该疫苗不仅能有效降低流行株攻毒后试验动物的排毒率，还能显著减少喉气管和泄殖腔中的病毒含量；同时，该灭活疫苗诱导抗体产生的速度显著快于常规疫苗株 LaSota，且免疫后诱导产生的 HI 抗体较 LaSota 高 2 个滴度。该疫苗可有效预防我国 NDV 流行株的感染，能有效控制免疫鸡群中的非典型 ND。

3 周龄以内的鸡免疫期为 4 个月；3 周龄以上的鸡免疫期为 6 个月。颈部皮下或肌内注射。3 周龄以内鸡，每只 0.2mL；3 周龄以上的鸡，每只 0.5mL。屠宰前 28 日内禁止使用。

（2）V4、PHY-LMV-42、Ulster 2C 株和 VH 株 这 4 种疫苗毒株均属于非致病性肠道毒株，适合用于低日龄雏鸡首免。

（3）NDV 疫苗毒 La Sota 株、Clone-30 株和 N79 株 这 3 种疫苗用于 7 日龄以内的雏鸡喷雾免疫时，免疫鸡群 2～4d 可能出现甩头、流泪、打喷嚏、呼噜等应激反应，尤其是 NDV Lasota 株不建议用于 10 日龄以内鸡群的免疫。

（4）新城疫油乳剂灭活疫苗（La Sota 株）、新城疫-传染性支气管

炎二联油乳剂灭活疫苗、新城疫-传染性支气管炎-减蛋综合征三联灭活疫苗。

注意：从2016年1月1日起，停止生产鸡新城疫中等毒力活疫苗（即Ⅰ系苗），且2017年1月1日起，全面停止经营与使用Ⅰ系苗。

**3. 进行免疫检测**

建立免疫监测制度，根据HI抗体测定结果，确定首免和加强免疫时间。首免后14～21d，抽检免疫鸡HI抗体水平，抽样比例大鸡群按0.2%。以后每隔3～4周抽检一次，以判定疫苗的免疫效果。

**4. 发生疫情时采取的防治措施**

发生新城疫时，应向有关部门报告疫情并严格隔离病鸡，将病死鸡进行深埋或焚烧，对被污染的场地、物品、用具进行彻底消毒，同时对假定健康的鸡群进行紧急接种。

## 二、禽流感

禽流感（AI）是由A型禽流感病毒（AIV）引起多种家禽及野生禽类发病的一种高度接触性传染病，又名欧洲鸡瘟或真性鸡瘟，被世界动物卫生组织（OIE）定为A类传染病，是目前严重危害养禽业的一种传染病。根据禽流感病毒致病性的不同，可以将禽流感分为高致病性禽流感、低致病性禽流感和无致病性禽流感。最近国内外由H5亚型AIV引起的禽流感多为高致病性禽流感，发病率和死亡率都很高，危害巨大。

### （一）流行特点

禽流感病毒的宿主广泛、流行范围广、传播速度快、发病快。以冬季和春季较为严重。传染源主要是病鸡和带毒鸡。经呼吸道和消化道感染，主要通过粪便中大量的病毒污染空气而传播。传播的主要因素为人员和往来车辆、迁徙的候鸟等。低致病性禽流感在临床中常与新城疫、大肠杆菌病等疾病混合感染，会加大家禽死亡的可能性。

### （二）临床症状

潜伏期从数小时到数天，最长的可达21d。

潜伏期的长短受多种因素的影响：如病毒的毒力、感染的数量、机体的抵抗力、日龄大小和品种、饲养管理状况、营养状况、环境卫生、并发症及有无应激条件等。

**1. 高致病性禽流感**

突然死亡，不表现明显临床症状，鸡就成批死亡。有的鸡群当出现临床症状时，已死亡过半。一般发病5～6d后，鸡群所剩无几，最快的2d即可全群覆灭，没有任何临床表现。有明显的特殊症状：先肿头、肿眼睛，并波及鸡冠、肉髯，冠、髯肿大，发绀，严重时边缘出血、坏死，如烧焦样。发病后3～5d后出现特异性的脚鳞出血，呈红色、紫红甚至紫黑色。有动物感冒相同症状：流泪、喘、咳嗽、打喷嚏、流鼻液、呼吸困难、气管啰音。有禽类高热性传染病相同症状：体温升高，精神沉郁，食欲减退或拒食，垂头卷缩，羽毛逆立，扎堆，嗜睡，下痢，肉种鸡产蛋率急剧下降，同时可见软壳蛋、薄皮蛋、畸形蛋增多，偶见后腿麻痹、共济失调等。

**2. 低致病禽流感**

在自然条件下，较弱的毒株感染鸡群时仅引起轻微的呼吸道和消化道症状，主要表现为发病慢、传播快，单一感染，基本不出现死亡，多数鸡精神状态和食欲基本正常，病鸡拉黄绿色稀粪，有的在夜间安静时能听到打呼噜、咳嗽的声音。肉鸡群混合感染其他病原体（传染性支气管炎病毒、大肠杆菌、支原体等）时，鸡群死亡率增高。

不免疫的鸡群产蛋率一般经过7～10d产蛋率从90%以上，下降到10%不等，有的甚至绝产。畸形蛋和白壳蛋较少，但软皮蛋、沙皮蛋、薄皮蛋较多。产蛋率下降到最低点，在最低点停留7～10d开始缓慢上升，一般产蛋恢复需要15～30d。

## （三）病理变化

**1. 高致病性禽流感**

鸡冠发绀、脚鳞出血（彩图6-3）、头部水肿，肌肉或其他器官广泛性严重出血。气管充血、出血，有大量黏性分泌物。内脏浆膜面、黏膜出血，腹部脂肪和心冠脂肪有点状出血。腺胃肿胀、腺胃乳头出血、乳头有脓性分泌物。胰腺充血呈紫红色或胰腺边缘出血（彩图6-4），有时有透明或深红色的坏死灶。十二指肠及小肠黏膜有刷状或条状出血，盲肠或扁桃体肿胀出血，泄殖腔严重出血。肾脏肿大或花

斑肾。肉种鸡卵泡充血、出血，呈紫黑色，有的卵泡变性、破裂，形成卵黄性腹膜炎，输卵管水肿或萎缩，内有白色脓性分泌物或干酪样物。

**2. 低致病禽流感**

轻症病鸡一般无明显的肉眼病变。症状较明显的病鸡，早期病变主要在呼吸系统，眶下窦肿胀，鼻腔常有较多的黏液，喉头、气管黏膜、肺充血、水肿、出血，气管分叉处常有干酪样渗出物阻塞，因继发大肠杆菌感染病鸡伴有气囊炎、心包炎、肝周炎。部分腺胃乳头出血，肌胃角膜下轻度出血，胰腺局灶性坏死等。

种鸡表现为腹腔的卡他性纤维素炎症和卵黄性腹膜炎。卵巢衰退，大卵泡充血、出血，溶解液化。输卵管黏膜水肿，有水样分泌物和纤维蛋白性分泌物，蛋壳上钙沉积较少，蛋形怪异且易碎，色素沉着少致蛋壳颜色变浅。

## （四）诊断要点

根据流行特点、临床症状、病理变化可初步诊断。确诊需要进行血清学检查和病毒的分离与鉴定。

## （五）防控技术

### 1. 建立完善的免疫体系

禽流感有很多血清亚型，极易发生变异，但是只要采用与本地流行一致的血清亚型进行免疫，就可以产生较好的保护效果。

切实做好疫苗的免疫接种，在AI疫区和受威胁区要对所有禽类（鸡、鸭、鹅等）全面进行免疫接种。种鸡按免疫程序定期接种疫苗。对于疫情较重地区和（或）发病率较高的季节，商品肉鸡可以考虑进行H5亚型禽流感灭活疫苗免疫，目前使用的是重组禽流感病毒H5亚型三价灭活疫苗（H5N1，Re-6株＋Re-7株＋Re-8株）疫苗。在环境严重受污染的地区或呼吸道病多发季节，商品肉鸡可以考虑进行H9亚型禽流感灭活疫苗免疫。

注意：H5亚型灭活疫苗应从正规途径获得国家指定厂家的疫苗；出口禽禁用H5亚型苗。在接种疫苗的时候，必须注意疫苗的质量。质量良好的禽流感油乳剂灭活疫苗接种家禽后一般无不良反应，有时可能在注射后几小时内，鸡群稍沉郁，然后很快恢复正常，这可能是疫苗中含抗原灭活剂偏多，对注射部位强烈刺激作用所致。有时会出现注射部位发热、红肿甚至溃疡，鸡出现瘫痪，若是个别问题可能是针头污染所致，若是普遍问题则可能与疫苗质量有关。

**2. 建立预防消毒体系**

禽流感病毒的抵抗力较低，聚维酮碘、季铵盐等消毒剂均能对其起到良好的消毒作用，因此应加强平时的消毒工作。

**3. 加强饲养管理，提高肉鸡对外界的抵抗力**

使用优质全价饲料，防止因饲料中某种成分的缺乏或饲料的霉变等因素引起肉鸡抵抗力下降，导致流感病毒的侵入。在饲料中添加维生素C、高含量的维生素和中药散剂（如扶正解毒散、荆防败毒散等），可起到较好的预防效果。

**4. 做好常规疾病疫苗的接种工作**

做好新城疫、传染性支气管炎等病的疫苗接种工作，使鸡群保持较高的新城疫HI抗体滴度，定期用弱毒疫苗点眼、滴鼻或喷雾免疫，以加强呼吸道局部的特异性和非特异性免疫。

**5. 发生疫情时，采取综合防制措施**

除采用隔离、消毒等一般措施外，对于高致病性禽流感或可疑性高致病性禽流感要及时上报有关部门。

## 三、鸡马立克氏病

鸡马立克氏病（MD）是由马立克氏病毒引起的鸡的一种高度接触传染的淋巴组织增生性疾病。本病以内脏器官、眼睛、皮肤肿瘤形成和外周神经的淋巴细胞浸润为特征。

### （一）流行特点

鸡是自然宿主。病鸡和带毒鸡是传染源。病毒主要经呼吸道进入体内传播。羽囊上皮细胞中繁殖的病毒具有很强的传染性，随羽毛和皮屑脱落到外界环境中，该病毒对外界环境的抵抗力很强，室温下在4～8个月内可保持传染性，带毒鸡可传递并感染正常鸡。感染鸡不断排毒和病毒对环境的抵抗力增强是本病不断流行的原因。该病主要是

雏鸡阶段感染，肉种鸡常在育成期以后发病。病毒主要侵害雏鸡，日龄越小感染性越强。肉鸡群的死亡率大约为0.1%～0.5%，废弃率为0.2%。

注意：本病可与大肠杆菌病、沙门氏菌病、白血病等同时感染或继发感染，传染性法氏囊病和传染性贫血可增加马立克氏病的发病率。

## (二) 临床症状

根据症状和病变发生的主要部位，本病在临诊上可分为神经型、内脏型、眼型和皮肤型4种类型。

### 1. 神经型

以侵害坐骨神经常见。病鸡步态不稳，病初不全麻痹，后期则完全麻痹，蹲伏或一腿前伸，另一腿后伸，呈劈叉姿势。臂神经受侵害时被侵侧翅膀下垂；颈部神经受侵害时，病鸡头下垂或头颈歪斜；迷走神经受侵害时，可引起失声、呼吸困难和嗉囊扩张。病鸡因饥饿、腹泻、脱水、消瘦，最终衰竭而死。

### 2. 内脏型

急性暴发，多数内脏器官和性腺发生肿瘤。大批鸡精神委顿、蹲伏、不食、冠苍白、腹泻、脱水、消瘦，甚至昏迷，单侧或双侧肢体麻痹，触摸腹部有坚实的块状感。

### 3. 眼型

主要侵害眼球虹膜，虹膜色素褪色，由橘红色变为灰白色，称为“灰眼病”；瞳孔边缘不整齐，瞳孔缩小，视力丧失。单眼失明的病程较长，最后衰竭而死。

### 4. 皮肤型

病鸡翅膀、颈部、背部、尾上方和腿的皮肤上羽毛囊肿大，形成米粒至蚕豆大的结节及瘤状物。

## (三) 病理变化

### 1. 神经型

受侵害的神经肿大并呈水煮样，比正常增粗2～3倍，横纹消失，使同一条神经变的粗细不均，神经的颜色也由正常的银白色变为灰白色或灰黄色，与正常的一侧对比明显，很容易鉴别。

**2. 眼型**

马立克氏病鸡的病变与眼型马立克氏病临床症状中描述相同。

**3. 内脏型**

各内脏器官上有形状不一、大小不等的灰白色肿瘤结节，肝、脾、卵巢、睾丸尤为明显。有些病例为弥漫性肿瘤，即无明显的肿瘤结节，但受害器官高度肿大。肿瘤结节质地较硬，切面呈灰白色，与各器官的颜色很容易区别。唯独法氏囊不出现肿瘤，但有不同程度的萎缩。

**4. 皮肤型**

皮肤上出现以毛囊为中心形成孤立的或融合白色隆起结节，表面为鳞片状棕色硬痂。

需要注意的是临床上同一鸡群可出现上述两种或三种病型的病理变化。

## (四) 诊断要点

根据鸡的流行特点、特征性神经症状及病死鸡内脏病理变化可以确诊。但是应做好与鸡淋巴白血病的鉴别诊断。内脏型马立克氏病应与鸡淋巴白血病相区别，一般有下列情况之一者可诊断为马立克氏病。

① 在不存在网状内皮组织增殖症的情况下出现外周神经淋巴性增粗；

② 16 周龄以下的鸡各内脏器官出现淋巴肿瘤；

③ 16 周龄或 16 周龄以上的鸡各器官出现淋巴肿瘤，但法氏囊无肿瘤；马立克氏病病鸡的法氏囊变化通常是萎缩或弥漫性增厚，而白血病则常有肿大的法氏囊肿瘤；

④ 虹膜变色和瞳孔不规则。

## (五) 防控技术

该病的综合防治方案应包括以马立克氏病遗传性抵抗力的选育、实施生物安全措施、疫苗免疫、避免早期感染、加强饲养管理和平时消毒等工作。

常用疫苗：

血清Ⅰ型：CVI988 株，需－196℃保存。可用于一日龄（出壳后 24h 内）种用雏鸡接种：颈部皮下 0.2 毫升/只，20～27℃环境下 1h 内

用完。

血清Ⅱ型：SB-1株，－196℃保存。

血清Ⅲ型：HVT冻干苗，需2～8℃保存，它可应用于肉种鸡的正常防疫，但不能作紧急接种预防；疫苗的接种必须在雏鸡刚出壳后立即进行。疫苗免疫途径为皮下或肌肉接种，在接种后必须立即隔离饲养3周。

细胞结合型二价疫苗：HVT＋CVI988；HVT＋SB-1；

细胞结合型三价疫苗：HVT＋SB-1＋CVI988。

注意：免疫空白期（接种后5～15d），否则免疫失败。育雏前期严格隔离饲养：进苗后15～20d内尤其重要。马立克氏病发病后没有任何治疗价值，病鸡应及早淘汰。

## 四、传染性法氏囊病

传染性法氏囊病（IBD），又称“甘保罗病”，是由传染性法氏囊病病毒引起的以破坏鸡法氏囊为主要发病机制的传染病。本病的特征是突然发病、传播迅速、病程短、发病率高，呈尖峰状死亡曲线。目前本病呈世界性流行，变异毒株和超强毒株的出现及其引起的免疫抑制给世界养鸡业造成严重的危害，已成为主要传染病之一。因法氏囊受到损伤而导致免疫抑制，致使病鸡对大肠杆菌、沙门氏菌、鸡球虫等病原更易感，尤其会导致马立克氏病、新城疫等病的发生。

### （一）流行特点

目前发病日龄范围广、病程长，并且免疫鸡群仍可发病。本病的高发期为4～6月。2～6周龄的鸡易感。传染源为病鸡和带毒鸡。该病主要通过鸡排泄物污染的饲料、饮水和垫料等经消化道传染，也可以通过呼吸道和眼结膜等传播。

注意：本病常与新城疫、支原体病、大肠杆菌病、曲霉菌病等混合感染，鸡群死亡率明显增高，可达到80％以上，甚至鸡群全部淘汰。

### （二）临床症状

本病的潜伏期为2～3d，病程一般在1周左右，发病2d后，病鸡死亡率明显增多且呈直线上升，5～7d后达到死亡高峰，其后迅速下降，即死亡曲线呈尖峰式。病鸡精神萎靡，羽毛蓬乱，翅下垂，闭目打盹，1～2d内可波及全群，病鸡食欲下降或废绝，饮水量剧增，排石灰水样稀便。发病后期体温下降，对外界刺激反应迟钝或消失。

**（三）病理变化**

病鸡严重脱水，鸡爪发干。病鸡大腿外侧肌肉、胸肌有刷状或丝状出血。法氏囊肿大，外形变圆，浆膜水肿，呈淡黄色胶冻状，切面见多量果酱样黏液或呈奶油样物，黏膜有条纹状或斑状出血。严重出血时，法氏囊外观呈紫葡萄状。以后逐渐萎缩变小，囊内有奶油样或干酪样渗出物。腺胃与肌胃交界处有出血点或出血带。肝脏呈斑驳样外观。肾脏肿大呈花斑肾，有尿酸盐沉积。

**（四）诊断要点**

本病根据发生突然、传播迅速、病程短、发病率高、呈尖峰状死亡曲线的特点，并结合法氏囊、肌肉、肾脏等病理变化，可作出初步诊断。

本病与新城疫、鸡传染性贫血病、硒和维生素E缺乏症、卡氏住白细胞原虫病等有相似之处，但是在临床诊断中，只要注意观察并结合本病的流行特点和典型特征是可以区分的。

**（五）防控技术**

**1. 严格的卫生消毒措施，完善的生物安全体系**

鸡传染性法氏囊病病毒对各种理化因素有较强的抵抗力，病毒可在鸡舍内存活较长时间，因此如何清除饲养环境中的法氏囊病毒就成为控制本病的关键。实行“全进全出”的饲养制度，科学处理病死鸡、鸡粪等，同时要搞好卫生消毒工作，消灭环境中的病毒，减少或杜绝强毒的感染机会，可以明显提高法氏囊疫苗的免疫效果和延长其免疫持续时间。

**2. 加强饲养管理**

加强日常管理，提供优质的全价饲料，可以提高鸡群体质。做好日常饲养管理，给鸡群创造适宜的小环境，尽量减少应激。

### 3. 制定合理的免疫程序

制定免疫程序应根据当地的疫情状况、饲养管理条件、疫苗毒株的特点、鸡群母源抗体水平等来决定。

### 4. 确定恰当的免疫时间

最好是根据琼脂扩散试验（AGP）测定的1日龄雏鸡母源抗体水平结果，推算合适的首免日龄。抗体阳性率低于80%的鸡群应10～17日龄进行首免；阳性率高于80%的鸡群在7日龄再采血测定一次，若阳性率低于50%，鸡群应在14～21日龄首免，若超过50%，鸡群应在17～24日龄首免。

### 5. 正确选择疫苗的种类及合理的应用

法氏囊病疫苗包括灭活疫苗和活疫苗两种，目前应用最多的是活疫苗。灭活疫苗可分为囊源灭活疫苗、细胞毒灭活疫苗和鸡胚毒灭活疫苗，其中以囊源灭活疫苗的效果最好。

活疫苗可分为三种：强毒力型、中毒力型和温和型。温和型活疫苗对法氏囊没有损害作用，但接种后抗体产生较慢，抗体效价也较低，容易受到母源抗体的干扰；中毒力型活疫苗和强毒力型活疫苗免疫效果优于温和型活疫苗，受母源抗体的影响较小，但是接种雏鸡后，对法氏囊容易造成损伤，特别是在无母源抗体的条件下，容易导致雏鸡发病。

### 6. 发病后的措施

鸡群发病后，要隔离病鸡，用强碱或酚制剂等消毒剂对舍内外进行彻底消毒。

对于发病初期的病鸡和假定健康鸡，可使用高免卵黄抗体进行治疗，治疗后8～10d使用中等毒力的疫苗两倍量进行免疫接种。

注意：在注射卵黄的时候配合头孢噻呋钠粉针，同时供应充足饮水，饮水中添加电解质和适量的抗生素，会降低死亡率。

## 五、传染性支气管炎

传染性支气管炎（IB）是由鸡传染性支气管炎病毒（IBV）引起的鸡的一种急性、高度接触性传染的呼吸道、消化道和泌尿生殖道疾病。IBV血清型众多，在临床中分为呼吸型、肾型、腺胃型、生殖型、胸型和肠型等。目前IB是严重危害肉鸡养殖业的最主要疫病之一。

## （一）流行特点

不同年龄、品种的鸡均易感，死亡率较高。传染源为病鸡和康复后的带毒鸡。病鸡通过呼吸道排毒，经空气中的飞沫和尘埃传染给易感鸡，或通过泄殖腔排毒，或通过污染的饲料、饮水和器具等经消化道传播。本病一年四季均可发生，但以气候寒冷的季节多发。并且传播迅速，一旦感染，可很快波及全群。过热、拥挤、温度过低、通风不良、饲料中的营养成分配比不适当、缺乏维生素和矿物质等不良应激因素都会促进本病的发生。

## （二）临床症状

### 1. 呼吸型

雏鸡：在短时间内可以引起大群发病。病鸡精神萎靡，缩头，闭眼嗜睡，翅下垂，羽毛松散无光，怕冷扎堆，流鼻液，流泪，打喷嚏，常伸颈，张口喘气。在夜间安静时，可听到发病轻的鸡伴随呼吸发出的气管啰音。

肉种鸡：除有呼吸道症状外，产蛋期可推迟产蛋，产蛋率下降25%～50%，同时薄壳蛋、褪色蛋、畸形蛋增多，种蛋孵化率降低，蛋清稀薄如水，易与蛋黄分离，产蛋不易恢复到原有的水平。

### 2. 肾型

发病鸡群呈双相性临床症状，即初期有2～4d的轻微呼吸道症状，随后呼吸道症状消失，出现表面上的“康复”状态，1周左右进入急性肾病阶段，出现死亡，死亡率有时可达30%以上。病鸡精神沉郁，怕冷，鸡爪干瘪，鸡冠发暗，羽毛蓬松，缩颈垂翅，采食减少甚至废绝，饮水增多，拉白色米汤样稀粪，肛门周围羽毛污染。

### 3. 腺胃型

发病日龄不等。鸡群采食量下降，闭眼嗜睡，前期有呼吸道症状，肿眼、流泪、咳嗽、流黏性鼻液，中后期机体极为消瘦，排黄绿色或白色稀薄粪便，终因衰竭死亡。病死率与饲养管理条件有关，病死率一般为20%～30%，最严重鸡群或有并发症时病死率可达90%以上。

### 4. 生殖型

发生于肉种鸡，多为临近产蛋高峰期的鸡群暴发，常规疫苗不能

预防本病。发病初期鸡群以“呼噜”症状为主，伴随张口喘气、咳嗽、气管啰音，精神萎靡，有的肿眼、流泪，一般持续5～7d。发病中后期采食量下降5%～20%，粪便变软或拉水样粪便，产蛋率下降。

新开产鸡发病后，产蛋徘徊不前或上升缓慢；产蛋高峰期发病时，鸡蛋表面粗糙，蛋壳陈旧、变薄，颜色变浅或发白。

### 5. 胸型

肉种鸡深部胸肌苍白、肿胀，有时可见肌肉表面出血并有一层胶冻样水肿。

### 6. 肠型

最小发病日龄为1日龄。病鸡表现为水样腹泻、昏睡、生长缓慢、均匀度差、饲料转化率下降等。

注意：产蛋量下降的程度因鸡体自身抗病力和毒株不同而异，恢复至原产蛋水平需要6周左右，但大多数达不到原来的产蛋水平。

## （三）病理变化

### 1. 呼吸型

鼻腔、鼻窦及气管下1/3处、支气管内有条状或干酪样渗出物（彩图6-5），死亡雏鸡的气管后段，有时见到干酪样的栓子。

### 2. 肾型

病鸡机体严重脱水，肌肉发绀，皮肤与肌肉难分离。肾脏苍白、肿大，肾小管和输尿管沉积大量尿酸盐（彩图6-6）。继发痛风时心、肝表面及泄殖腔内可见到尿酸盐沉积。

### 3. 腺胃型

病死鸡消瘦，腺胃显著增大（彩图6-7），如乒乓球状，腺胃壁增厚，腺胃黏膜出血和溃疡，腺胃乳头肿胀、出血或乳头处凹陷、消失、周边出血。肠道黏膜出血，尤其十二指肠最为严重，肠道内有黄色液体，呈卡他性炎症。气管充血且内有黏液，30%左右的病死鸡肾肿大，有尿酸盐沉积。

### 4. 生殖道型

输卵管发育不良或出现囊肿。卵泡充血、出血、变性、坏死，卵泡掉入腹腔内形成干酪样物，最终因卵黄性腹膜炎而死亡。

**5. 胸型**

病深部胸肌苍白、肿胀，有时可见肌肉表面出血并有一层胶冻样水肿。

**6. 肠型**

主要表现小肠出血。

## （四）诊断要点

本病类型较多，与很多疾病均有相似之处，因此要做好与新城疫、传染性喉气管炎、减蛋综合征、传染性法氏囊病、马立克氏病、传染性鼻炎的鉴别诊断。根据本病的流行特点、临床症状和病理变化，可作出初步诊断。若需确诊，则要借助于病毒学、血清学和分子生物学等一系列实验室检测方法。

## （五）防控技术

预防原则：改善饲养管理和兽医卫生条件，减少对鸡群的不利因素，加强免疫接种等措施。

**1. 加强饲养管理，做好环境卫生，严格执行消毒制度**

鸡场进出口设消毒池，做到临时消毒与定期消毒相结合；加强饲养管理，使用优质饲料，减少诱发因素，如防止冷应激、避免过度拥挤、保证采食量、防止鸡体消瘦等均可降低本病造成的损失。

**2. 合理选择疫苗**

我国目前采用的主要是 $H_{120}$ 和 $H_{52}$。$H_{120}$ 疫苗用于初生雏鸡，不同品种鸡均可使用，雏鸡用 $H_{120}$ 疫苗免疫后，至 1～2 月龄时，须用 $H_{52}$ 疫苗进行加强免疫。$H_{52}$ 疫苗专供 1 月龄以上的鸡用，初生雏鸡不能应用。采用弱毒苗疫苗 $H_{120}$ 滴鼻和多价灭活疫苗注射相结合，是预防 IB 有效的方法。

本病病毒变异频繁，血清型众多，各型间交叉保护力弱，因此务必选择有效疫苗（与当地致病毒株的血清型一致），用当地或本场流行分离株制成油乳剂灭活疫苗来免疫种鸡和雏鸡，免疫效果最好。这是目前控制本病最有效的方法。

**3. 实施合理免疫程序**

活疫苗和灭活疫苗都可应用于传染性支气管炎的免疫接种，实施

合理的免疫程序是预防本病的关键措施。

## 六、传染性喉气管炎

传染性喉气管炎（ILT）是由疱疹病毒引起的一种急性、高度接触性呼吸道病，临床症状表现为呼吸困难、喘气、咳血痰，病理变化为喉头和气管黏膜肿胀、糜烂、坏死和大面积出血。本病对养鸡业危害较大，传播快，死亡率高，初次暴发时，鸡群的死亡率可达40%，并有明显的产蛋量下降。近年来，鸡传染性喉气管炎的发生逐渐趋于温和，并多与其他呼吸道病混合感染，致使病症复杂化，主要表现为黏液性气管炎、窦炎、眼结膜炎、消瘦和低死亡率等。

根据病毒的毒力不同，侵害部位不同，在临床上可分为急性型和温和型。

### （一）流行特点

本病主要侵害鸡，各日龄的鸡都可感染，多发于成年鸡。近年来从商品肉鸡可以检测到传染性喉气管炎病毒。传染源为病鸡及康复后的带毒鸡。本病经上呼吸道及眼内传播，也可经消化道传播。本病虽不垂直传播，但种蛋及蛋壳上的病毒感染鸡胚后，鸡胚在出壳前均会出现死亡。康复鸡可长期排毒，含有病毒的分泌物污染过的垫草、饲料、饮水及用具等可成为本病的传播媒介。鸡群饲养管理不良，如饲养密度过大、拥挤、鸡舍通风不良、维生素缺乏、存在寄生虫感染等都可促进本病的发生与传播。本病秋、冬季多发，一旦鸡群发病后则传播速度快，2～3d即可波及全群，感染率可达100%，病死率一般在10%～20%，种鸡产蛋率下降。

### （二）临床症状

#### 1. 急性型

急性型是高致病性病毒株引起的，病鸡嘴角和羽毛有血痰沾污，呼吸困难，抬头伸颈，并发出响亮的喘鸣声，一呼一吸呈波浪式的起伏；病鸡咳嗽或摇头时，咳出血痰，血痰常附着于墙壁、水槽、食槽或鸡笼上。病死鸡鸡冠及肉髯呈暗紫色，死亡鸡体况较好，死亡时多呈仰卧姿势；部分鸡出现肿脸、肿头、流泪现象，拉绿色粪便；肉种鸡产蛋量急剧下降，畸形蛋、砂皮蛋、软皮蛋增多。

**2. 温和型**

温和型是低致病性病毒株引起的，病程2～3周，主要发生于2月龄以内的鸡群。温和型特征为眼结膜炎、眼结膜红肿，1～2d后流眼泪，眼分泌物从浆液性到脓性，最后导致失明、眶下窦肿胀。

### (三) 病理变化

病变集中在上呼吸道。喉头充血、出血、气管黏膜肥厚或高度潮红或有出血点；严重时喉头和气管内有卡他出血性渗出物，渗出物呈血凝块状，堵塞喉头和气管。有的在喉气管内有纤维素性干酪样物，呈灰黄色附着于喉头周围，堵塞喉腔，特别是堵塞腭裂部，干酪样物从黏膜脱落后，黏膜急剧充血，轻度增厚，散在点状或斑状出血。

有些病鸡的鼻腔渗出物中带有血凝块或呈纤维素性干酪样物，鼻腔和眶下窦黏膜也发生卡他性或纤维素性炎。产肉鸡卵巢异常，出现卵泡充血、出血、变性等症状。

温和型病例单独侵害眼结膜，有的则与喉、气管病变合并发生。结膜病变主要呈浆液性结膜炎，结膜充血、水肿，有时有点状出血。有些病鸡的眼睑，特别是下眼睑发生水肿，而有的则发生纤维素性结膜炎，角膜溃疡。

### (四) 诊断要点

急性型病例可以根据呼吸困难、喘气、咳出血痰的典型特征并结合病理变化作出诊断。由于本病与传染性支气管炎、传染性鼻炎有相似之处，因此应做好鉴别诊断。对于温和型病例则需要借助于病毒分离与鉴定、检查包涵体和血清学（琼脂扩散试验、中和试验和斑点免疫吸附试验等）等方法来确诊。

### (五) 防控技术

防控原则：推行以生物安全措施为主，免疫预防和药物防治为辅的综合防制措施。

**1. 预防措施**

加强饲养管理，建立有效的生物安全体系，防止病原侵入。如加强消毒，搞好环境卫生，供应优质饲料。

**2. 制定合理的免疫程序**

免疫接种是防制传染性喉气管炎的关键措施。无论是国产疫苗还是进口疫苗，效果都不很理想：一是免疫后反应较强烈，二是免疫保护期短、保护率较低。

**3. 及时消毒**

发病后对鸡舍内外进行消毒、隔离，病鸡群可选用喉炎净散等中药治疗，有一定疗效。

注意：目前预防和控制ILT暴发的疫苗，都是传染性喉气管炎病毒的弱毒疫苗株，这些毒株有不同程度的残留毒力。接种弱毒疫苗后部分鸡呈潜伏感染，并能从免疫的鸡向未免疫的鸡扩散而引起严重问题，弱毒疫苗株的毒力易于在鸡与鸡之间或群与群之间传代而提高，这可能导致毒力的返强。终身潜伏性感染、偶尔返强和散毒，是使用传染性喉气管炎弱毒疫苗存在的问题。

鸡胚弱毒疫苗的免疫效果好，但不当的免疫方法会引起鸡群的强烈反应，造成一定数量的死亡。同时由于疫苗病毒存在着返强的可能，活疫苗只能在疫区或发生过该病的地区使用。为防止疫苗间的相互干扰，在进行传染性喉气管炎免疫的前后一周，不进行其他呼吸道疾病的免疫。而且ILT疫苗毒可在神经系统潜伏存在，通常接种后会有一定的排毒期。因此，在肉鸡养殖密集地区应慎用ILT活疫苗。使用弱毒疫苗的种鸡场不能突然停用疫苗，否则环境中散播的弱毒有可能返强而引起发病，没有使用弱毒疫苗的安全鸡场应该在确诊本病的情况下使用。

## 七、产蛋下降综合征

产蛋下降综合征（EDS-76）是由腺病毒引起的以种鸡产蛋率下降、蛋壳异常、无壳蛋增多为主要特征的一种急性病毒性传染病。主要发生于产蛋高峰期种鸡，特点就是在饲养管理条件正常的情况下，种鸡产蛋率达到高峰时，产蛋量突然下降或不能达到产蛋高峰，短期内出现大量的软壳蛋、无壳蛋、薄壳蛋及畸形蛋，蛋壳表面不光滑，沉淀有大量灰白色或灰黄色粉状物。

### （一）流行特点

任何年龄的鸡均可感染，但产蛋高峰的鸡最易受感染。传染源主

要是病鸡、带毒鸡、带毒的水禽。本病可垂直传播和水平传播。病毒感染过的鸡蛋、水源、饲料、人员、工具等都是本病的传播媒介。本病病毒主要存在于输卵管、消化道、呼吸道和肝、脾中，病毒在输卵管中能侵入蛋内或附着在蛋壳上，随蛋排出体外。

### （二）临床症状

产蛋高峰期种鸡突然全群产蛋量下降20%～50%，伴随出现薄壳蛋、软壳蛋、无壳蛋、小蛋和畸形蛋，蛋的破损率可达40%。蛋质低劣，色泽变淡，蛋壳表面粗糙等。产蛋下降持续4～10周后恢复正常，部分病鸡在病变过程中伴有减食、腹泻、贫血、羽毛蓬乱、精神呆滞等症状。

### （三）病理变化

本病特征性病变主要是输卵管各段黏膜发炎、水肿、萎缩。病鸡卵巢萎缩或有出血。肠道出现卡他性炎症。蛋壳表面粗糙，蛋白如水，蛋黄色淡，或蛋白中混有血液等。

### （四）诊断要点

根据发病日龄结合初产种鸡在产蛋高峰期突然产蛋下降，薄壳蛋、软壳蛋、无壳蛋和畸形蛋增多及输卵管和卵巢的病理变化可作出诊断，若确诊需要借助实验室诊断，血清学检查（血凝抑制试验）为首选。当鸡群发生该病时，可能与传染性支气管炎、慢性呼吸道病等混合感染有关。

### （五）防控技术

#### 1. 加强消毒

病毒在粪便中能存活，具有抵抗力，要做好环境卫生消毒，建立无疫病鸡场。尤其是对种鸡要严格检疫，种蛋和孵化室要采取严格消毒等综合防制手段。避免垂直感染，使用来自非感染群的种蛋是关键。采血和接种疫苗的注射器不要连续给鸡使用。严格做到鸡、鸭隔离饲养。避免使用被EDS-76病毒污染的疫苗。

#### 2. 免疫预防

疫苗可采用产蛋下降综合征灭活疫苗，新城疫和产蛋下降综合征二联灭活疫苗，新城疫-传染性支气管炎-减蛋综合征三联灭活疫苗。

## 八、鸡痘

鸡痘是由鸡痘病毒引起的一种急性、接触性传染病，以皮肤出现痘疹和喉头黏膜上出现假膜为特征。临床分为四种类型：皮肤型、黏膜型、眼鼻型、混合型。近年来，临床上混合型居多，治疗难度较大。

### （一）流行特点

一般通过蚊虫叮咬和破损的皮肤或黏膜感染。传播媒介主要是脱落或散落的痘痂。在某些不良环境中，如拥挤、通风不良、阴暗、潮湿、体外寄生虫、啄癖或外伤、饲养管理不善或饲料配比不当等状态下均可促使本病发生，并发或继发的传染性鼻炎、新城疫、慢性呼吸道病等可加剧病情，造成死亡增多。本病在夏秋季多发，我国南方气候潮湿，蚊虫多，更易发病，病情更重。夏、秋季多发皮肤型鸡痘，冬季以黏膜型鸡痘为主。

### （二）临床症状

#### 1. 皮肤型

特征是在身体无毛部位，如冠、肉髯、嘴角、眼睑、腿、泄殖腔和翅的内侧等部位形成一种特殊的痘疹。最初痘疹为细小的灰白色小点，随后体积迅速增大，形成如豌豆大灰色或灰白色的结节。痘疹表面凹凸不平，结节坚硬而干燥，有时结节可相互融合，最后变为棕黑色的痘痂，突出于皮肤的表面，脱落后形成一个平滑的灰白色疤痕而痊愈。感染的雏鸡，由于痘疹而影响视力，从而觅食困难、精神萎靡，可大量死亡。年龄较大的鸡能影响增重，产蛋率下降。

#### 2. 黏膜型

一般死亡率在5%以上，若雏鸡严重发病时，死亡率可达50%。前期口腔、咽、喉、鼻腔、食道黏膜、气管及支气管等部位出现黄白色小结节，逐渐增大相互融合，形成黄白色干酪样假膜，假膜（俗称白喉）由坏死的黏膜和炎性渗出物凝固而成。随着病情的加重，假膜阻塞口腔和咽喉部，造成呼吸和吞咽困难，最终因饥饿和窒息而死。口腔痘疹及溃疡致使鸡采食困难，体重迅速减轻，精神萎靡，生长发育不良。

**3. 眼鼻型**

常伴黏膜型鸡痘发生，病鸡眼结膜发炎，早期眼和鼻孔中流出水样液体，以后变成淡黄色浓稠的脓液。病鸡眶下窦有炎性渗出物蓄积，眼部肿胀，可挤出干酪样凝固物，引发角膜炎，造成失明。

**4. 混合型**

同时发生以上两型或三型的鸡痘，一般病情严重，死亡率高，以上不同类型的症状均可出现。

### (三) 病理变化

**1. 皮肤型**

鸡痘的病理症状，局限在病变部位。皮肤型鸡痘，在病毒侵害的部位皮肤充血、水肿、变性坏死并形成鸡痘结节。痘疹表面凹凸不平，结节坚硬而干燥，切开结节内面出血、湿润，结节脱落后形成疤痕。病死鸡的胸膜、心冠脂肪出现点状出血，肠道充血、出血，甚至发生黏膜坏死。其他脏器一般不发生病理变化。

**2. 黏膜型**

在口腔、咽喉、气管或食道黏膜上出现充血、出血、水肿、坏死与纤维性渗出，假膜可以剥离，剥离后气管表面有浅红色出血。病情危害到支气管时，可引起附近的肺部出现肺炎病变。严重的病例，喉头及气管上段的黏膜上形成肉芽状的组织增生。

**3. 眼鼻型**

眼结膜充血，眼部出现水肿、炎性渗出。

**4. 混合型**

可出现以上两种或两种以上的病变。

### (四) 诊断要点

根据流行特点、临床症状一般可以作出诊断。但是要做好与传染性鼻炎、传染性喉气管炎的鉴别诊断。确诊可以借助实验室技术，如感染试验、接种鸡胚或显微镜检查皮肤上皮细胞的细胞浆内包涵体等。

### (五) 防控技术

目前对于鸡痘的治疗，尚没有特效的药物，最有效的方法是接种疫苗进行预防。

**1. 建立合理的饲养管理体系和卫生管理制度**

搞好鸡场及周围环境的清洁卫生，做好定期消毒和杀灭蚊虫工作，减少或尽量避免蚊虫叮咬雏鸡，并搞好通风，饲养密度不可过大，饲料应全价，避免各种原因引起的啄癖或机械性外伤。

**2. 因地制宜制定免疫体系**

预防本病最有效的方法是接种疫苗，目前主要应用的是鸡痘鹌鹑化弱毒疫苗，一般采用羽膜刺种法。用消毒过的刺种笔蘸取疫苗，在翅膀内侧无血管处皮下刺种1～2下，刺种后7d左右，检查刺种效果，如果刺种部位产生痘痂，说明有效。否则，必须再刺种1次。肉种鸡参考免疫日龄：首免25日龄或根据季节安排；二免75日龄左右或在首免后7周左右。

**3. 发病后的措施**

一旦发病，马上隔离，发病早期可用鸡痘鹌鹑化弱毒疫苗紧急接种。

## 九、禽白血病

禽白血病是由禽C型反录病毒群的病毒引起的禽类多种肿瘤性疾病的统称。

### （一）流行特点

自然情况下感染鸡，AA鸡和艾维茵鸡易感性高，罗斯鸡易感性较低；母鸡比公鸡易感，通常4～10月龄的鸡发病多。本病可垂直传播和水平传播。病毒感染种鸡经蛋排毒给鸡胚，使出壳雏鸡感染并终身带毒。患有寄生虫病、饲料中缺乏维生素、管理不良等应激因素都可促使本病发生。

### （二）临床症状

临床中分为淋巴细胞性白血病、成红细胞性白血病、成髓细胞性白血病、骨髓细胞瘤病、骨硬化病等类型。

**1. 淋巴细胞性白血病**

本病是最常见的一种病型，14周龄以后开始发病，在性成熟期发病率最高。病鸡精神委顿，全身衰弱，并呈进行性消瘦和贫血。鸡冠及肉髯苍白、皱缩，偶见发绀。病鸡食欲减退或废绝、腹泻、产蛋停止，腹部常明显膨大，用手按压可摸到肿大的肝脏，最后病鸡衰竭死亡。

**2. 成红细胞性白血病**

此病比较少见。通常发生于6周龄以上的高产鸡，病鸡消瘦、下痢，病程从12d到几个月不等。临床上分为增生型和贫血型。两种病型的早期症状均为全身衰弱、嗜睡、鸡冠稍苍白或发绀。

**3. 成髓细胞性白血病**

此型很少自然发病，临床表现为嗜睡、贫血、消瘦、毛囊出血，病程比成红细胞性白血病长。

**4. 骨髓细胞瘤病**

此型自然病例极少见。其全身症状与成髓细胞性白血病相似。

**5. 骨硬化病**（骨化石症）

病鸡发育不良、苍白、行走拘谨或跛行，晚期病鸡的骨骼呈特征性的“长靴样”外观。

**6. 血管瘤**

病鸡临床表现食欲不振，排绿色便，鸡冠褪色。于头、颈、脚部皮下及部分肌肉内有小豆大至小指头大血肿或肿瘤形成，自然破溃流出血液，羽毛上粘有血液。病鸡有时因咯血引起的贫血、消瘦、产蛋停止等，2周左右死亡。

**7. 其他**

其他肾瘤、肾胚细胞瘤、肝癌和结缔组织瘤等，自然病例均少见。

## （三）病理变化

**1. 淋巴细胞性白血病**

肿瘤主要发生于肝、脾、肾、法氏囊，也可侵害心肌、性腺、骨髓、肠系膜和肺。肿瘤呈结节性或弥漫性，灰白色到浅黄白色，大小不一。

**2. 成红细胞性白血病**

贫血型和增生型两种病型都表现全身性贫血，皮下、肌肉和内脏有点状出血。

贫血型：病鸡的内脏常萎缩，尤以脾为甚，骨髓色淡呈胶冻样，血液中仅有少量未成熟细胞。

增生型：特征性肉眼可见病变表现为肝、脾、肾弥漫性肿大，呈樱桃红色到暗红色，有的剖面可见灰白色肿瘤结节。

**3. 成髓细胞性白血病**

骨髓坚实，呈红灰色至灰色。肝脏发生灰色弥漫性肿瘤结节，偶然也见于其他内脏。

**4. 骨髓细胞瘤病**

骨髓细胞瘤呈淡黄色，柔软脆弱或呈干酪状，呈弥散或结节状，且多两侧对称。

**5. 骨硬化病**

在骨干或骨干长骨端区存在均一或不规则的增厚。

**6. 血管瘤**

病鸡头颈部、腹部、胸部、翼部及脚鳞部有直径 2～7mm 的火山口状肿瘤及血肿。肝、肺、卵巢、脾、法氏囊及腹脂内单发或密发直径 2～10mm 的血肿。肝、肾及小肠等散见有白色肿瘤。

### （四）诊断要点

常根据血液学检查和病理学特征结合病原和抗体的检查来确诊。

### （五）防控技术

本病主要为垂直传播，病毒型间交叉免疫力很低，雏鸡免疫耐受，对疫苗不产生免疫应答，所以对本病的控制尚无切实可行的办法。

减少种鸡群的感染率和建立无白血病的种鸡群是控制本病的最有效的措施，但由于费时长、成本高、技术复杂，一般种鸡场还难以实行。因此引进鸡场的种蛋、雏鸡应来自无白血病的种鸡群，同时加强鸡舍孵化、育雏等环节的消毒工作。

## 十、鸡传染性贫血

传染性贫血病是由于鸡传染性贫血病毒引起的以雏鸡再生障碍性贫血、全身淋巴组织萎缩、皮下和肌肉出血及高死亡率为特征的传染病。本病感染鸡群后可引起免疫功能障碍，造成免疫抑制，使鸡群对

其他病原的易感性增高和使某些疫苗的免疫应答力下降，从而发生继发感染和疫苗的免疫失败，造成重大的经济损失。

### （一）流行特点

鸡是唯一的自然宿主，多发于2～3周龄左右，其中1～7日龄雏鸡最易感。本病多为垂直传播，也可水平传播，但水平传播临床症状不显著。本病发病率在20%～60%，死亡、淘汰率在10%～20%，常与新城疫、马立克氏病、传染性法氏囊病等混合感染，导致临床上难以鉴别。

### （二）临床症状

病鸡表现精神不振，发育不全，贫血。病程较长，从发病至康复约需1～4周。病鸡常见翅膀下出血，故有“蓝翅病”之称。一般死亡率不超过30%，死亡多集中于18～35日龄，第一次死亡高峰过后2周时，出现第二次死亡高峰。成年鸡也可感染本病，但无临床症状出现。

### （三）病理变化

单纯的传染性贫血病最典型的症状是骨髓萎缩。大腿骨的骨髓呈淡黄色或淡红色或脂肪色。胸腺萎缩、出血，严重时可导致完全退化。法氏囊萎缩不明显，外观呈半透明状，有时重量变轻，体积变小。病情严重者，肝肿大、质脆，有时黄染或有坏死灶；脾、肾肿大；腺胃黏膜出血，心肌和皮下出血。

血液学检查，红细胞、血红蛋白明显减少，血细胞容积值下降，白细胞、血小板数均减少，各种血细胞在感染极期出现核浓缩等异常现象，在恢复期则出现多量未成熟的血细胞。

### （四）诊断要点

根据流行特点、临床症状和病理变化，可作出初步诊断，但确诊需进行病毒分离与鉴定、血清学检测及鉴别诊断等检查。

### （五）防控技术

本病目前没有特效性治疗方法。一旦感染本病，可采用广谱抗生素控制细菌的继发感染。

德国已研制出鸡传染性贫血活疫苗，该疫苗用于12～16周龄种鸡饮水免疫，可使种鸡产生对鸡传染性贫血的免疫力，防止由卵巢排出病毒；雏鸡可获得母源抗体，从而获得对该病的免疫力。

加强对种鸡检疫，淘汰感染鸡。特别是进口鸡时，应做CIAV抗体检测，严格控制感染本病的鸡进入养殖场。加强卫生防疫措施，严防由于环境或各种传染病导致的免疫抑制。

## 十一、网状内皮组织增殖症

禽类的网状内皮组织增殖病（RE）是一种由反转录病毒引起的一种综合征，包括急性网状细胞瘤、发育障碍综合征及其他慢性肿瘤形成。家禽感染网状内皮组织增殖症，在某些时候可能与使用污染了该病病毒的疫苗有关。

### （一）流行特点

该病主要感染鸡和火鸡。主要通过水平传播和垂直传播。病鸡出现病毒血症期间，粪便及分泌物中带毒，被污染的饲料及饮水等可使健康鸡群感染。蚊子也可传播该病病毒。此外，给鸡接种马立克氏病疫苗时，由于疫苗中混有该病毒造成感染。本病危害非常大，除发生肿瘤外，还可发生发育障碍综合征。

### （二）临床症状

#### 1. 急性网状细胞瘤

潜伏期3d，多在潜伏期过后的6～12d内死亡。无明显的临床症状，死亡率可达100%。

#### 2. 发育障碍综合征

表现生长发育迟缓或停滞，病鸡瘦小，但消耗饲料不减。

### （三）病理变化

#### 1. 急性网状细胞瘤

剖检可见肝脏肿大，质地稍硬，表面及切面有小点状或弥漫性灰白色病灶，肝脏有时可见灰黄色小坏死灶。脾脏和肾脏也见肿胀，体积增大，有小点状或弥漫性灰白色病灶。胰腺、输卵管及卵巢出现纤维性粘连。病理组织学变化有证病意义，可见肿瘤是由幼稚型的网状

细胞所构成，瘤细胞异型性明显，大小不一致，核多呈空泡状。

**2. 发育障碍综合征**

剖检可见尸体瘦小、血液稀薄、出血、腺胃糜烂或溃疡、肠炎、坏死性脾炎以及胸腺与法氏囊萎缩等变化。有的见肾脏稍肿大。两侧坐骨神经肿大，横纹消失。形成慢性肿瘤的病例，临床表现渐进性消瘦和贫血。生长的肿瘤为B淋巴细胞瘤。

### （四）诊断要点

可根据肝脾肿大，有点状或弥漫性灰白色病灶，生长发育障碍，个体瘦小而消耗饲料量不减等特点做出初步诊断。确诊应做病理组织学、血清学及病毒学检查。

### （五）防控技术

目前尚无商业性疫苗用于本病的预防。

养殖场应加强预防措施：注意不引入带毒母鸡；禁止用病鸡的种蛋孵化雏鸡；对种鸡场进行检测监督、淘汰阳性鸡以防止水平传播；发现被感染的鸡群应采取隔离措施，并捕杀、烧毁或深埋病鸡。对污染的鸡舍要进行彻底清洗、消毒。使用马立克氏病疫苗时，应特别注意要用无本病病毒污染的疫苗。

## 十二、传染性脑脊髓炎

鸡传染性脑脊髓炎（AE）是由鸡传染性脑脊髓炎病毒引起的雏鸡的一种传染病，以头部震颤和共济失调为特征，两肢轻瘫及不完全麻痹。世界各地均有该病流行，在新疫区传播快，引起雏鸡发病死亡，给养鸡业带来较大威胁。

### （一）流行特点

该病主要感染鸡及火鸡，本病流行无明显的季节性，可以通过水平传播和垂直传播散播本病。常见的感染途径是摄食经消化道传播，自然条件下，AE主要是肠道感染。病鸡通过粪便排毒的时间约为5～12d，病毒在鸡粪中可存活4周以上。种鸡若早期感染，产蛋时蛋内有母源抗体，因此，孵出的雏鸡不易感染本病。若未做疫苗接种，种鸡群在刚开产或开产后感染野毒，则刚出壳的雏鸡易暴发该病。

### （二）临床症状

3周龄以内的鸡临床症状明显，病鸡表现头、颈震颤明显，走路摇晃，步态不稳，趾向外侧弯曲，拍打着翅膀吃力地向前运动。常取蹲坐姿势。多因采食、饮水困难，被同群鸡的挤压、踩伤而死亡。部分雏鸡耐过后，生长发育不良，有时发生一侧或两侧眼球晶状体混浊、失明。种鸡感染后呈一过性产蛋下降（5%～10%），但不出现神经症状。

### （三）病理变化

肉眼变化仅见胃壁肌层中有细小的灰白区。病理组织学检查有证病意义。中枢神经系统病变为弥散性、非化脓性脑炎，可见神经原变性、胶质细胞增生以及血管套的出现。在延髓和脊髓灰质中可见神经原中央染色质溶解，神经原胞体肿大，胞核固缩、溶解等。在腺胃的黏膜肌层和肌层、肌胃、肝脏、肾脏、胰脏有密集的淋巴细胞增生灶。

### （四）诊断要点

根据流行特点、典型的临床症状及病理组织学变化可以做出初步诊断。确诊需进行病毒分离和鉴定、血清学检测及鉴别诊断等检查。

### （五）防控技术

预防接种是有效的防制该病的方法，参考免疫程序为8～10周龄用弱毒疫苗滴鼻、点眼，18～20周可进行二免。开产前最好接种1次油乳剂灭活疫苗。由于该病主要侵害雏鸡，特别是3周龄内的雏鸡易感，因此主要给种鸡进行免疫，以保证雏鸡的安全。急性暴发的雏鸡没有有效的治疗方法，在一般情况下，可淘汰感染雏鸡。

## 十三、鸡包涵体肝炎

鸡包涵体肝炎（IBH）是由禽腺病毒引起的鸡的一种传染病。

### （一）流行特点

鸡腺病毒有11个血清型，目前认为鸡腺病毒8型、2型、5型、3型、4型等血清型是IBH的主要病原体。病毒可通过消化道、呼吸道、眼结膜感染发病，种鸡可通过输卵管感染鸡蛋，引起雏鸡的垂直传播。

肉鸡多发于3～5周龄。混合感染可加重病情，如传染性法氏囊病、马立克氏病、鸡传染性贫血、白血病、支原体病等，可促进和加重本病的流行，死亡率增加，甚至全群覆灭。

### （二）临床症状

雏鸡临床表现发热，精神不振，食欲降低，嗜睡，羽毛逆立，缺少光泽，下痢，黄疸，排灰白色或粉灰色水样稀便。两腿无力，甚至伏卧不起。一般无前驱症状，突然发病死亡，发病后3～5d死亡率可达高峰。如不及时治疗，则产蛋期推迟，不出现产蛋高峰。

### （三）病理变化

鸡体消瘦，鸡冠小、苍白或黄染，血液稀薄、色淡。胸部及腿部肌肉黄染，见出血斑。肝脏萎缩、颜色变淡呈淡褐色或黄褐色，质地脆弱，表面有出血斑点，见灰黄色坏死灶（彩图6-8），有时肝脏淤血、肿大。个别病例可见肝脏边缘有黄白色坏死灶。肾、脾肿大，胸腺萎缩，法氏囊萎缩、体积变小、壁变薄、失去弹性。长骨骨髓呈黄白色，有的呈灰白色胶冻状。种鸡卵巢发育不良，输卵管细小。切片或触片检查肝细胞可发现核内嗜碱性或嗜酸性包涵体。

### （四）诊断要点

主要根据肝脏的病理变化，并结合实验室检测进行综合诊断。

### （五）防控技术

首先应控制和消灭传染性法氏囊病病毒和鸡传染性贫血病毒，以减少混合感染。应做好常规卫生管理工作，引进健康雏鸡，环境卫生消毒应注意选用有效消毒药，如碘制剂等。治疗可用喉炎净散，配合保肝药、维生素C，连用4d，效果良好。

## 十四、心包积水综合征

心包积水综合征（HPS）主要是由血清4型禽腺病毒（FAdV-4）引起的一种家禽传染病，典型症状是2～5周龄肉鸡突然死亡，并伴随有心包积水，因此而得名。1987年巴基斯坦卡拉奇附近的Angara首先暴发本病，以后伊拉克、墨西哥、印度、科威特、伊朗、日本等地均有发生。近年来，我国肉鸡和蛋鸡开始发生本病，给我国的养殖业

带来了巨大的损失。目前发现，本病发病增多可能与使用污染了该病病毒的疫苗有关。

### （一）流行特点

从野外暴发发病鸡群分离的病毒株属于腺病毒科、禽腺病毒属、Ⅰ亚群禽腺病毒，按血清型分类主要为FAdV-4。腺病毒的自然宿主包括火鸡、鸡、鹅、野鸭、鸽子、鹦鹉、珍珠鸡和雉鸡等。2～5周龄肉鸡多发。腺病毒可以垂直传播和水平传播。后备母鸡感染后5～9周排毒达到高峰，产蛋高峰期可以二次排毒。带毒粪便、被污染的蛋盘、运蛋车、人员、饮水、尘埃、分泌物和排泄物等均可机械性传播病毒。商品鸡混养可导致交叉感染。

### （二）临床症状

潜伏期短，自然感染潜伏期24～48h。3～5周龄健康肉鸡群发生该病时，以突然出现较高的死亡率为症状。世界禽病学报道，HPS死亡率在20%～80%之间，但发病率较低。在日本，发病肉鸡的死亡率为6.4%～27.1%。研究表明，1日龄雏鸡人工感染分离病毒株，感染后3～8d死亡，100%死亡率。人工感染分离病毒株3周龄SPF鸡的死亡率分别为8.6% 和28.6%。

### （三）病理变化

尸体黄疸。在心包腔和畸形松弛的心脏周围积聚2～15mL清亮或淡黄色的水样或果冻样液体（彩图6-9）。心肌坏死或有斑（点）状出血。肝脏有局灶性坏死并褪色。胰腺可见针尖大白色坏死点。肺脏充血、水肿。肾脏肿大、苍白，表面有小管状突起。

### （四）诊断要点

因为HPS在家禽不出现特别的临床症状，所以在症状出现之前就作出临床诊断是困难的。鸡突然死亡及尸检出现心包积水或肝细胞发现嗜碱性包涵体，被认为是特征病征。病毒中和试验、PCR等可用于HPS的诊断。

### （五）防控技术

灭活疫苗免疫是关键的预防环节，用已感染的肝脏匀浆制备的福尔马林灭活疫苗有良好的预防效果。但是控制 HPS 需要系统的生物安全措施。消毒可以控制密封环境的鸡舍内病毒。肉鸡生产过程中还应注意控制和消灭传染性法氏囊炎病毒、鸡传染性贫血病毒等免疫抑制性病原。

## 十五、病毒性关节炎

鸡病毒性关节炎（VA）又称为病毒性腱鞘炎，是由不同血清型和致病型的禽呼肠孤病毒（ARV）引起的一种传染病，主要症状为跗关节肿胀、疼痛、拐腿，甚至瘫痪，严重的病例发生腓肠肌腱断裂。

### （一）流行特点

本病病毒主要侵害 3～10 周龄的鸡，最高可达 90%的发病率，死亡率仅 5%左右。一般 10 周龄以上的鸡不易感。接触性感染的潜伏期为 13d。传播方式以水平感染为主，但也可以垂直传播。病鸡主要经肠道排毒，其次是经上呼吸道排毒，多因采食了被污染的饲料或饮水而感染。特别是刚出壳的雏鸡对该病易感性高，感染后排毒，在鸡群中造成广泛的传播。

### （二）临床症状

病鸡站立困难，拐腿，精神不振，采食困难。跗关节及后上外侧腓肠肌腱肿胀、出血，跗关节以下部分同时屈曲变形，不能伸展。发生腓肠肌腱断裂时，则病鸡无法站立，采食困难，机体消瘦。肉种鸡的产蛋率下降 10%～15%，种蛋的受精率降低。

### （三）病理变化

病变多为两侧性出现，有时为单侧性。病初，跗关节及后上外侧腓肠肌腱和腱鞘肿胀，关节滑膜出血，关节腔中有少量淡青黄色或带血色的渗出液，有时呈脓性。肌腱发生断裂时，腓肠肌及其肌腱出血，周围组织肿胀。继而，关节软骨出血、糜烂，糜烂逐渐扩大并侵害到骨体部的骨质，同时见骨膜增厚。变为慢性时，肌腱肥厚、硬化乃至肌腱与腱鞘发生粘连，跗关节伸展困难。

### （四）防控技术

控制 VA 的方法主要是免疫接种，现已有弱毒疫苗和灭活疫苗使

用。种鸡可以使用呼肠孤病毒活疫苗或灭活疫苗或二者联合应用，一般先接种活疫苗，后接种灭活疫苗。

此外，良好的管理措施和生物安全措施也能减少 ARV 感染的概率，尤其是雏鸡。发病鸡舍，清除感染鸡群后，对鸡舍进行彻底清洗、消毒可防止致病性病毒感染下一批鸡。消毒药最好用碘溶液和 0.5% 有机碘液。空舍时用甲醛溶液熏蒸消毒。

## 十六、肝炎-脾肿大综合征

肝炎-脾肿大（HS）综合征是一种由禽戊型肝炎病毒（HEV）感染引起的蛋鸡、肉种鸡疾病，它可导致产蛋量下降甚至死亡。死鸡在腹部有红色液体或凝固的血液，肝脾肿大。HS 综合征曾称作大肝脾（BLS）病、坏死性出血肝炎-脾肿大综合征、坏死性出血性肝肿大肝炎、肝炎-肝出血性综合征和慢性暴发性胆管肝炎。

### （一）流行特点

野外条件下，鸡是禽 HEV 感染的唯一宿主。病毒在同群或不同群之间很容易传播。美国禽 HEV 感染在鸡群呈地方性流行，血清学调查发现美国约 71% 的鸡群和 31% 的鸡 HEV 抗体阳性，约 17% 的青年鸡（18 周龄以下）和约 36% 的成年鸡禽 HEV 特异性抗体阳性。

### （二）临床症状

鸡的潜伏期为 1～3 周。该病临床发病率和死亡率相对较低，但禽 HEV 亚临床感染在鸡群中广泛存在。HS 综合征的鸡在死前无临床症状。暴发禽 HEV 感染时产蛋量下降 20% 以上。产蛋肉种鸡 HS 综合征死亡率比正常死亡高，40～50 周龄发病率最高。澳大利亚 BLS 病例临床症状也不同，从亚临床感染到产蛋下降可达到 20%，并伴随每周死亡率超过 1%，持续 3～4 周。病鸡还可能出现鸡冠和肉垂苍白，沉郁，食欲不振，肛门口羽毛污染或糊状粪便。感染鸡群产小蛋、蛋壳薄并且颜色淡，但种蛋的受精率不受到影响。

### （三）病理变化

自然条件下，死亡鸡通常出现卵巢退化，腹部有红色液体，肝和脾肿大。肝脏通常变脆，有色斑和红色、黄色和/或黄褐色病灶，被膜下有血肿以及表面覆盖着血凝块。腹腔出现凝血块和肝脏出血通常易与出血性脂肪肝综合征（HFLS）混淆，但HS综合征肝脏没有脂肪化。感染鸡脾脏轻度到重度肿大，有时有白色病灶，感染鸡卵巢通常退化。

**（四）诊断要点**

基于临床症状和大体病变对HS综合征可进行初步诊断。HS综合征必须与出血性脂肪肝综合征（HFLS）、外伤引起的肝脏出血相区别。目前HEV的诊断主要是用RT-PCR检测病毒RNA，或用ELISA检测病毒抗体。

**（五）防控技术**

目前还没有疫苗用于预防本病。目前禽HEV感染也没有治疗方法。在鸡场执行严格的生物安全措施可能能够限制病毒的传播。

# 第二节　细菌性疾病

## 一、大肠杆菌病

大肠杆菌病是一种以埃希大肠杆菌引起的急性或慢性细菌性传染病，各种日龄的鸡均可感染，包括败血型（肝周炎、心包炎、气囊炎）、脐炎型、眼球炎型、关节滑膜炎型、出血性肠炎型、肉芽肿型、卵黄性腹膜炎型、生殖系统炎症型等多种类型，在临床中感染两种以上的情况占多数。在肉鸡临床中，大肠杆菌病常与支原体病、新城疫、禽流感病、传染性支气管炎等疾病混合感染，导致治疗难度加大，鸡群的死亡率升高。

**（一）流行特点**

大肠杆菌广泛存在于自然环境中，饲料、饮水、鸡体表、孵化场、孵化器等各处普遍存在，因此对养鸡全过程构成了威胁。本病的发病率和死亡率有较大差异。大肠杆菌为条件性致病菌，因此一年四季均可发生，尤其在多雨、闷热、潮湿季节多发。不同日龄的鸡均可感染，

饲养管理水平不同、环境卫生的好坏、防制措施是否得当及有无继发其他疫病等都是本病的诱发因素。发病雏鸡呈急性败血症；种鸡发病会直接影响到种蛋孵化率、出雏率，造成孵化过程中死胚和毛蛋增多，健雏率低。

## （二）临床症状

### 1. 脐炎型

俗称“大肚脐”。多数与大肠杆菌感染有关。

一种情况是发生在出壳初期，病鸡表现为精神沉郁、虚弱，常堆挤在一起，少食或不食；腹部大，脐孔及其周围皮肤发红，水肿或发蓝黑色，有刺激性臭味，卵黄不吸收或吸收不良。此种病鸡多在 1 周内死亡或淘汰。

另一种情况是病鸡主要表现为下痢，除精神、食欲差外，拉泥土样粪便，病鸡 1～2d 内开始零星死亡，死亡无明显高峰。

### 2. 眼球炎型

病鸡精神萎靡、闭眼缩头、采食减少、饮水量增加，眼球炎多为一侧性，少数为两侧性。病鸡眼睑肿胀，眼结膜内有炎性干酪样物，眼房积水，角膜混浊，流泪怕光，严重时眼球萎缩、凹陷、失明等。病鸡下痢，排绿白色粪便，鸡体衰竭、抽搐死亡。

### 3. 生殖系统炎症型

生殖系统炎症主要包括输卵管炎、卵巢炎、输卵管囊肿。主要表现为鸡冠萎缩、下痢、食欲下降，产蛋量不高，产蛋高峰上不去或产蛋高峰维持时间短，鸡群死亡率增高。

### 4. 卵黄性腹膜炎型

病鸡体温升高，精神沉郁，缩颈闭眼，全身衰弱无力，鸡冠发紫，羽毛蓬松，不愿走动；食欲减退并很快废绝，喜饮少量清水；腹泻，粪便稀软呈淡黄色或黄白色，混有黏液，常污染肛门周围的羽毛；腹部明显增大下垂，触之敏感并有波动。

### 5. 败血型

败血型主要包括心包炎、肝周炎、气囊炎等。不管是在育雏期间，还是肉鸡的整个生长过程，多是由于继发感染和混合感染所致。以夏

季多发。病鸡呼吸困难，精神沉郁，羽毛松乱，下痢，粪便呈白色或黄绿色，食欲减退或废绝，腹部肿胀，病程较短，很快死亡，且易与支原体病、球虫病及新城疫等病毒病混合感染，造成的危害更大，死亡率更高。

### 6. 脑炎型

主要发生于2～6周龄的鸡。病鸡表现为下痢、蹲伏、垂头、闭目、嗜睡及歪头、扭颈、倒地、抽搐等症状。

### 7. 肠炎型

病鸡精神萎靡，闭眼缩头，采食量减少，饮水量增加，严重腹泻，肛门下方羽毛潮湿、污秽、粘连。

### 8. 关节炎型和滑膜炎型

病鸡跛行或卧地不起，腱鞘或关节发生肿胀，并伴有腹泻。

### 9. 肉芽肿型

在临床中很少见到，病死率比较高。

## （三）病理变化

### 1. 脐炎型

病死的鸡可见卵黄没有吸收或吸收不良，卵脐孔周围皮肤水肿、皮下瘀血、出血、水肿，水肿液呈淡黄色或黄红色，卵黄囊充血、出血且囊内卵黄液黏稠或稀薄，多呈黄绿色。

肝脏肿大，有时可见散在的淡黄色坏死灶，肝包膜略有增厚；肠道呈卡他性炎症。

### 2. 眼球炎型

眼球炎型大肠杆菌病病理变化和临床症状相同。

### 3. 生殖系统炎症型

输卵管黏膜充血或输卵管管壁变薄，管腔内有不等量的干酪样物，严重时输卵管内积有较大块状物，块状物呈黄白色，切面呈轮层状，较干燥。

较多的成年鸡还见有卵黄性腹膜炎，腹腔中见有淡黄液广泛地分布于肠道表面。稍慢死亡的鸡腹腔内有多量纤维素性物粘在肠道和肠系膜上，形成腹膜炎。

4. 卵黄性腹膜炎型

病鸡输卵管感染发生炎症，大量卵黄落入腹腔内，形成卵黄性腹膜炎。

5. 败血型

败血型主要表现为肝周炎、心包炎（彩图 6-10）和气囊炎。

肝包膜增厚、不透明呈黄白色，易剥脱，有的在肝表面形成纤维素性膜，呈局部发生，严重的整个肝表面被此膜包裹，形成肝周炎，此膜剥脱后肝呈紫褐色。

心包增厚、不透明，心包积有淡黄色液体，最终形成心包炎。

胸、腹等气囊囊壁增厚呈灰黄色或混浊，囊内有数量不等的黄色纤维素性渗出物或干酪样物。

6. 脑炎型

脑膜充血、出血，脑实质水肿，脑膜易剥离，脑壳软化。

7. 肠炎型

腹膜充血、出血，常浆膜变厚，形成慢性肠炎，有的形成慢性腹膜炎。

8. 关节炎型和滑膜炎型

主要见于关节肿大，关节腔内有纤维蛋白渗出或混浊的关节液，滑膜肿胀、增厚。

9. 肉芽肿型

心脏、胰脏、肝脏、盲肠、直肠和回肠的浆膜上可见粟粒大灰白色肉芽肿结节，肠粘连不能分离；肝脏也可见不规则的黄色坏死灶，有时整个肝脏发生坏死。

（四）诊断要点

根据流行特点和较典型的病理变化，可以作出初步诊断，确诊需实验室检查。

（五）防控技术

鉴于该病的发生于外界各种应激因素有关，采取有效而合理的预防措施是降低本病发生率的关键。

1. 卫生管理措施

首先加强对鸡群的饲养管理，逐步改善鸡舍的通风条件和严格执行消毒制度。种鸡场应加强种蛋收集、存放和整个孵化过程的卫生消毒管理，尤其是雏鸡发生脐炎型大肠杆菌时，更应该加强种鸡从饲养到孵化再到出壳整个过程的消毒工作。

**2. 疫苗免疫**

由于大肠杆菌血清型很多，单一血清型的疫苗不可能对所有养鸡场流行的致病血清型菌株具有免疫作用。因此，目前最为实用的方法是用本鸡场分离的致病性菌株做成“自家苗”进行免疫接种，保护率比较高。

**3. 药物治疗**

编者发现，近年来分离的肉鸡大肠杆菌耐药性越来越严重。最好根据药敏试验结果（彩图 6-11）筛选的敏感药物来治疗本病。此外，已经形成肝周炎和心包炎病变的肉鸡无治疗意义，必须及早淘汰，以减少病原菌在鸡群内的传播。

## 二、禽沙门氏菌病

禽沙门氏菌病是沙门氏菌属的某一种或多种沙门氏菌引起的禽类急性或慢性疾病的总称。

沙门氏菌是肠杆菌科中的一个大属，有 2000 多个血清型，它们广泛存在于人和各种动物的肠道内。在自然界中，家禽是其最主要的储存宿主。禽沙门氏菌病根据抗原结构的不同可分为三类。

第一类：由鸡白痢沙门氏菌引起的疾病，称为鸡白痢。鸡白痢主要发生于雏鸡，种鸡也会发生。

第二类：由鸡伤寒沙门氏菌引起的疾病，称为禽伤寒。禽伤寒常发生于育成鸡、成年鸡和火鸡。

第三类：由其他有鞭毛、能运动的沙门氏菌引起的疾病，称为禽副伤寒。禽副伤寒主要发生于雏鸡和成年鸡。

鸡白痢和副伤寒有宿主特异性，主要引起鸡和火鸡发病，禽副伤寒则能广泛感染人和动物。随着养鸡业的迅猛发展以及高密度饲养模式的推广，沙门氏菌病已成为养禽业最重要的蛋传染性细菌病之一，每年造成的经济损失非常大。目前受其污染的家禽和相关制品已成为人类沙门氏菌和食物中毒的主要来源之一，因此，防控禽副伤寒沙门

氏菌病具有重要的公共卫生意义。

【鸡白痢】

本病是由鸡白痢沙门氏菌引起的禽类传染病，主要危害鸡和火鸡。临床表现为雏鸡拉白色糊状稀粪，死亡率高；成年鸡多为慢性经过或隐性经过。

**1. 流行特点**

鸡对本病最为敏感，各种日龄、品种和性别的鸡对本病均有易感性，但以2～3周龄的雏鸡常发，发病率和死亡率最高，常呈暴发性流行；成年鸡呈慢性经过或隐性感染。本病可垂直传播和水平传播。可经蛋垂直传播，被污染种蛋孵化率降低或孵出带菌雏鸡，并成为鸡场主要传染源；也可通过孵化器、被污染的饲料、饮水、垫料、粪便、鼠类和环境等水平传播。

**2. 临床症状**

病雏鸡常在排便时发出短促的尖叫声，怕冷，扎堆，排便困难，拉白色粪便，在肛门周围黏聚有白色污物。目前对鸡影响比较大的鸡白痢主要是肺炎型鸡白痢和雏鸡脑炎型鸡白痢。

（1）肺炎型鸡白痢

最早可在1日龄发病，初期表现轻微的呼吸道症状，中期呼吸加快，腹式呼吸，肛门口及其周围干净，后期常继发支原体病或大肠杆菌病，加大死亡率，死亡鸡机体消瘦，侧卧，两腿后伸。

（2）雏鸡脑炎型鸡白痢

发病日龄为6～21日龄，多见于病的中、后期，表现出头颈低垂扭曲，或俯向胸前，或仰向后背部，以至滚翻等神经症状。

注意：成年鸡一般为慢性，表现为厌食，倦怠，面色苍白，冠萎缩，腹泻，产蛋率、受精率和孵化率均表现不同程度的下降。

**3. 病理变化**

（1）雏鸡的病理变化

病死雏鸡肝脏肿大，外观呈砖红色，有出血斑点和条纹状出血，且有灰白和淡黄色的小坏死点。卵黄吸收缓慢或不吸收，有的卵黄呈干酪样或奶油状。肺表面呈现淡黄色混浊液体。心肌（彩图6-12）、盲肠、肌胃有时出现小的肉芽肿结节。盲肠内充有干酪样

物，形成所谓的“盲肠芯”。脑膜充血，胆囊肿大、充满胆汁，肾充血或花斑肾。

（2）成年鸡的病理变化

病鸡病理变化主要为卵巢炎和卵黄性腹膜炎。卵巢和卵泡变形、变性、坏死；卵泡的内容物变成油脂样或干酪样。病变的卵泡与卵巢脱落后掉到腹腔形成卵黄性腹膜炎并引起肠管与其他内脏器官粘连等。成年鸡常见腹水和纤维素性心包炎，心肌偶见灰白色小结节，胰腺有细小坏死点等。急性病例见肝脏明显肿胀、变性，呈黄绿色，表面凹凸不平，有纤维素性渗出物覆盖。

**4. 诊断要点**

根据发病日龄、流行特点和病理变化可初步诊断。若确诊需要进行实验室诊断，常用的方法有细菌学检查、血清学检测和生化实验等。

**5. 防控技术**

（1）净化鸡白痢

种鸡场定期进行检疫，一般每隔 2～4 周检疫 1 次，直到连续 2 次为阴性，2 次之间的间隔不少于 21d。同时扑杀带菌鸡，建立无白痢种鸡群。

（2）消毒

严把消毒关。尤其在每次孵化前后，都应对孵化器、蛋盘、出雏器、出雏盘等用具进行彻底消毒，并及时清除死胚、破蛋、粪便、蛋壳和羽毛等污物。种蛋、孵化器等用甲醛和高锰酸钾进行熏蒸消毒，孵化室内经常保持清洁卫生。

（3）饲养管理

尤其要做好育雏期的饲养管理。注意通风换气，避免拥挤，勤换垫料，清除粪便，定期消毒。育雏室要保持合适的温度、湿度，空气要新鲜。要喂全价料（无动物蛋白配方），饮水要充足。若发现病雏，要迅速隔离、消毒并治疗。

（4）药物预防

鸡出壳 24h 内，注射药敏试验筛选的敏感药物可起到较好的预防效果。

(5) 药物治疗

发病后可以根据药敏试验选择选择高敏药物进行治疗。

【禽伤寒】

禽伤寒是由鸡伤寒沙门氏菌引起的一种急性或慢性败血性传染病。特征是黄绿色下痢，肝脏肿大，呈青铜色，多见于生长期和产蛋期的母鸡。

**1. 流行特点**

鸡和火鸡对本病易感，常感染育成鸡、成年鸡和火鸡，偶尔引起人的食物中毒。病鸡和带菌鸡是主要传染源。本病可通过污染的饲料、饮水经消化道传播。带菌鸡产的蛋可垂直传播，孵化器和育雏室内可引起相互传播。

**2. 临床症状**

本病潜伏期一般为4～5d，具有发病率高、死亡率低的特点。

病鸡冠、髯苍白，食欲废绝，渴欲增加，体温升至43℃以上，喘气和呼吸困难，腹泻，排淡黄绿色稀粪（主要见于青年鸡和成年鸡）或排白色稀粪（多见于雏鸡）。发生腹膜炎时，呈直立姿势。康复后成为带菌鸡。

**3. 病理变化**

病死的雏鸡病变和鸡白痢相似，特别是肺和心肌常见到灰白色结节状病灶。青年鸡和成年鸡病程稍长的病例多见肝肿大变红，呈淡棕绿色或古铜色，心肌和肝表面有粟粒样灰白色小病灶；胆囊充斥胆汁而膨大；脾脏和肾脏呈显著充血肿大，表面有细小坏死灶；心包发炎、积水。患病肉鸡卵泡出血、变形和变色，因卵泡破裂常引起腹膜炎、小肠卡他性炎症，十二指肠有点状或斑点状出血，肠道内容物多为胆汁，盲肠有土黄色干酪样栓塞物，大肠黏膜有出血斑，肠管间发生粘连。

**4. 诊断要点**

根据流行特点、临床症状和典型的青铜肝、病理变化可以作出初步诊断，确诊需要进行病原菌的分离培养鉴定、生化试验和血清学试验，其方法与鸡白痢沙门氏菌诊断相同。

**5. 防控技术**

同鸡白痢。关键在于：加强饲养管理和卫生管理，最大限度减少外来疾病的侵入；通过净化措施，建立起健康鸡群，从根本上切断传播途径，合理使用药物进行预防与治疗。

【禽副伤寒】

禽副伤寒主要发生于雏鸡和成年鸡，常呈地方性流行。

本病菌为革兰阴性短杆菌，无芽孢和荚膜，有鞭毛，能运动。本菌对热敏感，为人类食源性疾病，本病的致病性与菌体的内毒素有关。

**1. 流行特点**

主要危害 2～5 周龄的雏鸡，死亡率达 20%，青年鸡和成年鸡为慢性经过或隐性感染。带菌鸡和病鸡是主要传染源。被感染的蛋、料、水、用具、孵化器、育雏器、环境及鼠类和昆虫等均是传播媒介。主要经蛋垂直传播，也可经呼吸道和消化道水平传播，经蛋垂直传播使疾病的清除更为困难。闷热、潮湿、拥挤的鸡舍以及球虫病、传染性法氏囊病及营养代谢病等疾病会明显增加鸡对本病的易感性，加速本病的流行。

**2. 临床症状**

禽副伤寒在雏鸡多呈急性或亚急性经过，与鸡白痢相似，而成年鸡一般为慢性经过，呈隐性感染。

雏鸡多在 2 周龄内发病，表现为厌食，饮水增加，垂头闭眼，两眼下垂，怕冷挤堆，离群，嗜睡，呆立，抽搐；有的眼盲或眼结膜炎，排淡黄绿色水样稀粪，肛门周围有稀粪沾污，呼吸困难，常于 1～2d 后死亡。

成年鸡感染后少见发病，成为带菌者。个别鸡有轻微症状，少食、下痢、脱水、生产性能降低，可康复痊愈。

**3. 病理变化**

最急性型的鸡一般没有明显的病变，有时出现肝脏肿大，胆囊充盈。

雏鸡病程稍长者表现为脐炎，卵黄凝固；肝、脾充血或呈出血性条纹或点状坏死灶；严重时肾充血，出现心包炎并粘连；十二指肠出

血性肠炎最突出，盲肠肿大，有时见淡黄色干酪样物堵塞。

成年鸡消瘦，出血性或坏死性肠炎；肝、脾、肾充血肿大；心脏有灰白色坏死结节；卵泡偶有变形，卵巢有化脓性或坏死性病变，常发展为腹膜炎。

**4. 诊断要点**

根据流行特点、临床症状和病理变化可以作出初步诊断，确诊需要进行病原菌的分离培养与鉴定、生化实验等。

**5. 防控技术**

参考鸡白痢，药物治疗可以降低由急性副伤寒引起的死亡，并有助于控制此病的发展，但不能从根本上消灭本病。

## 三、禽霍乱

禽霍乱又称禽巴氏杆菌病、禽出血性败血症（简称禽出败），是由多杀性巴氏杆菌引起的主要侵害禽类的一种接触性传染病。急性病例表现为突然发病，下痢、败血症和高死亡率。病理变化是全身黏膜、浆膜可见小点状出血，出血性肠炎及肝脏有坏死点；慢性病例鸡冠和肉髯水肿，关节炎，病程较长，死亡率低。

**1. 流行特点**

本病可引起多种禽发病，具有发病急、死亡快的特点，以秋末、春初为多发，常呈流行性。可通过消化道、呼吸道及皮肤创伤传播，尤其是在饲养密度较大、舍内通风不良等情况下，通过呼吸道传播的可能性更大。病鸡的尸体、粪便、分泌物和被污染的用具、土壤、饮水等是传播的主要媒介。病菌是一种条件性致病菌，常存在于健康禽的呼吸道及喉头，在某些健康鸡体内也存在该菌，当饲养管理不当、鸡舍阴暗潮湿、天气突变、营养缺乏等使鸡机体抵抗力减弱时，均可引起发病。

**2. 临床症状**

本病潜伏期2～7d。

在临床中分为最急性型、急性型和慢性型三种类型。

（1）最急性型

主要发生于产蛋高峰期的种鸡。暴发最初阶段，几乎见不到症状，病鸡突然倒地死亡，一般在早晨突然发现死鸡。

(2) 急性型

大部分由最急性型比例转化而来，病鸡表现为精神沉郁，羽毛松乱，呼吸困难，口鼻流出多量黏液并混有泡沫；鸡冠和肉髯发紫，肉髯常发生水肿、发热和疼痛；剧烈腹泻，排淡黄、绿色粪便，体温升高到43℃以上，多在1～3d内死亡，种鸡产蛋量减少或停止。

(3) 慢性型

多流行于发病后期或由急性型病例转化而来，或由毒力较弱的菌株感染引起。病鸡表现为肉髯、鸡冠、耳片发生肿胀或坏死，关节肿胀、化脓等；有的表现呼吸道症状；有的腹泻；脑膜感染时可见斜颈；有时可见鼻窦肿大，鼻腔分泌物增多且分泌物有特殊臭味，病程可达几个星期，最后衰竭死亡。

**3. 病理变化**

(1) 最急性型

可见鸡冠、肉髯紫红色，心外膜有出血点，肝表面有针尖大的灰黄色或灰白色坏死点，但有时没有灰白色的坏死点。

(2) 急性型

病死鸡皮下组织、腹腔脂肪及肠系膜、浆膜和黏膜有大小不等的出血点。胸腔、腹腔、气囊和肠系膜上有纤维素性或干酪样灰白色渗出物。十二指肠等肠道的黏膜充血、出血，内容物含血液，有的肠系膜上覆盖黄色纤维素性物。肝肿大、质脆，呈紫红色或棕黄色或棕红色，表面有针尖大小的灰黄色或灰白色坏死点（彩图6-13），有时见点状出血。心冠脂肪及冠状沟和心外膜上有出血点，心包积有淡黄色液体，混有纤维素性物。肺有出血点或有实变区。

(3) 慢性型

鼻腔、气管和支气管呈卡他性炎症。肺质地较硬。肉髯水肿、坏死。腿或翅膀的关节肿大、变形，有炎性渗出物和干酪样坏死。产蛋肉种鸡的卵巢出血，卵黄破裂后形成卵黄性腹膜炎。

**4. 诊断要点**

根据流行特点、临床症状、病理变化和实验室诊断就可确诊。但

是在临床中需做好与禽流感等病的鉴别诊断。

**5. 防控技术**

（1）加强日常管理工作，采取综合防制措施

加强日常饲养管理，减少应激因素，使鸡群保持一定的抵抗力。搞好环境卫生，及时、定期进行消毒，以切断各种传播途径。从无病鸡场购买鸡苗；新引进的鸡要隔离饲养半个月，观察无病后方可混群饲养。立即对发病的场所、饲养环境和管理用具等彻底消毒；粪便及时清除，堆积发酵后利用；病死鸡要全部烧毁或深埋。

（2）免疫接种

使用的疫苗有弱毒疫苗和灭活疫苗，疫苗的种类较多，可按需选用，禽霍乱-大肠杆菌多价二联蜂胶灭活疫苗为常规预防和控制两病的首选疫苗。

（3）发病后的措施

发病后可根据药敏试验结果选用敏感药物治疗。

## 四、传染性鼻炎

传染性鼻炎是由副鸡嗜血杆菌引起的一种急性呼吸道疾病，其特征是鼻窦发炎、打呼噜、流涕、流泪、面部肿胀、结膜炎。本病可造成生长停滞、淘汰率增加及产蛋率显著下降。本病具有“三好”、“三坏”典型特点，即一用药就好，天气好就好，环境好就好；一停药就发病，天气不好就发病，环境不好就发病。

**1. 流行特点**

本病只感染鸡，自然发病见于产蛋鸡，青年鸡也多发，具有发病率高和死亡率低的特点。病鸡和带菌鸡是传染源。本病秋、冬季节多发，以飞沫、尘埃经呼吸道传播为主，也可由被污染的饮水、饲料等经消化道传播。气候突变、过分拥挤、通风不良等可诱发本病，发病后造成青年鸡生长缓慢和种鸡产蛋率下降。

**2. 临床症状**

本病潜伏期 1～3d，传播快，表现为鼻炎和鼻窦炎。

病鸡初期精神不振，流泪，打喷嚏，甩头，鼻道和鼻窦内有分泌物，鼻涕似清水继而转为黏稠、脓性物，脓性物干后在鼻孔周围凝结

成淡黄色的结痂；后期眼出现结膜炎，流泪，颜面、肉髯和眼周围肿胀如鸽卵大小，甚至波及颈部下颌和肉髯的皮下组织，炎症蔓延到下呼吸道时，咽喉被分泌物阻塞，出现张口呼吸、啰音，病鸡因窒息死亡。

雏鸡生长不良，种鸡开产推迟或产蛋减少，种鸡受精率、孵化率下降，弱雏较多。

### 3. 病理变化

病变主要见于鼻窦部肿胀，鼻窦、眶下窦和眼结膜囊内蓄积有黄色黏稠分泌物或干酪样物。鼻窦腔内有大量豆腐渣样渗出物，上呼吸道黏膜充血、出血，并有黏稠分泌物。病程较长的可见眼结膜充血、出血。

### 4. 诊断要点

根据流行特点、临床症状和病理变化可以作出明确的诊断，若确诊仍需实验室检查，在临床中常使用棉拭子取眼、鼻腔或眶下窦分泌物，在血琼脂平板上与金黄色葡萄球菌交叉接种，在5%～10%$CO_2$环境中培养，可见葡萄球菌菌落周围有明显的“卫星”现象，其他部位不见或少见有细菌生长。

### 5. 防控技术

（1）疫苗接种

疫苗接种是防治本病的有效措施。国内有两种疫苗，A型油乳剂灭活疫苗和A型-C型二价油乳剂灭活疫苗。建议免疫程序：40日龄前后鸡首免，每羽注射0.3mL；120日龄前后二免，每羽注射0.5mL。但在疫区免疫前先用5～7d抗生素，以防带菌鸡发病。现已研制成“传染性鼻炎和新城疫二联油乳剂灭活疫苗”可供选用，如40日龄首免，120日龄再免，免疫后保护期可达9个月。

（2）加强饲养管理和消毒

本病为条件性致病菌，本病的发生与环境及应激等有很大的关系，因此要加强饲养管理，鸡舍保持良好的通风，并注重卫生消毒，使用优质饲料。全面贯彻执行生物安全保障体系，提高机体的抵抗力，对本病有很好的预防效果。

（3）药物治疗

发病后常用的治疗药物如磺胺类药物、泰乐菌素可溶性粉、硫氰酸红霉素可溶性粉等；对于发病急的鸡群可以肌注泰乐菌素等敏感药物。

## 五、鸡铜绿假单胞菌病

鸡铜绿假单胞菌病是由铜绿假单胞菌感染引起的雏鸡和育成鸡的局部或全身性感染。

### 1. 流行特点

铜绿假单胞菌普遍存在于土壤、水以及潮湿的环境中，属于条件性致病菌，可引起鸡的呼吸道病、窦炎、角膜炎、角膜结膜炎和创伤感染。各种日龄的鸡均易感，但以雏鸡和处于应激状态或免疫缺陷鸡更易感。与其他病毒和细菌协同致病时，鸡对铜绿假单胞菌的敏感性会发生改变。发病率和死亡率一般在2%～10%之间，最高可达100%。当它侵入易感鸡组织时，可引发败血症，并留下后遗症。另外，在高湿度条件下，铜绿假单胞菌能消化掉蛋壳表面的保护层。细菌侵入受精卵后，可致胚胎或刚出壳的幼雏因脐炎和卵黄感染死亡。当注射了被污染的疫苗和抗生素溶液时，可造成本病严重暴发，这种情况往往是由于操作时消毒不严格，并非疫苗本身的问题。与感染鸡接触以及密集、连续饲养不同日龄的鸡容易流行本病。

### 2. 临床症状

大多数鸡铜绿假单胞菌感染后可引起死亡。死亡通常很快，感染之后24～72h内死亡。临床症状取决于是局部感染还是全身性感染，但症状几乎都包括精神不振、发育缺陷、疲倦、跛行、运动失调，头、肉垂、窦、跗关节或爪垫等部位发生肿胀，呼吸道疾病、腹泻以及结膜炎等。通过咽鼓管接种后，出现歪颈症状，与禽霍乱不易区别。

### 3. 病理变化

本病病变包括皮下水肿和纤维素性渗出，偶见出血，关节积液；胸肌坏死、浆液性化脓性炎和纤维素性化脓性炎；浆膜的炎症与大肠杆菌性败血症（气囊炎、心包炎、肝周炎）很相似；肺炎；肝、脾、肾和脑等组织肿胀、坏死；化脓性结膜炎，偶见角膜炎；成年肉鸡输卵管炎和卵巢炎。显微镜下，大多数组织（包括大脑）的血管内及其周围的区域可见有大量细菌存在。

**4. 诊断要点**

根据流行特点、临床症状和病理变化可以作出初步的诊断，若确诊需进行铜绿假单胞菌的分离、鉴定及血清学检查。

**5. 防控技术**

预防和控制本病首先要找出和消灭传染源。保持孵化器的卫生、给鸡注射时严格消毒是控制本病的先决条件。疫苗配制及注射时对设备的清洁消毒、使用灭菌器具，可以有效控制疫苗接种时铜绿假单胞菌感染。有条件时最好要确定分离菌株对孵化器消毒液的敏感性。减少应激因素，防止其他病毒和细菌等感染，有助于降低鸡对本病原的易感性。

于发病早期应用敏感抗生素治疗可以减少损失。由于鸡铜绿假单胞菌对多种抗生素有耐药性，用药前应做药敏试验。在结膜炎的治疗时和饮水时添加一些维生素 A 和高锰酸钾有助于增强抗生素的疗效。

## 六、鸡葡萄球菌病

鸡葡萄球菌病是由金黄色葡萄球菌引起的急性或慢性传染病。临床上有多种病型，常见的有急性败血症型，脐炎，皮肤出血、水肿，关节炎和眼炎等。

**1. 流行特点**

金黄色葡萄球菌在自然界中分布很广，是鸡类体表的常在菌。雏鸡感染发病，经常与皮肤或黏膜损伤相关，例如刺种疫苗、啄伤等都可引起本病的暴发；种蛋受污染，可引起死胚增加，孵化率降低；空气污染，可通过呼吸道感染发病。饲养密度过大、舍内通风不良均是本病发生和流行的诱因。雏鸡最易发病，常呈急性败血症经过，死亡率高。成鸡多为慢性或局部感染。本病一年四季均可发生，以天气闷热的雨季发病较多。

**2. 临床症状**

急性病例多呈败血症经过，表现精神萎靡，呆立，不愿走动，两翅下垂，缩颈，眼半闭，呈昏睡状态，食欲废绝，死亡很快，死亡率在30%以上。雏鸡多表现脐部发炎、肿胀，腹围大，胸腹部、大腿内侧皮下水肿，触之有波动感，呈蓝紫色，穿刺有黄褐色液体流出；中雏多表现翅膀和腿肿胀，皮肤呈紫红色，有出血、破溃。慢性病例表现为眼炎，单侧或双侧性眼睛肿胀，羞明流泪，有时有脓性分泌物，使眼睑封闭，导致失明；或表现为关节炎，病鸡多个关节发生肿胀，跖（或趾）关节较为多见，局部呈紫红色或紫黑色，有的破溃后形成黑色痂皮。

**3. 病理变化**

急性败血症的病死鸡翅下（彩图6-14）、胸部、腹部等部位皮肤变红、肿胀，严重时病变处皮肤脱毛，皮肤呈紫黑色水肿，有的自然破溃，流出紫黑色液体，皮下出血、胶冻样水肿，肌肉有斑点状出血。肝脏、脾脏可见有灰黄色坏死灶，肠黏膜有出血性炎症。经呼吸道感染的病例，肺脏呈紫黑色，质度软，无弹性。心脏稍肿，心包膜增厚，心包液混浊，呈淡黄色。关节炎型病例，在肿大的关节囊、滑液囊和腱鞘内，有浆液性或脓性渗出物。脐炎型，脐孔不合，红肿，卵黄吸收不良，积有脓血样物。

**4. 诊断要点**

根据流行特点、临床症状和病理变化可以作出初步的诊断，确诊需进行细菌的分离、鉴定（彩图6-15）及血清学检查。

**5. 防控技术**

为防止本病发生，要加强鸡群的饲养管理，鸡笼和鸡舍内不要有尖锐物，以免翅膀、趾部等处皮肤受刺伤。在刺种鸡痘疫苗或注射接种其他病疫苗时，要做好皮肤消毒。同时在配合饲料内，连续加用3～5d抗菌药。搞好消毒或环境卫生。根据药敏试验选用敏感药物，进行早期治疗。

## 七、弯曲菌病

弯曲菌病是禽类感染嗜热弯曲菌（主要是空肠弯曲菌和结肠弯曲

菌）引起的一种细菌性传染病。

**1. 流行特点**

上市禽肠道中弯曲菌的感染率很高，导致胴体在加工过程中频繁发生污染。弯曲菌可以水平传播，从环境到鸡舍的传播是弯曲菌传播的最常见模式。昆虫（家蝇、蟑螂、粉虫等）、野鸟、肉鸡养殖场中的其他动物（猪、牛、羊）、鸡场工人均可作为机械传播媒介。商品养殖场的高饲养密度可促进弯曲菌在禽类之间的传播。养殖场3周龄以内的家禽中很少检测到弯曲菌。通常弯曲菌感染率随日龄而增加，肉鸡屠宰时达到最高点。肉鸡群一旦感染弯曲菌，群内的多数鸡在短期内都可感染。

**2. 临床症状**

潜伏期一般为1～5d。病鸡水样、黏液性、出血性腹泻，体重减轻，甚至死亡。

**3. 病理变化**

病鸡可见液体、气体或过量黏液在肠内聚积，肠道扩张，内含有水样或泡沫样内容物，有时小肠腔内有血液和黏液，肌胃角质膜有点状出血。有时可见肝脏坏死。

**4. 诊断要点**

根据流行特点、临床症状和病理变化可作出初步诊断。确诊需进行病原分离、鉴定。

**5. 防控技术**

预防主要依靠严格的生物安全措施。弯曲菌耐药性较强，发病鸡场最好选用敏感抗菌药物进行治疗。

## 八、坏死性肠炎

坏死性肠炎也称为梭菌性肠炎、肠毒血症和内脏腐烂症，是由A型和C型产气荚膜梭菌及其产生的毒素引起的一种急性非接触性传染病，主要危害2～12周龄的鸡。其主要的临床特征是突然发病，排红褐色或黑褐色煤焦油样稀粪，暴发性死亡。

**1. 流行特点**

粪便、土壤、粉尘、污染的饲料、孵化器、垫料、蛋壳或肠内容



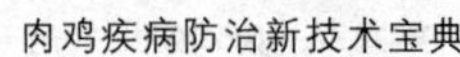

物均含有产气荚膜梭菌。暴发本病时，污染的饲料和垫料通常是其传染源。消化道是主要的传播途径。笼养肉鸡发生坏死性肠炎时，家蝇可成为生物传播媒介。当饲养管理不当、肠道机能降低、病原体及其毒素对肠黏膜造成损伤时可诱发该病发生。

**2. 临床症状**

自然暴发该病时，病鸡表现为明显至重症的精神沉郁、食欲下降、不愿走动、拉稀和羽毛蓬乱。温和型病例临床症状有或无，生产性能受损。

**3. 病理变化**

病变主要在小肠，尤其是空肠和回肠，可见严重的弥漫性黏膜坏死。小肠质脆，充满气体，肠壁充血、出血或因附着黄褐色假膜而肥厚、脆弱。肠内容物少，黑红色并有恶臭味。慢性病例常在肠黏膜上形成假膜。发生典型和亚临床型坏死性肠炎时，肝颜色呈棕色、肿大、坏死，胆囊炎。温和型病例可见肠黏膜发生局灶性坏死、肝坏死。

**4. 诊断要点**

根据病理变化以及分离到产气荚膜梭菌即可确诊该病。

**5. 防控技术**

本病防控应集中于诱发因素（球虫病、饲料和垫料卫生情况）的预防管理。用0.4%的季铵盐溶液对可搬用式容器进行清洗消毒可显著降低产气荚膜梭菌的复发率。饲料中添加乳糖、甘露寡糖、益生素（如嗜乳酸杆菌和粪链球菌）和产乳酸菌培养物，进行竞争排斥性治疗可有效降低肠道中产气荚膜梭菌的量，同时也可降低坏死性肠炎的严重性，降低死亡率和生产性能的损伤。

发生鸡群要及早进行检测和治疗，防止病菌污染环境。饲料中添加泰乐菌素、青霉素等抗菌药物可降低鸡粪便中产气荚膜梭菌的数量。莫能菌素不仅对产气荚膜梭菌有抑制作用，还有一定的抗球虫作用，并能降低由艾美耳球虫属引起的肠道黏膜损伤的程度。暴发坏死性肠炎后用林可霉素、杆菌肽、土霉素、青霉素、酒石酸泰乐菌素饮水治疗有效。同时补充足够的维生素 K 或维生素 C，可加速病鸡的康复。

## 九、鼻气管鸟杆菌病

鼻气管鸟杆菌病是由鼻气管鸟杆菌（ORT）引起的一种接触性传染病，可引起鸡呼吸紊乱、生长缓慢和死亡。死亡率和淘汰率升高、产蛋量减少、生长缓慢等可造成严重的经济损失。

### 1. 流行特点

ORT 对所有日龄家禽都易感。本病易并发大肠杆菌、禽波氏杆菌、新城疫病毒、传染性支气管炎病毒、禽肺病毒、滑液囊支原体和鹦鹉热衣原体感染。该病原菌既可通过气溶胶和饮水直接或间接接触而发生水平传播，也能垂直传播。

### 2. 临床症状

暴发本病后，临床症状、疾病持续时间和死亡率有很大差异，受多种环境因素的影响，如管理不善、通风不良、高密度饲养、垫料差、卫生条件差、氨气浓度高、并发感染和激发感染等。病鸡精神沉郁、采食量减少、增重减缓、一过性流鼻液、打喷嚏，随后出现脸部水肿。ORT 感染幼雏脑颅可引起猝死（两天内死亡可高达 20%）。种鸡感染 ORT 可引起产蛋下降、畸形蛋增多和死亡率上升。也致病鸡表现神经症状或关节炎、骨炎和骨髓炎继而导致瘫痪。

### 3. 病理变化

常见的病变包括肺炎、胸膜炎和气囊炎。剖检时可见气囊（尤其是腹部气囊）有酸奶样白色泡沫渗出物，多伴有一侧肺炎。有时可见鸡颅部皮下水肿、骨炎、骨髓炎和脑炎。

### 4. 诊断要点

根据典型的剖检病变及分离到 ORT 即可确诊该病。

### 5. 防控技术

（1）管理措施

ORT 具有高度接触传染性，应采取严格的生物安全措施防止其传入鸡群。一旦某鸡群被感染，即可引起流行，特别是家禽饲养密集区。

（2）治疗

根据药敏试验选用敏感药物，进行早期治疗。

## 十、鸡奇异变形杆菌病

鸡奇异变形杆菌病是近年来国内新发现的一种急性细菌性传染病。本病的特征是呼吸困难、咳嗽、体温升高、腹泻。病鸡主要表现为菌血症、败血症，一侧性或两侧性瘫痪或水样腹泻。此病十分容易暴发性流行，对养殖业是一种潜在的威胁。

**1. 流行特点**

奇异变形杆菌属条件性致病菌，在自然条件下可由内源性感染，也可由外源性感染。内源性感染主要是带菌者在机体抵抗力下降时，该菌在机体内大量增殖引起。外源性感染主要是由污染的食物、饮水经消化道感染，是本病的主要传播途径，本菌也可经呼吸道传播。此外，温度骤变、疫苗接种、转群等应激均可使机体的抵抗力降低，从而可引起或促进本病的发生。各种日龄的鸡群均可感染本病，但以 7 周龄以下鸡最易感。育成鸡和成年种鸡均可感染本病，本病可造成生长抑制，生产性能下降；种鸡还可垂直传播给后代，造成雏鸡的大批死亡。本病自然感染最早发现于 3 日龄雏鸡，急性感染主要见于 3～4 周龄鸡，产蛋鸡群可慢性感染。雏鸡日龄越小，发病率和死亡率越高。发病率一般为 10%～80%，病死率为 20%～50%。

**2. 临床症状**

自然发病的雏鸡表现为精神萎靡不振，羽毛蓬松，翅膀下垂，垂头缩颈，畏寒堆积，食欲降低或废绝，排灰白色或黄绿色水样粪便，有的粪便混有血液。多数肢腿麻痹不能站立，卧地不起，歪头。个别的有神经症状，1～3d 内死亡。青年鸡和成年种鸡主要表现为腹泻、瘫痪、停止产蛋，有的呼吸较急，可听到有喘鸣音。病情较急时，有的当天食欲很正常，第二天就死亡。

**3. 病理变化**

主要表现为肺呈暗红色；胸腺肿大或萎缩，表面有出血点；盲肠扁桃体出血或萎缩；法氏囊略肿大，浆膜面有的有针尖大的出血点；肾脏稍肿大，有点状出血，雏鸡有尿酸盐沉积；脑膜出血、充血。消化道黏膜潮红肿胀，散布针尖大小的出血点。有时可见气囊浑浊，有

腹膜炎。雏鸡表现为败血症，肠道呈弥散性出血，严重的呈出血斑，尤其以直肠和泄殖腔最为严重；脑膜出血、充血。

**4. 诊断要点**

根据剖检病变及分离、鉴定出鸡奇异变形杆菌即可确诊该病。

**5. 防控技术**

对于本病的预防，主要是加强饲养管理，改善环境卫生和减少应激，特别要重视种鸡群的管理，避免该病的垂直传播。对于本病的高发地区可用敏感药物进行预防，最好注射用分离菌株制备的灭活油乳剂菌苗，用该菌苗二次免疫接种种鸡，该鸡群的种蛋孵出的雏鸡具有高母源抗体，这样可以避免雏鸡的早期感染。

本菌对多种抗生素不敏感，所以用药前应分离细菌进行药敏试验，选择敏感的药物进行治疗。

## 第三节　支原体病和禽衣原体病

### 一、鸡慢性呼吸道病

鸡慢性呼吸道病（CRD）是由鸡毒支原体（MG）感染引起的一种以呼吸性啰音、咳嗽、流鼻涕、结膜炎为特征的慢性传染病。

**1. 流行特点**

各种日龄的鸡均易感，商品代肉鸡群常发本病。一年四季均可发病，但以秋冬季节多发。病鸡和带菌鸡是主要传染源，其排泄物中含有大量病原体，健康鸡与病鸡直接接触，很容易引起本病的暴发。病鸡分泌物污染了空气、饲料、饲养设备，也可引起间接接触性传染。在病鸡精液或输卵管内，也含有鸡毒支原体，可通过交配传染；被病原体污染的种蛋可垂直传播。鸡舍通风不良，饲养密度大、拥挤，维生素类营养物质缺乏，都是本病发生和流行的诱因。

**2. 临床症状**

本病潜伏期为6～21d，病程可长达1个月以上。病初症状轻微，可见鼻流清涕，眼流泪，逐渐出现咳嗽，从鼻孔流出黏液且经常堵塞鼻孔，造成甩头、张口喘息等呼吸困难症状。眼分泌液增多，由黏性

分泌液变为脓性分泌物，眼睑肿胀。眶下窦肿胀，食欲降低或废绝，生长发育迟缓，逐渐消瘦。

**3. 病理变化**

呼吸道黏膜红润增厚，有黏液性分泌物；肺部（特别是肺门部）有炎性病灶；气囊壁增厚混浊或有干酪样渗出物。如果与大肠杆菌合并感染会出现纤维素性肝周炎、心包炎。面部皮下组织和眼睑明显水肿，偶见角膜混浊。

**4. 诊断要点**

根据典型的剖检病变和病原分离鉴定或血清学试验即可确诊该病。

**5. 防控技术**

① 为了保证鸡群无支原体感染，必须保证种群来源于无支原体感染群，然后采取严格的生物安全措施防止疾病传入。如采用快速平板凝集试验（SPA）检查卵黄中的抗体，淘汰阳性鸡和可疑阳性鸡，结合卫生管理措施，培育健康种鸡群。

② 免疫接种 MG 油乳剂灭活疫苗或 MG 弱毒疫苗，均有良好的免疫效果。雏鸡 7 日龄、20 日龄，用灭活疫苗肌肉注射 1 个剂量作基础免疫；60 日龄用弱毒疫苗进行点眼免疫。

③ 预防性给药：对种鸡群，可选用 2～3 种敏感性抗菌药物，进行预防性给药。药物要交替应用，混饲与混饮相结合，保持种蛋无菌，防止该病经蛋传递。

④ 出壳雏鸡用替米考星连续饮水 3～4d，可起到良好的防治效果。对发病鸡群，要及时用敏感药物治疗。

## 二、禽衣原体病

禽衣原体病是由鹦鹉热亲衣原体引起禽的一种急性或慢性接触性传染病。

**1. 流行特点**

本病在世界范围内均有发生。鹦鹉热亲衣原体可感染多种家禽和鸟类，但不同种的禽易感性是不同的。幼龄家禽较成年禽更易感。主要经口或呼吸道感染。感染禽的呼吸道分泌物和粪便中含有大量衣原体，因此应警惕野鸟与家禽的密切接触而传染。近年来，管理不规范的鸡场衣原体病有增多的倾向。

**2. 临床症状**

本病的潜伏期因吸入衣原体的数量和毒株的毒力不同而不同，一般为2～8周。鸡群受衣原体的感染大多数为自然感染，症状表现为肿头，产蛋下降。日龄小的鸡可发生急性感染，出现死亡。

**3. 病理变化**

急性病死鸡剖检可见结膜炎、纤维素性心包炎、肝周炎和气囊炎。常见输卵管有大小不等的囊泡形成。

**4. 诊断要点**

根据典型的剖检病变和病原分离鉴定即可确诊该病。

**5. 防控技术**

目前尚无商品化衣原体疫苗。控制衣原体病的最佳方法是使家禽不与野禽和任何污染的器具接触，同时搞好消毒和环境卫生，限制人员的活动范围，不让参观者随意进入鸡舍。当发生衣原体病时，可在每千克饲料中加入0.8～1.0g四环素、土霉素或环丙沙星。

## 第四节 真 菌 病

### 一、曲霉菌病

曲霉菌病又称霉菌性肺炎，幼禽常引起急性暴发，发病率和死亡率均很高。本病的主要特征是呼吸道包括肺和气囊发生炎症和霉斑形成。病原主要是烟曲霉。

**1. 流行特点**

病原经空气传播，引起肺和气囊的感染；通过眼睛感染引起角膜炎；公鸡的阉割感染引起全身性曲霉菌病；霉菌穿透蛋壳进入蛋内使胚胎感染，在孵化期内死胚或雏鸡发病。此外，各种应激因素存在，如阴暗潮湿、雏鸡过分拥挤、营养不良、垫料或谷物霉变，可加重病情。

### 2. 临床症状

急性型或称呼吸型或败血型，病初无明显症状，病鸡精神沉郁，嗜睡、食欲减少或废绝。如病程稍长，呼吸困难，伸颈张口，呼吸时发出嘎嘎声，冠和肉垂因缺氧而发绀。偶见麻痹、惊厥等神经症状。

慢性型病程可拖延数周，表现呼吸困难，食欲减退，常有腹泻，进行性消瘦，个别病例有颈部扭曲等症状，死亡率不高。

### 3. 病理变化

病理变化因病原入侵的途径和部位不同而异。呼吸型的病变主要见于肺部和气囊，肺有曲霉菌菌落和粟粒大至绿豆大黄白色或灰白色干酪样坏死组织所构成的霉斑，切面可见有层状结构，中心为干酪样坏死组织，病变还可扩展到肠浆膜、肝脏、心脏、肾脏和脾脏等部位。除肺和气囊外，在气管和支气管也能见到霉菌结节病灶。有神经症状者有脑膜炎的病变。

### 4. 诊断要点

根据流行病学特点、典型的剖检病变和病原分离鉴定即可确诊该病。

### 5. 防控技术

① 鸡舍应注意通风换气和卫生消毒，保持室内干燥、清洁。长期被烟曲霉污染的鸡舍、土壤、尘埃中含有大量烟曲霉。雏鸡进舍之前，应彻底清扫、换土和消毒。消毒可用福尔马林熏蒸法，或0.4%过氧乙酸或5%石炭酸喷雾后密闭数小时，通风后使用。

② 雨季育雏，要特别注意防止垫料和饲料发霉。垫料要经常翻晒，以防止霉菌生长繁殖。

③ 种蛋、孵化器及孵化室均要按卫生要求进行严格消毒。

④ 本病目前尚无特效治疗方法。制霉菌素对本病有一定效果，剂量为每100只雏鸡一次用50万IU，每日2次，连用3～4d。或用1∶2000的硫酸铜饮水，连用3～5d。

## 二、念珠菌病

念珠菌病是一种内源性的条件性真菌病，当菌群失调或禽的抵抗力减弱时，就会发病。本病又称为鹅口疮、消化道真菌病、念珠菌口炎及酸臭嗉囊病。

**1. 流行特点**

多种禽类均能感染，但主要发生于鸡、鸽、鹅、鸭等。白色念珠菌是一种真菌，广泛存在于自然界。在健康禽的上消化道存在本菌，由于其他微生物的拮抗作用而不发病，当使用抗菌药物抑制了某些细菌的生长繁殖或饲养管理不当等诱因使机体抵抗力降低时，会发生本病。

**2. 临床症状**

本病的症状不典型。病鸡表现生长不良、发育受阻、倦怠无神、羽毛松乱。

**3. 病理变化**

病变特征为口腔、咽喉、食道、嗉囊黏膜形成白色、黄色或褐色的假膜或溃疡（彩图 6-16），其中嗉囊黏膜的病变最为明显，假膜呈毛巾样。腺胃黏膜肿胀、出血，表面附有由脱落的上皮细胞、腺体分泌物及念珠菌混合构成的呈毛巾样白色假膜。并发球虫病或维生素 K 缺乏症时，肌胃角质膜受腐蚀、糜烂。

**4. 诊断要点**

根据流行病学特点、典型病变和病原分离鉴定即可确诊该病。

**5. 防控技术**

治疗：每千克饲料中添加制霉菌素 100～150mg。1∶2000～1∶3000 的硫酸铜溶液或 1∶1500 碘溶液饮水。

## 第五节　寄 生 虫 病

### 一、鸡球虫病

鸡球虫病是由原虫中的艾美耳科艾美耳属的球虫引起的鸡常见且危害十分严重的寄生虫病，对养鸡业造成了巨大的经济损失。

**1. 流行特点**

雏鸡的发病率和致死率均较高。病愈的雏鸡生长受阻，增重缓慢；

成年鸡多为带虫者，但增重和产蛋能力降低。鸡感染球虫是由于吞食了散布在土壤、地面、饲料和饮水等外界环境中的感染性卵囊。各个品种的鸡均有易感性，15～50 日龄的鸡发病率和致死率都较高，成年鸡对球虫有一定的抵抗力。病鸡是主要传染源，凡被带虫鸡污染过的饲料、饮水、土壤和用具等，都有卵囊存在。鸡感染球虫的途径主要是吃了感染性卵囊。管理人员及其服装、用具等以及某些昆虫都可成为机械传播者。饲养管理条件不良和鸡舍潮湿、拥挤等卫生条件恶劣时，最易发病。在潮湿多雨、气温较高的雨季易暴发本病。卵囊的抵抗力较强，在外界环境中一般的消毒剂不易破坏，在土壤中可保持活力达 4～9 个月，在有树荫的地方可达 15～18 个月。卵囊对高温和干燥的抵抗力较弱。

**2. 临床症状**

病鸡精神沉郁，羽毛蓬松，头蜷缩，食欲减退，嗉囊内充满液体，鸡冠和可视黏膜苍白，逐渐消瘦，病鸡常排红色胡萝卜样粪便；若感染柔嫩艾美耳球虫，开始时粪便为咖啡色，以后变为完全的血粪，如不及时采取措施，致死率可达 50%以上。若多种球虫混合感染，粪便中带血液，并含有大量脱落的肠黏膜。

**3. 病理变化**

病鸡消瘦，鸡冠与黏膜苍白，内脏变化主要发生在肠管，病变部位和病变程度与球虫的种别有关。柔嫩艾美耳球虫致病力最强，主要侵害盲肠，两支盲肠显著肿大，可为正常的 3～5 倍，肠腔中充满凝固的或新鲜的暗红色血液。毒害艾美耳球虫损害小肠中三分之一段，肠壁扩张、增厚，有严重的坏死，在裂殖体繁殖的部位，有明显的淡白色斑点，黏膜上有许多小出血点，肠管中有凝固的血液或有胡萝卜色胶冻状的内容物。巨型艾美耳球虫损害小肠中段，可使肠管扩张、肠壁增厚，内容物黏稠，呈淡灰色、淡褐色或淡红色。堆型艾美耳球虫寄生于十二指肠及小肠前段，被损害的肠段出现大量淡白色斑点。哈氏艾美耳球虫损害小肠前段，肠壁上出现大头针头大小的出血点，黏膜有严重的出血。若多种球虫混合感染，则肠管粗大，肠黏膜上有大量的出血点，肠管中有大量的带有脱落的肠上皮细胞的紫黑色血液。

**4. 诊断要点**

可根据流行特点、临床症状、剖检病变作出初步诊断。生前用饱和盐水漂浮法或粪便涂片查到球虫卵囊，死后取肠黏膜触片或刮取肠黏膜涂片查到裂殖体、裂殖子或配子体，均可确诊为球虫感染。由于鸡的带虫现象极为普遍，因此，是否由球虫引起的发病和死亡，应根据流行特点、临床症状、病理剖检情况和病原检查结果进行综合判断。

**5. 防控技术**

成鸡与雏鸡分开喂养，以免带虫的成年鸡散播病原导致雏鸡暴发球虫病。加强饲养管理，保持鸡舍干燥、通风和鸡场卫生，定期清除粪便，堆放、发酵以杀灭卵囊。保持饲料、饮水清洁，笼具、料槽、水槽定期消毒。每千克饲料中添加0.25～0.5mg硒可增强鸡对球虫的抵抗力。补充足够的维生素K和给予3～7倍推荐量的维生素A可加速鸡患球虫病后的康复。

此外，应用鸡胚传代致弱的虫株或早熟选育的致弱虫株给鸡免疫接种，这些疫苗只能保护鸡只不再感染疫苗中含有的球虫虫种。

通过化学治疗来控制球虫病。早期化学治疗的重点是在感染症状出现之后，用磺胺类药物或其他化合物进行治疗。

抗球虫药使用方案有以下几种：单一药物的连续使用，即在育雏期和生长期均使用同一种药物。穿梭用药，在育雏和生长期使用不同的药物。轮换用药，即根据季节或定期更换用药，即每隔3个月或半年或者在一个饲养周期结束后，改换一种抗球虫药或将药效已经开始下降的抗球虫药换下来，但要注意变换的抗球虫药不能属于同一类型的药物，以免产生交叉耐药性。

## 二、住白细胞原虫病

住白细胞虫病，也称白冠病，是由疟原虫科的住白细胞原虫属的住白细胞原虫寄生于鸡的血细胞和一些内脏器官中引起的一种血孢子虫病。

**1. 流行特点**

国内寄生于鸡体的住白细胞原虫有两种：考氏住白细胞原虫和沙氏住白细胞原虫，前者的传播媒介是库蠓，后者的传播媒介是蚋。考氏住白细胞原虫病的发生及流行与库蠓的活动有直接关系。当气温在20℃以上时，库蠓繁殖快，活力强，本病发生和流行也就日趋严重。热带、亚热带地区气温高，本病可常年发生。我国北方多发生于5～10月份，6～8月份为发病高峰期。本病多发于3～6周龄鸡，病情最重，死亡率可高达50%～80%；成鸡死亡率通常为5%～10%。

**2. 临床症状**

考氏住白细胞原虫严重感染的病鸡，常因内出血、咯血和呼吸困难而突然死亡。特征性症状是死前口流鲜血，因而常见水槽和料槽上带有病鸡咯出的红色鲜血。中鸡和成鸡感染本病，死亡率一般不高，临诊症状是白冠，拉稀，粪便呈白色或绿色水状，产蛋量下降。

**3. 病理变化**

全身皮下出血；肌肉出血，常见胸肌和腿肌有出血点或出血斑；内脏器官广泛出血，其中以肺、肾和肝最为常见。胸肌、腿肌、心肌以及肝、脾等实质器官常有针尖大至粟粒大的白色小结节，这些小结节与周围组织有明显的分界，它们是裂殖体的聚集点。感染的产蛋母鸡输卵管子宫部水肿。

沙氏住白细胞原虫引起鸡贫血、流黏稠的口水和两肢麻痹。

**4. 诊断要点**

可根据临诊症状、剖检病变及发病季节作出初步诊断。从病鸡的血液涂片或脏器（肝、脾、肺、肾等）涂片中，或从肌肉小白点的组织压片中发现配子体或裂殖体即可确诊，也可用琼脂凝胶扩散试验来进行血清学检查。

**5. 防控技术**

根据当地以往本病发生的历史，在本病即将发生或流行初期，进行药物预防。

① 乙胺嘧啶：按1mg/kg拌料有预防作用，但不能治愈。

② 磺胺二甲氧嘧啶：按 10mg/kg 拌料有预防作用，但不能治愈。

③ 应用驱虫剂杀灭鸡舍及周围环境中的媒介昆虫，或防止其进入鸡舍。

## 三、鸡蛔虫病

鸡蛔虫病是由禽蛔科的鸡蛔虫引起的肠道寄生虫病，主要寄生于鸡的十二指肠、空肠段。

### 1. 流行特点

在适宜的温度和湿度条件下，虫卵在粪便内经 7～28d 发育至感染期。虫卵对低温（不结冰）的抵抗力强。虫卵被蚱蜢或蚯蚓吞食，尽管幼虫不发育，但保持对鸡的感染性。

### 2. 临床症状

病鸡体重减轻，表现为失血、尿酸盐含量增加、生长受阻、死亡率增高。

### 3. 病理变化

蛔虫多寄生于十二指肠到空肠段，虫体粗大，黄白色，雄虫长 50～76mm，雌虫长 60～116mm。严重感染鸡可见小肠阻塞。

### 4. 诊断要点

可根据小肠段蛔虫虫体和虫卵检查结果予以确诊。

### 5. 防控技术

较好的控制措施在于环境卫生的改善和寄生虫生活史的阻断。应特别注意不要让饲料和饮水受到污染，处理土壤和垫料以杀死中间宿主是有效的预防方法。

阿苯达唑：内服，一次量，每千克体重鸡用 10～20mg，一次性拌料；间隔一周后复用一次。

芬苯达唑：内服，每千克饲料中添加 30mg，连喂 4d；或每千克饲料中添加 60mg，连喂 3d。

枸橼酸哌嗪：内服，一次量，每千克体重鸡用 0.25g。

磷酸哌嗪：内服，一次量，每千克体重鸡用 0.2～0.5g。

## 四、鸡绦虫病

鸡绦虫病是由戴文科赖利属和戴文属的节片戴文绦虫、棘沟赖利绦虫、四角赖利绦虫和有轮赖利绦虫等引起的一类肠道寄生虫病，主要寄生于鸡的十二指肠、空肠段，可引起患病鸡贫血、消瘦，产蛋率降低，蛋壳颜色、质量改变；感染雏鸡因机体体质下降而容易感染其他疾病，导致伤亡。

### 1. 流行特点

本病在不同季节、各日龄段鸡群均可感染，且以雏鸡的易感性最强，夏季较为多见。被病鸡粪便污染的土壤、饮水、饲料是传播本病的重要传染源。

### 2. 临床症状

早期感染没有明显的临床症状，随着肠道内绦虫的生长和数量的增加，病鸡生长发育停滞或体重减轻，精神萎靡不振，羽毛松乱；有鸡冠、肉髯苍白等贫血表现；粪便中逐渐偶尔可见胡萝卜样的红色粪便，并有米粒大小的白色绦虫节片出现；种鸡产蛋率下降或停止上升，蛋壳质量下降、颜色着色不匀。

### 3. 病理变化

寄生虫大多寄生于十二指肠到空肠段，虫体乳白色、呈结节状，头节吸附于肠黏膜，导致吸附部位浆膜和黏膜面可见斑块状出血，使肠腔内可见红色胡萝卜样内容物。绦虫多的情况下，可导致肠道阻塞。后端回肠至直肠的内容物中有米粒大小的乳白色绦虫节片。

### 4. 诊断要点

可根据鸡群排胡萝卜样红色粪便，同时粪便中有乳白色绦虫节片，空肠段绦虫虫体予以确诊。

### 5. 防控技术

阿苯哒唑：按每千克体重 15～20mg 计算，混于饲料中投服；间隔一周后复用一次。

吡喹酮：按照每千克体重 10～30mg，一次性口服。

溴氰酸槟榔素：每千克体重 1～1.5mg，一次性饮水服用。

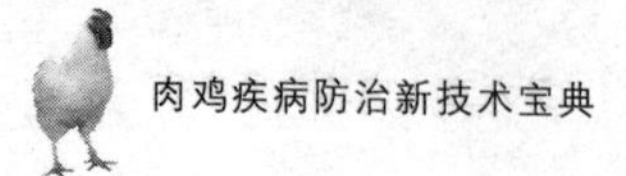


# 第六节　营养及代谢性疾病

## 一、维生素A缺乏症

维生素A缺乏症是由于动物缺乏维生素A引起的以分泌上皮角质化和角膜、结膜、气管、食管黏膜角质化、夜盲症、干眼病、生长停滞等为特征的营养缺乏疾病。

### 1. 病因

维生素A供给不足或需要量增加。维生素A性质不稳定，易失活，在饲料加工工艺条件不当时，损失很大。饲料存放时间过长、饲料发霉、烈日曝晒等都可造成维生素A和类胡萝卜素损坏。饲料中蛋白质和脂肪不足，不能合成足够的视黄醛结合蛋白质去运送维生素A，脂肪不足会影响维生素A类物质在肠中的溶解和吸收。胃肠道吸收障碍、发生腹泻或肝胆疾病影响饲料维生素A的吸收、利用及储藏。

### 2. 临床症状

雏鸡和初开产的鸡常易发生维生素A缺乏症。1周龄的鸡发病，则与母鸡缺乏维生素A有关。其症状特点为厌食，生长停滞，消瘦，昏睡，衰弱，羽毛松乱，运动失调，瘫痪，不能站立。眼睑发炎或粘连，鼻孔和眼睛流出黏性分泌物，角膜混浊不透明，严重者角膜软化或穿孔失明。口黏膜有白色小结节或覆盖一层白色的豆腐渣样的薄膜，但剥离后黏膜完整无出血、溃疡现象。食道黏膜上皮增生和角质化。成年鸡一般呈慢性经过，轻度缺乏维生素A，鸡的生长、产蛋、种蛋孵化率及抗病力受到一定影响，往往不易被察觉。

患鸡食欲不振、消瘦、精神沉郁、鼻孔和眼睛常有水样液体排出，眼睑常常黏合在一起，严重时可见角膜发生软化和穿孔，最后失明。鼻孔流出大量黏稠鼻液，病鸡呈现呼吸困难。鸡群呼吸道和消化道黏膜抵抗力降低，易诱发传染病。

继发或并发家禽痛风或骨骼发育障碍可导致运动无力、两腿瘫痪，

偶有神经症状，运动缺乏灵活性。鸡冠苍白有皱褶，爪、喙色淡。母鸡产蛋量和孵化率降低；公鸡繁殖力下降、精液品质退化；受精率低，胚胎死亡率增高。

### 3. 病理变化

本病特征性病变是口腔、咽、食管黏膜有白色结节。种蛋常见蛋黄有血斑，鸡胚错位。

### 4. 诊断要点

根据临床症状和病理变化可对本病作出初步诊断。当口腔、咽、食管黏膜有白色结节时须与黏膜型鸡痘病、白色念珠病鉴别。

### 5. 防控技术

① 在采食不到青绿饲料的情况下必须保证添加有足够的维生素 A 预混剂，按 NRC（1994）推荐的维生素 A 最低需要量，雏鸡与育成鸡饲料维生素 A 的含量应为 1500IU/kg，种鸡为 4000IU/kg。

② 全价饲料中添加合成抗氧化剂，防止维生素 A 贮存期间氧化损失；防止饲料贮存过久，不要预先将脂溶性维生素 A 掺入到饲料或存放于油脂中；避免将已配好的饲料和原料长期贮存；改善饲料加工调制条件，尽可能缩短必要的加热调制时间。

③ 已经发病的鸡只可用添加治疗剂量的饲料治愈，治疗剂量可按正常需要量的 3～4 倍混料喂，连喂约 2 周后再恢复正常。或每千克饲料 5000IU 维生素 A，疗程一个月。

## 二、维生素 D 缺乏症

维生素 D 缺乏可导致商品肉鸡骨骼疾病，种鸡产蛋性能下降、孵化率下降、未出壳雏鸡软骨营养不良等症状。

### 1. 病因

日料中缺乏维生素 D、钙与磷不足、钙与磷比例不当或鸡只缺乏光照等，均可导致维生素 D 缺乏症的发生。

### 2. 临床症状

感染本病的 2～3 周龄肉鸡的喙和爪变得柔软，易弯曲，行走明显吃力，行走不稳的走几步后便蹲伏在跗关节上，以此支撑着身体，同时身体轻微左右晃动，羽毛发育不良。

种鸡感染最初的症状是薄壳蛋和软壳蛋的数量明显增加，随后产蛋量明显下降。有的母鸡出现暂时性不能站立，但通常在产下一个软蛋后得以恢复。严重时，腿极度无力，母鸡表现为“企鹅蹲坐型”的特征性姿势。病鸡喙、爪和龙骨变得很软且易弯曲。胸骨通常弯曲，肋骨失去其正常的硬度，并在与胸骨和脊椎骨相接处向内弯曲，使肋骨沿着胸廓面形成一个特征性内弧圈。孵化率明显降低，胚胎死于第 18 天或第 19 天。未出壳的雏鸡软骨营养不良的发病率极高，具体表现为上颌骨或下颌骨缩短，以致上下颌骨闭合不正常。除生长停滞外，雏鸡还表现佝偻病。因矿化不全，病鸡长骨脆性增加，易弯曲。

**3. 病理变化**

特征性变化局限于甲状腺和骨骼，甲状腺体积变大，骨骼变软，易折断。肋软骨连接处的肋骨内侧面出现十分明显的结节（佝偻病性串珠肋骨），许多肋骨在此部位显示有病理性骨折。慢性维生素 D 缺乏时，骨骼出现明显变形。脊柱可能在荐骨与尾椎区向下弯曲，胸骨通常表现为侧向弯曲并在近胸中部急剧内陷。这些病变使胸腔体积变小，从而导致重要器官受到挤压。喙变软，易折断。雏鸡最主要内在特征为肋骨与脊柱的连接处呈串珠状，以及肋骨向下向后弯曲。胫骨和股骨的骨骺钙化不全。肉仔鸡常见颈骨软骨发育不良。

胚胎皮肤出现极为明显的浆液性大囊泡水肿，皮下结缔组织呈弥漫性肿胀。

**4. 诊断要点**

本病根据临床症状和病理变化可作出明确的诊断。应做好与氟中毒的鉴别诊断，二者临床症状相似，病理变化基本一致，主要区别在于氟中毒属于中毒病，具有发病急、死亡率高的特点。

**5. 防控技术**

一次性饲喂 15000IU 的维生素 $D_3$，对治疗雏鸡的缺乏症比在饲料中经常足量添加更有效。预防佝偻病而高剂量给药时，应注意大剂量的维生素 D 是有害的，如育成鸡甲状腺萎缩、粗壳蛋的发生率增加等。因此，维生素 D 的添加量应根据缺乏的程度进行调节，不应向饲料中添加过量的维生素 D。

## 三、维生素E缺乏症

维生素E缺乏症是以脑软化症、渗出性素质、白肌病和成鸡产蛋异常为特征的营养缺乏性疾病。

**1. 病因**

饲料维生素含量不足或配方不当或加工失误。矿物质破坏、多不饱和脂肪酸存在、饲料酵母曲、硫酸铵制剂等拮抗物质刺激脂肪过氧化、制粒工艺不当等情况下均会造成维生素E损失。籽实饲料一般条件下保存6个月维生素E损失30%～50%。饲料中硒不足也会导致该病。

**2. 临床症状和病理变化**

商品肉鸡维生素E缺乏引起脑软化症，表现为精神沉郁，瘫痪，常倒于一侧；出壳后弱雏增多，站立不稳；脐带愈合不良及扭颈、头插向两腿之间等神经症状。剖检可见小脑软化，水肿，有出血点和坏死灶，坏死灶呈灰白色斑点。

维生素E和硒同时缺乏时，雏鸡会表现渗出性素质，病鸡翅膀、颈胸腹部等部位水肿，皮下血肿。病鸡叉腿站立。

维生素E和含硫氨基酸同时缺乏，则表现为白肌病，胸肌和腿肌色浅、苍白，有白色条纹，肌肉松弛无力，消化不良，运动失调，贫血。

种鸡表现为产蛋率和种蛋孵化率降低，公鸡精子形成不全，繁殖力下降，受精率低。

**3. 诊断要点**

本病根据临床症状和病理变化可作出初步诊断。脑软化症表现神经症状时要与高致病性禽流感、鸡新城疫（肺脑型）、马立克氏病（神经型）、鸡传染性脑脊髓炎、大肠杆菌病（脑炎型）、肉毒中毒、食盐中毒、叶酸缺乏症、维生素$B_1$缺乏症、维生素$B_2$缺乏症和维生素$B_6$缺乏症相鉴别。渗出性素质应与葡萄球菌病、绿脓杆菌感染早期病变相鉴别。

**4. 防控技术**

（1）预防本病应注意以下几点　饲料中添加足量的维生素E，每千克鸡饲料应含有10～15IU。饲料中添加抗氧化剂，防止饲料贮存时间过长，或受到无机盐、不饱和脂肪酸所氧化及拮抗物质的破坏。饲料的硒含量应为0.25mg/kg。

（2）治疗　临床实践中，脑软化、渗出性素质和白肌病常交织在一起，若不及时治疗可造成急性死亡，通常每千克饲料中加维生素E 20IU，连用两周，可在用维生素E的同时用硒制剂。渗出性素质病每只可以肌注0.1％亚硒酸钙生理盐水0.05mL，或添加0.05mg/kg饲料硒添加剂。白肌病每千克饲料再加入亚硒酸钠0.2mg、蛋氨酸2～3g可收到良好疗效。脑软化症可用维生素E油或胶囊治疗，每只鸡一次喂250～350IU。饮水中供给速溶多维。植物油中含有丰富的维生素E，在饲料中混有0.5％的植物油，也可达到治疗本病的效果。

## 四、维生素K缺乏症

维生素K是一组萘醌衍生物，天然存在的有维生素$K_1$、维生素$K_2$两种形式，维生素$K_1$是由植物绿叶中形成，又叫叶绿醌，维生素$K_2$由动物肠道内微生物合成。现在还有人工合成的维生素$K_3$（现市售的有亚硫酸氢钠甲萘醌、亚硫酸氢钠甲萘醌复合物、亚硫酸氢钠二甲嘧啶甲萘醌）。天然的维生素K是脂溶性的，对热稳定，但在氧、碱、强酸、光照以及辐射等环境下易被破坏；人工合成的维生素$K_3$是水溶性的。在生物活性方面三者的比例关系为：$K_3$：$K_1$：$K_2$＝4：2：1。现市售的维生素$K_3$系列产品中，其生物活性1mg $K_3$（甲萘醌）＝2.0mg纯亚硫酸氢钠甲萘醌（MSB）＝4.0mg亚硫酸氢钠甲萘醌复合物（MSBC）＝4.3mg亚硫酸氢钠二甲嘧啶甲萘醌（MPB）。

维生素K缺乏将显著降低血液凝固的速度，从而引起出血。

### 1. 病因

正常情况下很少发生维生素K缺乏病，笼养鸡只有在以下情况下较易发生。

（1）长期采食贮存过久、经过阳光暴晒或发霉变质的饲料。

（2）家禽虽然可由肠道微生物合成维生素K，但由于合成部位非常接近消化道末端，加之饲料通过鸡消化道速度较快，几乎无法利用，再者笼养或网养的家禽啄食不到粪便，肠道微生物合成的维生素K满

足不了家禽的需要；尤其雏鸡肠道微生物较少，自身合成能力差；长期使用广谱抗生素，破坏了肠道微生物正常菌群，抑制了维生素K的合成；患球虫病而用磺胺类药物或其他药物治疗时，维生素K的添加量应比正常条件下提高10倍，否则易引起缺乏症。

（3）饲料或预混料中含水量高或含有大量氯化胆碱和碱性矿物元素时，维生素K的稳定性将受到影响，添加量必须加大，尤其对于需要长期贮存的预混料更应如此，否则易引起缺乏症。

（4）母鸡饲料中维生素可以通过种蛋传递给雏鸡，种蛋中贮存的维生素也仅有40%左右能贮备到新生雏鸡的卵黄囊中，因此种鸡饲料缺乏维生素K时，必然造成种蛋维生素K贮备不足，使胚胎在孵化至18d至出雏期间因各种不明出血而导致死亡。

（5）家禽患肠炎、肠道寄生虫或肝脏疾病时可影响到维生素K的吸收和转运，从而使需要量比平时增加。

**2. 临床症状**

本病成年鸡少见，主要见于2～3周龄鸡，雏鸡可因轻微擦伤或创伤而血流不止，血凝时间延长，甚至引起死亡。出血多在胸部、腿部、翅下，甚至腹腔、消化道，但发现最多的为皮下出血。由于出血，雏鸡精神沉郁，发育迟缓，常缩颈、扎堆；鸡冠、肉髯苍白，贫血。一般情况下死亡率不高。严重缺乏时亦可因过度贫血或肝、肾、脾等内脏器官出血不止而突然死亡。

**3. 病理变化**

死亡雏鸡发育不良，贫血。两腿、翅下、颈部皮下、胸肌、胃肠黏膜等处均有大小不等的出血点，肝、肾严重贫血并有针尖大小出血点，严重时腹腔、胸腔积满血液且凝固不良。有学者认为，家禽的肌胃出血区形成局灶性溃疡具有证病性。

**4. 诊断要点**

（1）主要特征为容易出血且血流不止，凝血时间延长。可利用测定“凝血酶原转化时间”有效地评价维生素K的缺乏与否，正常动物体内凝血酶原转化时间为17～20秒，而严重缺乏维生素K的鸡这一时间将延长到5～6min或更长。

（2）胸部、腿部、翅膀等处皮下出血，出血多少与缺乏程度有关。

（3）急性败血型葡萄球菌病也可引起的胸、腹等处皮下出血，但根据病理变化易于鉴别。

**5. 防控技术**

预防本病的发生，主要依靠供给富含维生素 K 的全价饲料，可选用一些含维生素 K 丰富的饲料原料，如苜蓿草粉、鱼粉等，并注意在饲料中添加维生素 $K_3$ 添加剂。在防治球虫及其他疾病需要使用抗生素和磺胺类药物，或家禽、患有肝脏消化道疾病造成吸收障碍时，家禽对维生素 K 的需要量增加，应加大添加剂量。为防止维生素 K 受破坏而失效，应注意不要长期堆放或在阳光下曝晒饲料。

鸡群出现维生素 K 缺乏症时，每千克饲料中添加维生素 $K_3$ 10～20mg，饲喂一段时间即可使血液凝固恢复正常，之后可改为推荐量添加。个别病重鸡可用维生素 $K_3$ 肌注治疗，每日每只雏鸡注射 1mL，连用 2d 即可恢复。

## 五、维生素 $B_1$ 缺乏症

维生素 $B_1$（又称硫胺素、抗神经炎维生素），维生素 $B_1$ 缺乏时，不但会影响神经组织生物膜的自我更新，而且会造成胆碱能神经纤维功能异常，从而使胃肠运动减弱、消化液分泌减少，骨骼肌运动能力降低。所以家禽患多发性神经炎时，常伴有消化不良、食欲不振、肌肉收缩缓慢无力等症状。

**1. 病因**

维生素 $B_1$ 极易溶于水，对碱、紫外线极不稳定，干燥条件下对热很稳定，潮湿条件下对热不稳定。维生素 $B_1$ 广泛分布于禾谷科籽实及其加工副产物，如麦麸、米糠、花生饼（粕）、棉籽饼、豆饼（粕）中含量较丰富，啤酒酵母中含量极为丰富，故一般不易缺乏。

维生素 $B_1$ 缺乏症的原因主要有：

（1）长期饲喂缺少糠麸的精磨谷物饲料，饲料长期贮存、发霉变质或混有碱性物质及大量使用劣质鱼粉（霉变饲料和劣质鱼粉含有硫胺素酶）均可以造成维生素 $B_1$ 缺乏。

（2）维生素 $B_1$ 与碳水化合物代谢密切相关，高碳水化合物饲料会增加维生素 $B_1$ 的需要量；脂肪和高剂量的维生素 C、山梨醇具有节约

维生素 $B_1$ 的作用。

(3) 寄生虫(如球虫感染)、腹泻和吸收不良会影响维生素 $B_1$ 的利用,诱发维生素 $B_1$ 缺乏症。

(4) 维生素 $B_6$、维生素 $B_{12}$ 缺乏时,动物组织中维生素 $B_1$ 减少;叶酸缺乏时,动物对维生素 $B_1$ 的吸收减少。

(5) 种鸡缺乏维生素 $B_1$ 不仅会使孵化率降低,而且孵出的雏鸡如不及时饲喂富含维生素 $B_1$ 的饲料也会出现缺乏症。

**2. 临床症状**

雏鸡缺乏维生素 $B_1$ 时,多在两周内突然发病。主要表现为:厌食(特别明显)、生长迟缓、消瘦、贫血、体温降低、腿软无力等症状,有时病鸡有下痢症状,继而由于多发性神经炎,腿、翅、颈的伸肌痉挛,病鸡飞节和尾部着地,头向后仰,角弓反张,呈特殊的"观星"姿势;有时倒地侧卧,头仍向后仰,严重时衰竭死亡。

成年鸡维生素 $B_1$ 缺乏时,多在3周后发病,病鸡也出现厌食、体重减轻症状,常出现蓝色冠,逐渐发展为多发神经炎或外周性神经炎症状,开始脚趾的屈肌出现麻痹,进而蔓延到腿、翅、颈部,致使鸡行走困难,重者卧地不起。

**3. 病理变化**

剖检可见皮下水肿,肠壁松弛或萎缩;右心常扩张松弛(心房较心室明显);慢性病鸡会发生生殖器官萎缩(公鸡比母鸡明显),青年公鸡睾丸发育受阻,产蛋母鸡输卵管萎缩;雏鸡肾上腺肥大,母鸡比公鸡明显。

**4. 诊断要点**

从特征性"观星"症状、胃肠壁松弛和心脏萎缩等病理变化即可做出初步诊断。注意与脑炎型新城疫、维生素E缺乏引起的脑软化症、传染性脑脊髓炎、大肠杆菌脑炎型等疾病引起的神经症状相鉴别。

**5. 防控技术**

注意在饲料中添加维生素 $B_1$,供给全价营养饲料。

(1) 鸡对维生素 $B_1$ 的需要量很大,营养标准规定的含量为每千克饲料肉鸡为1.8mg。实践中推荐补充量为每千克饲料2~3mg。

(2) 在饲料加工时,防止碱性物质对硫胺素的破坏;配合饲料不

宜存放太久；避免误用劣质鱼粉作为饲料原料；适当选用一些富含维生素 $B_1$ 的原料，如各种谷类、麸皮、啤酒酵母等。

（3）在炎热的夏季以及鸡群有胃肠道疾病时，由于腹泻机体对维生素 $B_1$ 的吸收率降低，可适当提高维生素 $B_1$ 的添加量。

（4）患病鸡群可用硫胺素治疗，每千克饲料添加 20mg，连用 1～2 周。重症鸡可肌注维生素 $B_1$，雏鸡每日两次，每次 1mg；成年鸡每次 5mg，连用数日，期间多种维生素添加剂量可提高到每吨料 500g。

## 六、维生素 $B_2$ 缺乏症

维生素 $B_2$（核黄素）缺乏可造成机体的物质代谢障碍，出现各种缺乏症状。维生素 $B_2$ 对热稳定，遇光（特别是紫外线）易分解。绿色植物的叶片富含核黄素，动物性饲料、酵母、花生粕、菜籽粕中含量较丰富，而禾本科饲料含量较低。

### 1. 病因

（1）饲料长期贮存、曝晒或饲料中含有碱性物质，均可以使维生素 $B_2$ 均可以使维生素受到破坏，导致维生素 $B_2$ 的缺乏。

（2）鸡维生素 $B_2$ 的需要全靠从饲料中摄取，如饲料中维生素 $B_2$ 含量不足或多种维生素添加剂质量低劣，可导致维生素 $B_2$ 缺乏。

（3）雏鸡、种鸡对维生素 $B_2$ 需要量较大；饲喂高脂肪低蛋白饲料时和低温条件下，鸡对维生素 $B_2$ 的需要量增加，应注意补足。

### 2. 临床症状

2～3 周龄肉鸡表现为生长缓慢，机体消瘦，皮肤干而粗糙；羽毛粗乱，绒毛稀少；消化机能紊乱，严重腹泻。其特征性症状是产生“卷趾麻痹症”（彩图 6-17），爪向内卷曲成拳状，以中趾尤为明显；跖趾关节肿胀，两脚不能站立，常以双翅支持身体向前行走。严重时腿部肌肉萎缩，鸡伸开腿躺卧于地，常被其他鸡踩死。产蛋高峰期种鸡缺乏维生素 $B_2$，也有明显的“卷爪”症状，但主要是产蛋率下降，蛋白稀薄；种蛋孵化率降低，胚胎在孵化的 12～14d 大量死亡。

### 3. 病理变化

病鸡两侧坐骨神经和臂神经显著肿大，变软，有时比正常粗 4～5 倍，两侧迷走神经也有肿大现象；肝脏肿大，含脂肪较多；胃肠道黏

膜萎缩，肠内有多量泡沫状内容物。孵出的初生雏鸡即出现足趾卷曲，绒毛蓬乱，并出现特征性的结节状绒毛，咀歪，趾弯曲。

**4. 诊断要点**

从特征性的卷爪症状和坐骨神经、臂神经、迷走神经呈均衡双侧性肿大，以及胚胎的结节状绒毛可做出诊断。注意与马立克氏病的单侧性坐骨神经、臂神经肿胀相区别。

**5. 防控技术**

注意用全价料饲喂鸡群，在配合饲料时选用一些富含维生素 $B_2$ 的饲料原料，如动物肝脏、酵母、鱼粉、糠麸等；在饲料加工过程中，应避免在阳光下曝晒饲料和在饲料中混入碱性物质。

对发病鸡群可用核黄素治疗，每千克饲料中添加 20mg，连用两周，同时适当增加饲料多种维生素添加量；对个别重症病例，可直接口服核黄素，雏鸡用量每只 0.1～0.2mg，育成鸡每只 5～6mg，产蛋鸡每只 10mg，连用一周，一般可收到良好效果。对于趾爪卷曲、不能站立的鸡只，如用药后仍无效，应予以淘汰。如发现种鸡缺乏维生素 $B_2$，造成种蛋孵化率低、死胚增加，也可用核黄素治疗，一般一周后孵化率可恢复正常。

## 七、维生素 $B_6$ 缺乏症

维生素 $B_6$ 的缺乏可造成广泛的功能障碍，包括氨基酸代谢障碍，阻碍蛋白质的合成，减少蛋白质的沉积；雏鸡主动脉和骺软骨中胶原蛋白和弹性蛋白合成减少，影响动脉弹性和骨骼的钙化；运动失调；食欲降低；生长发育停滞；抗体产生减少。维生素 $B_6$ 是无色、易溶于水和醇的晶体，对热、酸、碱稳定，对光（特别是在中性或碱性条件下）敏感而易被破坏，它包括吡多醇、吡多醛和吡多胺（它们在动物体内的生物活性相同）。常见的商业制剂是吡多醇盐酸盐。

**1. 病因**

（1）饲料加工贮存不当，如饲料在阳光下曝晒、贮存时间过久、饲料发霉等都可造成维生素 $B_6$ 损失。

（2）维生素 $B_6$ 的需要量随饲料蛋白水平的增加而增加，胆碱含量过高时，鸡对维生素 $B_6$ 的需要量增加。

### 2. 临床症状

雏鸡表现为生长发育停滞，食欲不振，饲料转化率低，贫血；羽毛粗糙，脱毛。特有的神经症状，如表现异常兴奋，盲目奔跑、转动，伴有吱吱叫声，听觉紊乱，运动失调，翅膀扑击；进而腿软弱，以胸着地，头和腿急剧抽动、痉挛以至衰竭死亡。骨短粗，表现为一条腿严重跛行，一侧或两侧爪的中趾的第一关节向内弯曲。成年鸡食欲降低，产蛋率和种蛋孵化率下降。

### 3. 病理变化

脊髓和外周神经变性，眼睑炎性水肿，肌胃糜烂；严重缺乏时，产蛋母鸡卵巢、输卵管和肉垂退化。

### 4. 诊断要点

雏鸡异常兴奋，盲目奔跑转圈，运动失调，痉挛；严重跛行，中趾第一关节向内弯曲，肌胃糜烂；严重时生殖系统退化。必要时，可测定血浆转氨酶活性。维生素 E、维生素 $B_1$ 缺乏以及传染性脑脊髓炎、大肠杆菌型脑炎均可表现为共济性失调症状，但它们有明显的区别：维生素 E 缺乏脑充血水肿，有散在出血点，大脑后半球有液化灶，脑实质软化。维生素 $B_1$ 缺乏有特征性的“观星”症状。传染性脑脊髓炎有头颈震颤现象，倒提或受惊时，症状尤为明显。大肠杆菌型脑炎表现为垂头，昏睡状；脑充血、出血，脑膜及脑实质有许多针尖大出血点，涂片镜检有革兰氏阴性小杆菌。

### 5. 防控技术

不同生长阶段的鸡每千克饲料维生素 $B_6$ 的需要量在 3.0～3.5mg 之间。治疗可于每 kg 饲料中加入 10～20mg 维生素 $B_6$ 或每只成年鸡注射 5～10mg 维生素 $B_6$。

## 八、生物素缺乏症

生物素又名维生素 H，或称辅酶 R。生物素能溶于热水，它在常温下相当稳定，但高温和氧化剂可使其失活。在饲料中绝大部分生物素以与赖氨酸或蛋白质结合状态存在。结合状态的生物素不能被动物直接利用，需在肠道经生物素降解酶作用释放出游离生物素后，方可被小肠主动吸收。

在机体内生物素的主要生理功能是在脱羧-羧化反应和脱氨基反应中起辅酶作用，常见的生物素酶有乙酰辅酶A羧化酶、丙酮酸羧化酶、丙酰辅酶A羧化酶和$\beta$-甲基丁烯酰辅酶A羧化酶，它们与碳水化合物和蛋白质之间的相互转化、碳水化合物和蛋白质向脂肪的转化有关。当机体碳水化合物摄入不足或血糖水平降低时，蛋白质和脂肪可通过生物素酶的作用进行糖的异生，维持血糖水平的稳定。此外生物素还与乙酰胆碱的合成、蛋白质代谢、溶菌酶的活化和皮脂腺的功能等有关。因此当生物素缺乏时，将导致这些代谢的机能障碍，引起一系列的临床症状和病理变化。

**1. 病因**

(1) 雏鸡缺乏生物素主要是它对谷物中的生物素利用率低，雏鸡只能利用其一半左右，加之玉米中生物素含量较低，鸡饲料又以玉米为主，如不注意补充生物素，易造成缺乏症。

(2) 饲料发霉、酸败、贮存时间过长、高温、高湿等因素会使饲料中的生物素被破坏。如在饲料中添加酸败的脂肪、不新鲜的鱼粉、肉粉等都可使饲料生物素被破坏。

(3) 生物素和其它B族维生素一样，部分可由肠道微生物合成，因此胃肠道机能障碍或长期大剂量的内服抗生素药物，也可以造成生物素缺乏。

(4) 鸡蛋中含有抗生物素蛋白，故有啄癖的鸡群易发生生物素缺乏症。

(5) 饲料中蛋白质水平、不饱和脂肪、维生素C、维生素$B_1$、维生素$B_2$、维生素$B_6$、维生素$B_{12}$和肌醇都与生物素的需要量和代谢有关。

**2. 临床症状和病理变化**

雏鸡生物素缺乏表现为足底粗糙、龟裂、出血，严重者足趾坏死；口角和眼边出现皮炎，眼皮肿胀，上下眼皮黏合，此外有时还出现胫骨弯曲的骨骼发育异常。

3～5周龄肉用仔鸡生物素缺乏表现为脂肪肝-肾病综合征。症状为胸颈部麻痹，垂头站立，继而头着地伏下，数小时后死亡，发病率一般不超过6%，大群生长缓慢。剖检可见肝、肾肿大，呈暗白色，肝

脏脂肪沉积，体脂肪呈粉红色，肌胃和肠道内有黑色液体滞留。

种鸡生物素缺乏对产蛋率无不良影响，但种蛋孵化率降低，严重时可降为零。胚胎的骨骼发育畸形，表现为孵化的第一周及第19天死亡率较高，死亡的胚胎胫跗骨变短并向后弯曲，跖骨、翅膀和头骨也变短，鹦鹉嘴，与缺锰相似，肩胛骨变短并弯曲。出壳的雏鸡常表现软骨营养障碍，即使不表现症状，生活力和生长潜力也降低。

**3. 诊断要点**

种鸡有食蛋癖或饲料中含有不新鲜的肉渣、肉粉、鱼粉，种蛋孵化率低，胚胎骨骼发育异常。雏鸡首先足部出现皮炎病变，足底粗糙、开裂、出血。肉用仔鸡肝肾肿大，体脂肪呈粉红色，消化道有黑色液体。注意与泛酸所引起的皮炎相区别：泛酸缺乏症的皮炎首先出现于口角、眼睑、腿，严重时才波及足底；而本病皮炎首先出现于足底，之后才发展到口角、眼边。

**4. 防控技术**

供给全价饲料，加强饲养管理。由于市售多种维生素一般不含生物素，故应注意选用一些富含生物素的原料，如大豆粕、动物性蛋白饲料、青绿饲料等；严禁使用腐败的动物性饲料，以免饲料维生素遭到破坏；合理光照、通风良好、勤清粪，为鸡群提供良好的饲养和饲料环境，防止啄癖发生而诱发生物素缺乏。为保险起见，最好在饲料中添加生物素，以满足鸡群正常发育和生长的需要。

每千克饲料生物素的含量应为：种母鸡和肉用仔鸡0.15mg。种鸡产蛋期生物素添加量应在每千克饲料0.2～0.4mg之间。

出现缺乏症时，可用生物素进行治疗，每千克饲料添加0.15mg生物素，同时改善饲料配方。

## 九、维生素$B_{11}$缺乏症

维生素$B_{11}$又名叶酸，其本身不具有生物活性，需在体内转化成四氢叶酸后才具有生物活性。维生素$B_{11}$是黄色至橙黄色的结晶粉末，微溶于水，易溶于稀碱，溶于稀酸，在空气中稳定，在中性和碱性溶液中对热稳定，但在酸性溶液中加热易分解，易被光破坏，在室温下长期保存则叶酸容易损失。

维生素 $B_{11}$ 对核酸的合成有直接影响，并对蛋白质的合成和新细胞的形成具有重要的促进作用；影响神经递质乙酰胆碱的合成。故维生素 $B_{11}$ 的缺乏除表现为生长停滞外，还表现为血细胞的发育和成熟障碍，造成巨幼红细胞性贫血和白细胞减少；此外还造成中枢和外周神经系统功能障碍，引起神经症状和胃肠道功能异常。

**1. 病因**

(1) 家禽以含叶酸很少的玉米为主要饲料原料，如不补充叶酸，可造成缺乏症.

(2) 饲料贮存过久、在阳光下曝晒可造成叶酸损失。

(3) 饲料蛋白和脂肪水平提高，饲料中胆碱、维生素 $B_{12}$、维生素 C 和铁缺乏均可提高鸡对叶酸的需要量。

(4) 鸡快速生长期、种母鸡对叶酸的需要量较高。

**2. 临床症状**

病鸡表现生长停滞，贫血；羽毛发育不良，有色羽种出现白羽(叶酸、赖氨酸和铁是防止羽毛色素缺乏的必要物质)；胫骨短粗，滑腱症，喙呈交错形；头颈部麻痹（抬头颈向前伸直下垂，喙触地)，症状同肉毒毒素中毒极为相似。成年鸡缺乏叶酸造成产蛋率下降，种蛋孵化后期破壳困难而死。

**3. 病理变化**

剖检可见胃肠黏膜有点状出血，肝脏、脾脏、肾脏贫血，骨髓苍白。血液涂片镜检可见巨幼红细胞增多、颗粒白细胞减少。

**4. 诊断要点**

颈部麻痹，有时胫骨短粗，出现滑腱症。贫血，骨髓苍白，血液涂片可见颗粒白细胞减少。注意与肉毒毒素中毒所引起的头颈麻痹区别：叶酸缺乏病鸡精神尚好，胫骨短粗，有时有滑腱症；肉毒毒素中毒呼吸急促，两眼呈深睡状，系饲料中含有变质的动物性蛋白饲料所致。

**5. 防控技术**

保证饲料中叶酸的含量，在配合饲料时，除了选用一些含叶酸较丰富的原料（如胡麻饼、苜蓿草粉、棉粕等）外，最好适当添加叶酸制剂。营养标准要求每千克饲料中叶酸含量为：肉用仔鸡 0.55mg，种母鸡0.35mg。生产实践中推荐补充量为肉用仔鸡1.0～2.0mg，种鸡后备鸡0.8～1.2mg，种母鸡产蛋期1.5～2.5mg。

出现叶酸缺乏症时，可每千克饲料添加5mg叶酸进行治疗，连用一周；也可每只鸡肌注50～100μg叶酸制剂，每日一次，连用5～7d。治疗同时，适当增加饲料多种维生素含量、补充氯化胆碱可提高疗效。

## 十、维生素$B_{12}$缺乏症

维生素$B_{12}$是唯一含有金属元素钴的维生素，又称为钴胺素，也是微量元素钴在体内发挥生理作用的形式。纯品的维生素$B_{12}$是粉红色结晶，在中性和酸性溶液中相当稳定，但易被日光、氧化剂和还原剂所破坏。

维生素$B_{12}$的缺乏必影响机体的生长发育、造血机能、上皮细胞的生长和神经系统的功能，表现为以贫血为主征的一系列临床症状。

### 1. 病因

（1）尽管家禽肠道内微生物可以合成维生素$B_{12}$，但笼养鸡无法从粪便或土壤中获取微生物；家禽患有胃肠疾病、长期使用抗生素时可影响维生素$B_{12}$的合成，以上条件下，如不注意补充，易于发生缺乏症。

（2）由于植物一般不含有维生素$B_{12}$，如饲料中缺乏动物性饲料，也会造成饲料维生素$B_{12}$缺乏。

（3）饲料中大量的维生素C可以破坏其中的羟钴胺素；在维生素C、维生素$B_1$和铜存在时可以使饲料中一部分维生素$B_{12}$变为其同类物，其中一些还具有抗维生素$B_{12}$的作用，从而造成鸡对维生素$B_{12}$的需要量提高。

### 2. 临床症状和病理变化

雏鸡生长停滞、饲料转化率下降，贫血、脂肪肝、鸡冠和肉髯苍白，死亡率增加。种鸡表现为产蛋率下降，肝肾脂肪化；种蛋孵化率降低，胚胎往往于孵化的16～18d死亡，死胚腿肌萎缩，器官脂肪化，有出血、水肿现象。

### 3. 诊断要点

仅从本病的临床症状较难作出确诊，可通过饲喂实验或测定饲料

维生素 $B_{12}$ 的含量进行确诊。

**4. 防控技术**

营养标准要求鸡饲料中每千克饲料维生素 $B_{12}$ 的含量为：肉用仔鸡 0.009mg，种母鸡 0.004mg。为可靠起见推荐添加量为肉用仔鸡 0.02～0.03mg，种母鸡产蛋期 0.02～0.04mg。

对发病的鸡群，除了在每千克饲料中添加 0.01mg 维生素 $B_{12}$ 外，对个别病重鸡可每只肌肉注射维生素 $B_{12}$ 2～4μg，每日一次，连续数日，可收到良好效果。

## 十一、胆碱缺乏症

胆碱又称为维生素 $B_4$，是磷脂、乙酰胆碱等物质的组成成分，为动物机体所必需。在鸡体内可以由丝氨酸和蛋氨酸合成，但雏鸡体内合成胆碱的速度不能满足其需要。胆碱缺乏将导致机体脂肪代谢障碍，使脂肪在肝脏沉积，形成脂肪肝；导致肌肉、消化道以及输卵管运动等障碍，引起厌食、共济性失调、瘫痪、蛋滞留等症状。

**1. 病因**

(1) 鸡对胆碱的需要量大，尤其是雏鸡，家禽饲料中含有一定量的胆碱，鸡体内也能合成一些，且随着日龄的增大其合成能力提高，但其合成速度不能满足生长发育的需要，如不注意添加易于发生缺乏症。另外机体合成胆碱的能力与生长期饲料中添加胆碱的量有关，生长期饲料中添加过多的胆碱，会造成鸡自身胆碱的合成能力下降，使成年后对胆碱的缺乏更加敏感。

(2) 胆碱是在肝脏合成的，维生素 $B_{12}$、蛋氨酸和叶酸在胆碱的合成中起重要作用，所以当家禽患有肝脏疾病或饲料中维生素 $B_{12}$、蛋氨酸和叶酸含量不足时，也可以造成胆碱缺乏。另外肝脏合成胆碱的原料是蛋氨酸和丝氨酸，如果饲料中胆碱水平合适，则蛋氨酸不必被当作合成胆碱的原料来使用。因胆碱价格很便宜，适量的添加胆碱不但可以节约蛋氨酸，也比较经济。

(3) 胆碱的需要量与饲料能量浓度有关，当喂给高能量高脂肪饲料时，一方面鸡的采食量减少，摄入的胆碱量不足；另一方面肝脏也需要更多的胆碱来合成脂蛋白以运出肝内脂肪，因此应注意饲料中胆

碱的添加。

（4）维生素 $B_2$ 和 $B_5$ 在机体内与胆碱的利用有关，当其缺乏时会造成胆碱的利用障碍，出现类似的胆碱缺乏症。

**2. 临床症状**

雏鸡缺乏胆碱表现为厌食、生长迟缓，首先出现跗关节周围有点状出血和轻度膨大，进一步则跖骨扭转变形弯曲，不能与胫骨成直线，出现滑腱症而瘫痪。成年鸡缺乏胆碱表现为精神不振，采食量下降，鸡群产蛋率低；站立不稳或瘫痪；肉髯或鸡冠色淡发白或发紫并带黄色，有时突然死亡，冠变白色，大群中肥胖鸡多。

**3. 病理变化**

雏鸡可见与锰缺乏相似的滑腱症，肝脏脂肪含量较多，发黄。种鸡剖检可见皮下、腹部和肠系膜脂肪过分蓄积；肝脏显著肿大，边缘钝圆、发黄而油腻，质脆易碎，刀切割时在刀面上有脂肪滴。有时肝脏有出血点、血肿或肝破裂，周围有大量血凝块。

**4. 诊断要点**

雏鸡出现滑腱症。成年鸡群中肥胖鸡多，剖检可见肝脏脂肪含量增加，体脂过分蓄积，并出现典型的脂肪肝。必要时可进行饲料分析和治疗实验。

大肠杆菌病、沙门氏菌病可引起的肝脏肿大，但肝脏脂肪含量较少，也没有骨骼发育异常和滑腱症。锰、叶酸、烟酸缺乏所引起的骨短粗和滑腱症与本病有相似之处，但锰缺乏无肝脏异常，烟酸缺乏无滑腱症而有皮炎症状，叶酸缺乏有典型的贫血和软颈症状。

**5. 防控技术**

防治本病，首先要保证在饲料配合时满足鸡对胆碱的需要，尤其是雏鸡的需要，同时保证饲料中维生素 $B_{12}$、蛋氨酸、叶酸、维生素 $B_2$、$B_5$ 等的含量，以保证机体胆碱的合成和胆碱的利用正常进行。营养标准要求每千克饲料胆碱的含量为：0～4 周肉用仔鸡 1300mg，5 周龄肉用仔鸡 850mg，种母鸡 500mg。市售氯化胆碱一般为 50%的预混剂，使用时应折合成纯品添加。

出现胆碱缺乏症后可采取以下措施：每吨饲料中添加 50%氯化胆碱 3kg，维生素 E 1 万 IU，维生素 $B_{12}$ 12mg，肌醇 1kg，连续治疗两

周，期间增加饲料多种维生素添加量。

## 十二、钙、磷缺乏或过多症

机体内钙含量的99%以上和磷含量的80%左右存在于骨骼中，其余的钙以游离状态分布于体液中，其余的磷除了大部分构成机体的软组织外，小部分以磷酸根的形式存在于体液中。血液中的钙、磷水平受机体甲状旁腺激素、降钙素和1，25-二羟维生素$D_3$的调节，并与骨骼中的钙、磷保持动态平衡。

### 1. 病因

在饲料原料质量有保证的条件下，一般不易发生钙磷缺乏或过多等问题。本病多发生于一些自配饲料或利用小型饲料厂饲料的养殖户，而且往往是因饲料原料质量低劣或掺假，而又没有有效的质量监控手段所致；有时也有可能是由于养殖户盲目添加骨粉或石粉所致。

### 2. 临床症状和病理变化

（1）缺钙或钙过量　雏鸡或青年鸡缺钙表现为：生长迟缓，骨骼发育不良、质脆易折或变软易弯曲；严重时两腿变形外展，走路不稳，胸廓变形，龙骨弯曲，形成佝偻病。产蛋肉种鸡缺钙产蛋减少，蛋壳变薄，易碎；严重时产软壳蛋、无壳蛋，造成产蛋率大幅度下降乃至停产，出现瘫鸡。

饲料中含钙过多对雏鸡和青年鸡危害较大，会使尿液pH和钙的浓度升高，从而造成尿酸盐在肾脏和输尿管沉积，损害肾脏，引起内脏痛风、输尿管结石。成年鸡高钙（含钙量超过4.5%）使饲料适口性下降，采食量减少，产蛋率降低，蛋壳粗糙，蛋壳上有白垩状沉积。

（2）缺磷或磷过多　雏鸡或青年鸡缺磷表现为严重厌食，倦怠；雏鸡生长迟缓，骨骼发育不良，严重时同缺钙一样，发生软骨症或佝偻病；青年鸡鸡冠不发育，生殖器官发育延迟，开产严重推迟；肉种鸡产蛋率降低，蛋壳质量下降。

饲料中磷过多会影响钙的吸收利用，出现与缺钙同样的症状。

### 3. 防控技术

保证饲料原料质量，合理配合饲料，是保证供给鸡群适宜的钙磷含量和钙磷比例的前提条件，因此有必要对所用的原料（如骨粉、鱼粉、贝壳粉、石粉等，甚至蛋白类饲料）进行钙磷分析，不合格的原料尽可能不用。鸡对植物性饲料中磷的消化率约为30%，故饲料有效磷的含量=动物饲料磷+矿物饲料磷+植物饲料磷×30%，保证饲料有效磷的含量能满足鸡发育和生产的需要；尽管石粉含钙量与贝壳粉相似，但石粉适口性差，通过消化道较快，消化率低，有些石粉含镁盐较多，会干扰锰、磷吸收利用，故有条件时还是以贝壳粉为钙源较好；可根据蛋鸡不同时期产蛋率的高低，适当调节饲料钙的含量，以满足产蛋鸡对钙的需要。饲料钙的含量(%)=$D/0.22If$（其中，$D$为产蛋率,%；$If$为每只鸡日进食量，g；0.22为经验系数）。

发病后应及时改善饲料，将钙磷比例调到营养标准需要量，并适当增加饲料维生素D及多种维生素的含量，必要时可在饲料中添加适量的鱼肝油。个别较重的鸡，可每日喂服鱼肝油两滴。对骨骼已变形的鸡只，应予以淘汰。

## 十三、锰缺乏症

锰是鸡正常生长、繁殖所必需的微量元素之一，锰的缺乏除了引起骨骼短粗、滑腱症外，还会引起神经症状和繁殖机能障碍。

### 1. 病因

以玉米、豆粕为主的饲料，由于含锰量很低，必须补充锰的含量。如果微量元素添加剂质量低劣，极易发生锰缺乏。饲料中胆碱、烟酸、生物素及维生素$B_2$、维生素$B_{12}$、维生素$D_3$含量不足时，机体对锰的需要量增加。饲料中钙、磷、铁、植酸含量过多时，会影响锰的吸收，导致缺乏症。锰缺乏症与鸡的品种有关，重型鸡比轻型鸡更易患锰缺乏症。

### 2. 临床症状和病理变化

雏鸡缺锰表现为生长停滞，骨骼发育不良，骨短粗和滑腱症，即跗关节肿胀，胫骨远端和跖骨近端弯曲或扭转，后跟腱从跗关节的骨槽中滑出；腿屈曲无法站立和行走，造成采食、饮水困难，逐渐消瘦死亡。有的鸡胫骨、翅骨短粗，下颌骨缩短，呈鹦鹉嘴状。锰缺乏时，如按软骨症治疗，在饲料中添加大量的维生素A和维生素D，可造成发病率提高，使病情恶化。

种鸡锰缺乏，产蛋量减少，蛋壳变脆、变薄；种蛋受精率、孵化率降低，鸡胚常于孵化至20～21d死亡，死胚呈现软骨发育不良，腿短粗，翅、喙短小（“鹦鹉喙”），头大、肚圆，75%的鸡胚水肿。刚出壳的鸡表现神经症状，易惊厥而共济失调，长成中雏后遇受惊吓，仍可表现为神经症状，如惊厥、头向下、向上、甚至扭向背部或勾向腹下。它们可以正常发育至成熟，但运动失调症状很难克服，这主要与耳前庭内平衡系统发育不良有关。

公鸡锰缺乏睾丸发育受阻、睾酮分泌减少，曲细精管变细、精子数减少。

**3. 防控技术**

保证鸡饲料中锰的含量至少应达到营养标准要求量，每千克饲料中锰的含量为：肉用仔鸡60mg，种用母鸡60mg。多项研究证明，鸡达到最佳生长状态、最高产蛋率和最大程度降低滑腱症发病率，对锰的需要量约为每千克饲料100mg。

保证饲料中钙、磷含量以及胆碱、叶酸、生物素、烟酸、维生素D、维生素$B_2$、维生素$B_{12}$的含量，对防止锰缺乏有促进作用。

发生锰缺乏时，每100kg饲料加10～20g硫酸锰、氯化胆碱100g、多种维生素40g喂服。或用每100kg水加5～10硫酸锰饮服。已经出现腿骨变形或滑腱症的鸡只，很难治愈，最好淘汰。

## 十四、锌缺乏症

锌在动物体内的含量在微量元素中仅次于铁，占第二位，几乎分布于所有组织器官中。在六大类酶（氧化还原酶、转移酶、水解酶、裂合酶、异构酶和合成酶）中，都有锌酶的存在。锌对家禽的生长发育、造血功能的正常、皮肤和黏膜的完整、羽毛的正常发育以及增强抗病能力都具有重要作用。

**1. 病因**

（1）家禽常用饲料中均含有一定量的锌，其中以糠麸类、饼粕类、鱼粉、肉骨粉锌的含量较高，而玉米的含量较低。鸡对饲料中锌的最低需要量为每千克饲料40mg，营养标准要求每千克饲料锌的含量为肉用仔鸡60mg，种母鸡为65mg，而一般基础饲料中含锌较低，在

25～30mg/kg，故必须补加，否则易引起缺乏症。

(2) 饲料中钙、磷太多或铜、铁、锰、植酸盐过多均可干扰锌的吸收，诱发缺乏症。

(3) 胃肠道机能障碍、慢性腹泻都可造成机体对锌的吸收障碍，一起缺乏症。

(4) 饲料中维生素 A、维生素 $B_2$、生物素、泛酸、维生素 $B_6$ 等缺乏时，可加重锌缺乏症状。

**2. 临床症状和剖检病变**

雏鸡缺锌生长发育迟缓，羽毛干燥、缺损、无光泽，羽毛末端有不同程度折损，尤其以翼羽和尾羽折损严重。严重者羽轴有不同程度的弯曲，呈角化坏死性串珠状结节；副羽和小枝羽则略见缺损。飞节肿大，腿趾短粗，其程度随缺锌程度加深而加剧，最终引起运动障碍。趾和腿部表皮角质层角化严重，爪开裂有深缝，甚至发生腿趾坏死性皮炎。

成年肉种鸡在缺锌比较严重时，羽毛也有缺损，但主要表现为产蛋率下降，种蛋孵化率降低，鸡胚胎发育受阻，死亡率高。出壳雏鸡体弱、多畸形。公鸡锌缺乏，表现为睾丸发育不良，生精能力和精子活力下降。

**3. 防控技术**

本病的预防，主要是依据不同生长和生产阶段鸡对锌的需要量，在饲料中添加适量的锌，并补足各种维生素的含量，防止钙、磷太多或铜、铁、锰、植酸盐过多。

对已发病的鸡群，可于每 50kg 饲料中添加硫酸锌 5～10g，同时增加饲料中多种维生素的添加量。

## 第七节　中毒性疾病

### 一、真菌毒素中毒

#### (一) 黄曲霉毒素中毒

黄曲霉毒素中毒是由于采食了被黄曲霉菌或寄生曲霉等污染的含

有毒素的玉米、花生粕、豆粕、棉籽饼、麸皮、混合料和配合料等而引起的。以幼龄的鸡最为敏感。

### 1. 病因

黄曲霉毒素是具有高毒性和致癌性的霉菌毒素，由黄曲霉、寄生曲霉和软毛青霉产生。所有家禽饲料和添加剂都有助于真菌生长和黄曲霉毒素形成。黄曲霉毒素在正常的饲料和食物中时相当稳定的，但对氧化剂如次氯酸盐（商业漂白粉）敏感。黄曲霉毒素 $B_1$ 的毒性最强，几乎对所有动物的肝脏都有原发毒性。慢性黄曲霉毒素中毒可使动物发生肿瘤，通常在肝脏发生，但在胆囊、胰腺、泌尿道和骨中有时也形成肿瘤。许多黄曲霉毒素的代谢活化产物都是致癌的，其中黄曲霉毒素 $B_1$ 是头号致癌物。

在饲料、垫料和环境中的曲霉菌属对肉鸡生产是一种威胁。黄曲霉毒素中毒对肉鸡直接或间接的影响包括：因热应激使死亡率增加；贫血、出血、肝脏损伤、瘫痪、跛行及生产性能受到影响；可使肉鸡对盲肠球虫、沙门氏菌、包涵体肝炎和传染性法氏囊病毒的易感性增加，还可使发病严重程度加剧；可使免疫失败，现在报道黄曲霉毒素中毒可使新城疫、传染性支气管炎、传染性法氏囊病和禽霍乱的疫苗免疫应答反应受损。黄曲霉毒素介导的免疫抑制表现为法氏囊、胸腺和脾脏萎缩。种鸡发生黄曲霉毒素中毒时，对发育后期的胚胎的 B 淋巴细胞具有毒性，使其子代发生免疫机能障碍。鸡血液巨噬细胞和网状内皮系统的异物清除功能损伤，且血液补体活性降低。鸡的细胞介导性免疫功能降低。黄曲霉毒素 $B_1$ 可聚积于鸡的生殖器官中，并转移到蛋（卵黄和蛋白中都存在）及孵化后的子代（卵黄囊和肝脏）中。

### 2. 临床症状

病鸡精神沉郁，食欲不振，生长缓慢，鸡冠苍白，虚弱，叫声异常，拉淡绿色稀粪，有时带血。翅下垂，腿和趾部呈现淡紫色、跛行。种鸡耐受性稍高，病情和缓，产蛋减少或开产期推迟，个别可发生肝癌，呈极度消瘦的恶病质而死亡，死前表现共济失调、抽搐和角弓反张。种鸡黄曲霉毒素中毒时，因胚胎死亡而使孵化率降低，这是黄曲霉毒素中毒最敏感的指标，且该指标比产蛋量更敏感。除轻度肝中毒外，产蛋量很少下降，但一旦发生产蛋量下降时，需要数周时间才能

恢复正常。

**3. 病理变化**

黄曲霉毒素可引起贫血，主要表现为红细胞压积、红细胞数、血红蛋白量和平均红细胞体积等降低。黄曲霉毒素可使血清总蛋白、脂蛋白、类胡萝卜素、胆固醇、甘油三酯、尿酸、钙、磷、铁、铜、锌和乳酸脱氢酶的浓度下降。血清山梨醇脱氢酶、谷氨酸脱氢酶和钾的浓度升高。黄曲霉毒素还干扰数种凝血因子（特别是凝血酶原）的活性，从而影响鸡的血液凝固。

急性中毒鸡肝脏呈黄色或土黄色、多灶性出血，肝被膜呈网格状外观。此时，随肝脂肪含量的增加，肝脏出现白色病灶；组织学变化可见肝细胞的胞浆中形成脂肪空泡、核增大且核仁明显、胆管增生和肝组织纤维化。门管区可见嗜碱性空泡化的再生肝细胞，且有异嗜细胞和单核细胞的浸润，形成炎症。慢性中毒病例可见心包积水和腹水，肝脏缩小、硬化、出现结节，胆囊充盈，出血。

**4. 诊断要点**

根据临床症状和病理变化，中毒的发作可能与新饲料的添加相一致，然而运输系统、粉碎系统和饲喂装备的污染也可能是间歇性或慢性中毒的发病原因。由黄曲霉毒素中毒引起的临床症状和病变没有特殊病征。根据临床病史和症状可以对本病作出初步诊断，确诊需要进行黄曲霉毒素的鉴定和定量分析。

肝脏急性损伤要与包涵体肝炎等相区别。种鸡产蛋下降应与传染性因素引起的产蛋下降相关疾病相区别。

**5. 防控技术**

预防霉菌毒素中毒的关键在于使用无霉菌毒素的饲料，在饲料生产和管理过程中避免霉菌生长和霉菌毒素的形成。预防霉菌生长的关键在于：在低湿度（11%～12%）环境下加工和保存饲料，保持饲料新鲜；维持饲料设备的清洁。及时对饲料进行风险评估和处理。添加到饲料中的抗真菌药可防止真菌生长，虽然对已形成的毒素没有作用，但有利于其他的饲养管理。利用霉菌毒素吸附剂对污染饲料进行脱毒，可预防霉菌毒素中毒。无机矿物质吸附剂和黏合剂（包括各种黏土、泥土和沸石）可作为综合脱毒措施的一部分。

立即停喂霉变饲料，更换新料，减少饲料中脂肪含量。饮服维生素C、5%葡萄糖水或水溶性电解多维。严格控制温度、湿度，注意通风，防止雨淋。

## （二）麦角中毒

麦角中毒是由侵染谷类作物的麦角属真菌引起的。麦角中毒以血管、神经和内分泌紊乱为特征。

### 1. 病因

黑麦特别易感麦角属真菌，但在世界范围内，随着地域差异，小麦和其他主要的谷类作物也可感染。在谷物中，麦角菌具有广泛的宿主，因此它是麦角中毒的常见原因。霉菌毒素形成一种可见的、硬的、替代谷物组织的灰色菌丝体团块，即菌核。在其正常的繁殖周期中，菌核落到地面，发芽并产生感染新一代作物花粉的孢子，这种繁殖周期不断循环。谷物收获期，菌核进入食物链。存在于菌核内的麦角生物碱可引起麦角中毒。麦角酸是由麦角菌属产生的40种或更多种生物碱的化学组成基团，每种生物碱各有不同，有的生物碱可引起痉挛和感觉神经紊乱；有的可引起血管收缩和肢体坏疽；有的影响垂体前叶神经内分泌的调控。

20世纪90年代，由非洲麦角产生的高粱麦角生物碱从非洲扩散到全球。在国际贸易中，菌核浓度达到0.1%～0.33%时，即判定谷物“麦角超标”。颗粒饲料能增加麦角的毒性，其原因或许是增加了毒素的释放。

小麦麦角可使雏鸡食欲减退、生长迟缓甚至死亡。黑小麦麦角可引起生长缓慢、羽毛发育不良、神经过敏、共济失调、不能站立甚至死亡。高粱麦角可使肉鸡日增重下降和饲料报酬率降低。酒石酸麦角胺是一种常见的生物碱，可引起雏鸡趾部坏死，也可导致心脏肥大。

### 2. 临床症状和病理变化

中毒鸡表现为采食减少，生长率下降，喙、鸡冠和趾坏死，腹泻。腿的跖部和趾部出现水疱和溃疡。6周龄以上的鸡表现为生长迟缓，死亡率达25%。种鸡表现为采食量和产蛋量降低，排稀便，可见皮肤病变。

### 3. 诊断要点

根据临床症状和病理变化，中毒的发作可能与新饲料的添加相一致，然而运输系统、粉碎系统和饲喂装备的污染也可能是间歇性或慢性中毒的发病原因。由麦角生物碱中毒引起的临床症状和病变没有特殊病征。根据临床病史和症状可以对本病作出初步诊断，确诊需要进行麦角生物碱分析，但麦角生物碱则不易分析。本病应与葡萄球菌病、光敏性皮炎等相区别。

### 4. 防控技术

可参考黄曲霉毒素中毒的防治措施。

## (三) 镰刀菌毒素中毒

镰刀属产生许多对禽类有害的霉菌毒素，可引起腐蚀性和类辐射性疾病，具有心脏毒性，可使骨骼、消化和繁殖紊乱。在谷物和饲料生产过程中，可检测到的镰刀菌毒素包括单端孢霉烯族毒素、烟曲霉毒素、玉米赤霉烯酮和串珠镰刀菌素，这些毒素单独存在，或数种同时存在，或与黄曲霉毒素或赭曲霉毒素联合存在。

### 1. 病因

① 单端孢霉烯族毒素　普通土壤和全球各种植物真菌均能产生单端孢霉烯族毒素，这些真菌包括：镰刀菌属及其子囊壳阶段，蠕孢赤壳属和赤霉属；漆斑菌属、葡萄状穗霉属、头孢霉属、木霉属、单端孢霉属、柱孢属、真单孢子菌属和拟茎点霉属。研究表明，约20%的分离株产生单端孢霉烯族毒素。在100多种单端孢霉烯族毒素中，约有一半是镰刀菌属产生，且在高湿环境和6～24℃时产毒量最大。

单端孢霉烯族毒素有一个四环倍半萜烯核，具有特征性的环氧化合物环。禽类通常感染的单端孢霉烯族毒素是非大环群类，包括A型单端孢霉毒素（T-2毒素、新茄病镰刀菌烯醇、二乙酸蕉草镰刀菌烯醇（DAS，蛇形霉素）等和B型单端孢霉毒素（雪腐镰刀菌烯醇、脱氧雪腐镰刀菌烯醇、镰刀菌烯醇酮-X等）。毒性来源于高度稳定的环氧化物环中，不会因为长期贮存或正常的加工温度而降解。一般而言，单端孢霉烯族毒素破坏结构性脂质，抑制蛋白质和DNA的合成。许多毒素是具有腐蚀性的刺激物，可作为生物检测实验的一个特征。

在全世界许多饲料作物，包括玉米、小麦、大麦、燕麦、水稻、

黑麦、高粱、红花籽、混合料及酿酒粮食中都发现了T-2毒素、二乙酸蔗草镰刀菌烯醇（DAS，蛇形霉素）、脱氧雪腐镰刀菌烯醇（DON，呕吐毒素）和雪腐镰刀菌烯醇。脱氧雪腐镰刀菌烯醇是最常见的一种，在自然状态下，常与玉米赤霉烯酮、黄曲霉毒素和其他霉菌毒素同时存在，脱氧雪腐镰刀菌烯醇对家禽低毒，所以可以给家禽饲喂污染有脱氧雪腐镰刀菌烯醇的谷物。

② 串珠镰刀菌素　串珠镰刀菌素是由轮枝样镰刀菌（即所谓的串珠镰刀菌）和其他镰刀菌属所产生的一种毒素，对禽类具有心脏和肾脏毒性。轮枝样镰刀菌可使未收获玉米穗、谷粒和茎枝发生糜烂，而在高湿贮存环境下，该菌可使脱壳玉米发生糜烂，也可使燕麦、大豆、高粱、大麦、小麦和带壳玉米发生糜烂，肉眼就能清晰见到。轮枝样镰刀菌也产生烟曲霉毒素、玉米赤霉烯酮、珠镰孢菌素A及其他有毒成分。

③ 烟曲霉毒素　轮枝样镰刀菌（串珠镰刀菌）也可产生烟曲霉毒素（$B_1$，$B_2$，$B_3$），以烟曲霉毒素$B_1$最为常见。其他镰刀菌属也可产生烟曲霉毒素。

④ 镰刀菌氧萘满酮　以镰刀菌培养物的形式来添加镰刀菌氧萘满酮时，在4d内可使雏鸡胫骨生长板发生软骨发育不良。产生镰刀菌氧萘满酮的镰刀菌也具有免疫抑制作用。

⑤ 玉米赤霉烯酮　感染玉米赤霉（禾谷镰刀菌、粉红镰刀菌）的谷物是玉米赤霉烯酮的来源，而玉米赤霉烯酮是一种具有雌激素活性的霉菌毒素。玉米赤霉烯酮有7种化学衍生物，但天然存在的只有玉米赤霉烯酮和玉米赤霉烯醇。玉米赤霉烯醇具有雌激素活性。玉米赤霉烯酮常见于玉米、黍子、小麦、大麦、燕麦、高粱、黑麦和其他谷物。雏鸡对玉米赤霉烯酮的耐受性高，肉鸡对玉米赤霉烯酮具有更高的耐受性。相对而言，玉米赤霉烯酮对鸡没有毒性，但具有潜在的副作用，且可作为其他潜在毒素的指示剂。

⑥ 其他镰刀菌毒素　产生镰孢菌酸和珠镰孢菌素的串珠镰刀菌菌株（轮枝样镰刀菌）对鸡具有免疫抑制作用。尽管镰孢菌酸是一种温和的毒素，但鸡胚中毒试验表明，它与烟曲霉毒素$B_1$具有协同毒性。

**2. 临床症状和病理变化**

（1）单端孢霉烯族毒素

中毒主要表现为食欲废绝、口腔黏膜和皮肤出现广泛性坏死、急性消化道疾病以及骨髓和免疫系统功能改变。一般来讲，换成未污染霉菌毒素的饲料时即可恢复。

雏鸡镰刀菌毒素中毒表现为生长缓慢、精神沉郁和血痢。剖检可见黏膜坏死、胃肠道黏膜发红、肝脏有斑点、胆囊扩张、脾脏萎缩和内脏出血。

近年来，三线镰刀菌污染饲料和垫料并产生 T-2 毒素，使肉鸡生长迟缓，引起腿和趾部皮肤受损，使口腔黏膜发生溃疡并结痂。病禽出现消化和神经系统症状、生长缓慢、软骨病、羽毛发育异常、色素沉着缺失和出血。

T-2 毒素和其他单端孢霉烯族毒素的神经毒性主要表现为翅膀复位不正、惊厥和失去正常的应答反应；脑神经传导递质也受到影响。

饲喂含单端孢霉烯族毒素的饲料时，许多毒素可引起家禽口腔黏膜腐蚀性和渗出性损伤。局灶性口腔病斑由黄色逐渐发展成灰黄色，在腭、舌和口腔壁主要唾液腺导管开口附近大量聚积渗出物，且渗出物底部有溃疡。喙内缘聚积有渗出性厚痂。口腔组织病理学变化表现为黏膜坏死和溃疡；渗出物、细菌菌落和饲料成分混合形成表层痂皮；黏膜下层肉芽组织增生，并有炎性细胞浸润。

T-2 毒素或二乙酸藨草镰刀菌烯醇（DAS，蛇形霉素）急性中毒鸡的组织病理学变化变现为：淋巴和造血组织发生急性坏死与衰竭，但可很快恢复。肝脏有局灶性肝细胞坏死和出血，胆囊黏膜发生坏死和炎症，胆小管轻度增生。肠上皮坏死，随后肠绒毛暂时性缩短。腺胃和肌胃黏膜以及羽毛上皮坏死。长期接触 T-2 毒素和二乙酸藨草镰刀菌烯醇（DAS，蛇形霉素）时，可导致体重下降、皮肤色素减退、贫血和羽毛粗乱。剖检可见淋巴器官萎缩，骨髓呈淡红色或黄色，肝脏呈黄色。组织病理学变化包括肝脏、淋巴和造血组织衰竭，肝细胞空泡化。胆管轻度增生。甲状腺滤泡变小，含有白色胶体物质。

肉鸡能够耐受近似正常自然含量的脱氧雪腐镰刀菌烯醇，给肉鸡饲喂脱氧雪腐镰刀菌烯醇时，不产生临床症状。小肠黏膜发育延迟，

小肠重降低，肠绒毛变细。但是，当脱氧雪腐镰刀菌烯醇的浓度比其他单端孢霉烯族毒素高得多，且其浓度大于引起猪中毒的剂量时，可致口腔病斑和肌胃糜烂。肉雏鸡的急性致死性脱氧雪腐镰刀菌烯醇中毒表现为自主性活动减少、呼吸困难、腹泻、内脏尿酸盐沉积（内脏型痛风）及皮下组织和内脏出血。

饲喂产生单端孢霉烯族毒素的镰刀菌属和葡萄状穗霉属培养物时，可导致类似于上述纯毒素所致的临床症状和病变。T-2 毒素和二乙酸藨草镰刀菌烯醇（DAS，蛇形霉素）常导致肉鸡贫血及相关的明显的骨髓造血细胞缺失。T-2 毒素可降低肉鸡血液维生素 E 的浓度。

单端孢霉烯族毒素可影响产蛋和繁殖。T-2 毒素和二乙酸藨草镰刀菌烯醇（DAS，蛇形霉素）可引起肉用种鸡采食量下降、体重降低、产蛋量突然下降，且孵化率降低。母鸡康复期间，其饲料消耗量会过度增加。

（2）串珠镰刀菌素

可引起商品肉鸡采食量下降、日增重降低、心率减慢、呼吸困难和发绀。中毒肉用种鸡的产蛋量下降，产蛋高峰期推迟。饲料消耗量时多时少，且伴有腹泻、排黑色并带有未消化饲料的粪便，蛋壳粪便污染及蛋壳带血。

尸体剖检可见心脏肿大、腹水、消化道和皮肤出血、水肿。肾脏表现肾炎变化，且出现矿物质管型。肝脏中肝细胞肿胀、空泡化，并发生局灶性坏死；慢性中毒时，胆管增生，并发生纤维化。

（3）烟曲霉毒素

烟曲霉毒素 $B_1$ 可引起肉雏鸡腹泻、卡他性肠炎、日增重减少和饲料转化率降低。烟曲霉毒素 $B_1$ 对产蛋周期仅有一过性不利影响。

中毒病鸡的病变包括肝脏肿大，肾脏、胰腺、腺胃和肌胃发生不同程度的肿大，淋巴器官萎缩及佝偻病。

烟曲霉毒素 $B_1$ 和串珠镰刀菌素共同作用时，两种毒素都可引起病变，包括腹水及心脏、肝脏、肾脏和肺肿大；免疫系统损伤包括胸腺淋巴细胞缺失、丝裂原应答反应降低、细菌清除能力下降以及对巨噬细胞和淋巴细胞的毒性作用；止血功能和血浆蛋白也受到轻度损伤。烟曲霉毒素中毒时，雏鸡肝脏中二氢神经鞘氨醇和神经鞘氨醇的比值升高。

（4）镰刀菌氧萘满酮

镰刀菌属也可产生镰刀菌氧萘满酮（TDP-1），该毒素可引起雏鸡胫骨软骨发育不良（TD）。串珠镰刀菌、粉红镰刀菌、木贼镰刀菌、黑曲霉和黄曲霉的培养物可致使肉仔鸡长骨发育不良。

（5）玉米赤霉烯酮

玉米赤霉烯酮（0.5～5.0mg/kg）可使肉用种鸡产蛋量下降，但受精率、孵化率和肉鸡行为表现不受影响。发病母鸡血清孕酮水平降低，出现腹水和输卵管囊肿性炎症。鸡冠和睾丸减轻、输卵管扩张和白细胞减少。

（6）其他镰刀菌毒素

饲料中的霉菌可能会破坏或利用硫胺素，所以饲料中硫胺素的含量低。给雏鸡饲喂含串珠镰刀菌的饲料时，可引起硫胺素（维生素$B_1$）缺乏样的症状，且硫胺素治疗对其有效。由禾谷镰刀菌产生的黄色镰刀菌素可使种蛋品质下降。

**3. 诊断要点**

根据临床症状和病理变化，中毒的发作可能与新饲料的添加相一致，然而运输系统、粉碎系统和饲喂装备的污染也可能是间歇性或慢性中毒的发病原因。由镰刀菌毒素中毒引起的临床症状和病变没有特殊病征。如单端孢霉毒素可导致口腔病变，但是饲料中的高浓度细粒料（小颗粒）、硫酸铜、季胺消毒药、念珠菌病和维生素A缺乏时也可引发类似的病变。

根据临床病史和症状可以对本病作出初步诊断，确诊需要进行相关的毒素鉴定与定量分析。一般的实验室可对玉米赤霉烯酮进行稳定分析，而玉米赤霉烯醇、脱氧雪腐镰刀菌烯醇、T-2毒素、蛇形毒素则不易分析。其他单端孢霉烯族毒素的鉴定工作也只能在少数几个实验室进行。

本病应与饲料中的高浓度细粒料（小颗粒）、硫酸铜、季胺盐类消毒药、念珠菌病和维生素A缺乏、肉鸡猝死综合征、肉鸡腹水综合征、光敏性皮炎、维生素$B_1$缺乏症等相区别。种鸡产蛋下降应与传染性因素引起的产蛋下降相关疾病相区别。

**4. 防控技术**

可参考黄曲霉毒素中毒防治措施。

## (四) 赭曲霉毒素

在霉菌毒素中，赭曲霉毒素是对家禽毒性最强的霉菌毒素。

### 1. 病因

鲜绿青霉菌和赭曲霉可产生肾毒性的赭曲霉毒素，且存在于整个北美、欧洲和亚洲的谷物饲料中。赭曲霉毒素是连接L-b-苯丙氨酸的异香豆素类化合物，按照其结构分为A、B、C、D类及甲酯和乙酯类。赭曲霉毒素A（OA）是最常见也是毒性最强的，且相当稳定。有些产赭曲霉毒素的真菌也产生其他对禽有害的真菌毒素，其中包括橘霉素。

对鸡饲料来说赭曲霉毒素A污染的发霉谷类包括高粱、花生、向日葵、米糠和小米，且有些谷类中还有黄曲霉毒素污染。在高温和高湿环境下，鸡饲料中容易产生赭曲霉毒素A。在自然发病病例中，赭曲霉毒素A是最主要的毒素，且赭曲霉毒素A的含量高时，才能检测到赭曲霉毒素B和C。

肝脏和肾脏是检测家禽赭曲霉毒素A残留的选择性组织，且肾脏缺乏病变时也可发生残留。含毒饲料被更换后，赭曲霉毒素A在体内的残留时间为4d或更短。赭曲霉毒素A可转移到卵黄和蛋白中，从而使种蛋的孵化率下降。蛋中赭曲霉毒素A的含量与饲料中赭曲霉毒素A的浓度存在较低的相关性。

赭曲霉毒素污染的玉米可引起肉鸡严重的肝病。赭曲霉毒素A可影响饲料中类胡萝卜素（利于胴体的色素沉着）的利用。赭曲霉毒素A和黄曲霉毒素具有协同毒性，联合中毒可使肉鸡生长迟缓、饲料转化率下降。赭曲霉毒素A可引起与铁代谢相关的小细胞性贫血，也可导致白细胞缺乏症。赭曲霉毒素A的含量低时不会影响生长发育，但可使凝血发生紊乱，使凝血因子量下降。血液生化指标的变化可反映肾脏和肝脏的损伤，还有骨骼肌、胰腺和骨骼的损伤及肾功能减退。

### 2. 临床症状和病理变化

中毒肉鸡腹泻、粪便尿酸盐含量高和蛋壳黄染，日增重停止，骨骼软化，且随体重的增加胫骨直径变粗，抗骨折强度下降，严重中毒可引起肉鸡死亡。剖检可见肝脏和肾脏肿大、苍白及肠炎。急性致死性赭曲霉毒素A中毒可致肝脏、胰腺和肾脏苍白，肾脏肿胀，输尿管白色尿酸盐沉积以及内脏尿酸盐沉积。组织病理学变化是急性肾小管肾炎，具体表现为肾小管上皮局灶性坏死、蛋白管型、尿酸盐管型和异嗜细胞浸润性坏死。有些鸡的肝细胞胞浆发生空泡化和局灶性坏死，继而肝脏发生纤维化。骨髓造血功能被抑制，脾脏和法氏囊中淋巴细胞缺失。骨组织病理学变化表现为骨质减少、软骨内成骨和膜内成骨紊乱。骨样组织形成缺失，发生骨质疏松。

母鸡的慢性赭曲霉毒素中毒可导致肾功能减退。种鸡赭曲霉毒素中毒表现为鸡胚发生痛风、死亡率增加，从而导致孵化率降低；子代鸡生长速度降低。赭曲霉毒素A对鸡胚具有致畸作用。

**3. 诊断要点**

根据临床症状和病理变化，中毒的发作可能与新饲料的添加相一致，然而运输系统、粉碎系统和饲喂装备的污染也可能是间歇性或慢性中毒的发病原因。由赭曲霉毒素中毒引起的临床症状和病变没有特殊病征。根据临床病史和症状可以对本病作出初步诊断，确诊需要进行相关的毒素鉴定与定量分析。本病应与肾脏相关疾病等相鉴别。

**4. 防控技术**

可参考黄曲霉毒素中毒防治措施。

## 二、磺胺类药物中毒

磺胺药物的治疗剂量与中毒量接近，用药剂量过大或连续使用超过7d，即可造成中毒。广泛应用磺胺类药常导致出血性综合症，这是磺胺中毒的一个表征，甚至在使用治疗剂量（或高于治疗剂量）时也会发生这种情况。除了引发恶病质、骨髓抑制和血小板减少外，磺胺类药还抑制禽类的免疫系统和淋巴系统的功能。磺胺中毒死亡后，鸡组织器官中常发生局灶性细菌性肉芽肿。药物直接影响或药物性贫血继发缺氧时，常引起肝、肾和其他器官中上皮样组织的坏死。

**1. 病因**

磺胺类药是防治鸡球虫病的主要药物，其中以磺胺喹噁啉和磺胺二甲嘧啶应用最广。鸡磺胺类药的治疗量与中毒量很接近，甚至治疗量对造血和免疫系统也有毒性作用。早期低剂量或连续性预防给药，

对后期的高剂量给药有保护性预防作用。

磺胺类药在饲料中很难混合均匀，在酸性水中的溶解度低。基于磺胺类的这些特征，即使按正确的治疗剂量将其添加到饲料和水中时，也可能引起某些鸡中毒。通过饲料和饮水给药时，要精确计算饲料和水的消耗量，以便使每只鸡得到正确的日剂量。在现代养殖业中，人们常按照肉鸡的体能而不是根据其代谢需求来添加饲料，所以在不控制饮食的情况下，就会发生磺胺中毒，特别是在高温环境和闷热的鸡舍中水消耗增加时更常见。总之，磺胺药不能在饲料和水中同时应用。酸性水中的溶解度低下会延缓磺胺药在饮水系统中的消除速度，从而导致在规定的休药期后还能在肉制品和蛋中检测到一定浓度的药物残留。

**2. 临床症状**

磺胺类药中毒病鸡表现为精神沉郁、苍白和体重减轻。种鸡的产蛋量和蛋壳质量明显下降，褐壳蛋褪色。磺胺中毒常继发细菌性感染，发生败血病和坏疽性皮炎。

**3. 剖检病变**

磺胺类药中毒最一致和广泛的眼观病变是皮肤、肌肉和内脏器官出血。鸡冠、眼睑、面部、肉垂、眼前房以及胸和腿部肌肉可能出血。在生长期，骨髓由正常的深红色变成粉红色（轻症）和黄色（重症）。整个肠道出现出血性瘀点和瘀斑，盲肠腔含有血液。腺胃和肌胃角质层下可能出血。腺胃和肌胃交界处发生溃疡。肝脏肿大，淡红色和黄疸，有散在的瘀点和局灶性坏死。脾脏肿大，出血性梗死，有灰色结节病变区。心肌发生“漆刷”样出血。胸腺和法氏囊萎缩。

**4. 诊断要点**

根据用药史、临床症状和病理变化可作出诊断。本病应与传染性法氏囊炎、肾型传染性支气管炎、鸡传染性贫血相区别。

**5. 防控技术**

多选用高效低毒的磺胺类药物，如复方新诺明、磺胺喹噁啉、磺胺氯吡嗪等。平时使用磺胺类药物时间不宜过长，一般连用不超过5d。种鸡产蛋期禁止使用磺胺类药物。

中毒后立即更换饲料，停止饲喂磺胺类药物，供给充足饮水。在饮水中加入1%小苏打和5%葡萄糖溶液，连饮3～4d。每千克饲料中可加入5mg维生素$K_3$，连用3～4d。

## 三、氨气中毒

氨气积聚过多，会刺激鸡眼睛，引起角膜和结膜发炎，重者还会引起眼睑肿胀、溃疡和出血。

### 1. 病因

鸡舍通风不良、卫生条件恶劣的情况下，如冬季气候寒冷，为了给鸡舍保温而忽视了通风换气，或对鸡群排泄的粪便和潮湿的垫料不及时清除，致使鸡舍内氨气蓄积、浓度增大，导致鸡氨气中毒。

### 2. 临床症状

雏鸡群精神不振，食欲减退，口腔液体黏稠，渴欲增加，眼角膜潮红、充血、发炎，头脸颊呈青紫色；重症鸡步态不稳，呼吸困难，呼吸道分泌物增多，产蛋鸡产蛋明显下降，重者可失明，眼角有浓稠分泌物，抽搐死亡。

### 3. 病理变化

剖检可见皮下黏膜有针尖大小出血点，咽喉部、气管出血，有灰白色分泌物，肺淤血、水肿，心肌松软，有的可见心包积液；肝、脾肿大，质度变脆；腺胃黏膜出血、溃疡，肌胃角质膜易剥离。

### 4. 防控技术

为了防止雏鸡氨气中毒，应做好以下工作：如果鸡舍内温度过高，则应及时清除舍内粪便及垫料；注意在鸡舍顶部设置天窗，在晴天的中午经常通风换气，做好舍内的清洁卫生工作。当饲养员进入鸡舍感到氨气刺鼻和刺眼时，应立即打开门窗通风换气。整个鸡群饮5%葡萄糖水和维生素C 0.05～0.1克/只。为了防止鸡呼吸系统继发感染，可用其他防治呼吸道病的药物预防。

# 第八节　肉鸡胚胎性疾病

鸡胚胎疾病是指鸡胚胎发育过程中的疾病，它与种鸡营养健康状况、种蛋的管理、孵化过程的管理等因素有直接关系。

## 一、鸡胚胎疾病发生的原因

### 1. 传染性因素

种鸡饲养过程中不可避免会接触到各种病原微生物，其中多种细菌或病毒可以长期存在母鸡的卵巢和输卵管内，并进入卵内使种蛋感染病原微生物，从而发生一些垂直传播（经蛋传播）的疾病。有些病原微生物（如大肠杆菌、葡萄球菌等），虽不能垂直传播，但能感染贮存的种蛋，它们也是导致鸡胚胎疾病的重要因素。

### 2. 营养因素

胚胎发育需要的营养物质都来自母鸡，当种鸡的饲料中缺乏某一种营养物质或各种营养物质的比例不当，就会使种蛋内的营养成分失常；胚胎发育的必需物质不足或缺乏，就会引发鸡胚胎疾病。多种营养成分不足或缺乏引起的胚胎病称为综合性营养不良胚胎病。

### 3. 孵化过程中管理不当

影响鸡胚正常发育的因素主要是温度、湿度和氧气。另外，孵化室、孵化箱的卫生状况不良也会引起鸡胚胎疾病。

## 二、鸡常见胚胎病的鉴别诊断

### （一）传染性胚胎病

#### 1. 慢性呼吸道病

胚胎常于第 18～21 日龄时死亡，体形短小，其呼吸道有干酪样渗出物，水肿，关节化脓肿大，肝坏死，心包炎，肝和脾肿大。实验室细菌检查，在绒毛尿囊膜和卵黄囊中可发现支原体。

#### 2. 沙门氏菌病

（1）鸡白痢　孵化至 19～20d 时胚胎死亡，从胚内可分离出沙门氏菌，雏禽死亡率高。典型病变为心、肺和肝脏出现细小的坏死或肉芽肿结节，直肠和泄殖腔有较多的尿酸盐充塞。种鸡群的白痢沙门氏菌凝集反应呈阳性。

（2）副伤寒　胚胎的病变与鸡白痢相似，确诊要依据病原学诊断。

（3）禽伤寒　胚胎的病变亦与上述两病相似，确诊亦要依据病原学诊断。

#### 3. 大肠杆菌病

致病性大肠杆菌污染种蛋可引起胚胎和幼雏死亡。死于15日龄的鸡胚可见皮肤广泛出血，羊膜腔出血，肝脏坏死。能继续发育的鸡胚出壳后成为弱雏，个体小，体重轻，蛋黄吸收不良，腹部坚硬。死亡雏鸡可见纤维素性心包炎和肝周炎。确诊需要进行细菌的分离、鉴定。

#### 4. 传染性脑脊髓炎

本病在种蛋入孵1周内死亡较多，出壳前2～3d出现第二个死亡高峰。死胚可见出血，肾脏和尿囊液内有大量尿酸盐。肌肉变形、肿胀、横纹消失和发生坏死。脑组织发生液化、水肿，并有胶质细胞增生。能出壳的雏鸡出现头颈震颤、共济失调。确诊要进行病毒分离鉴定。

#### 5. 包涵体肝炎

感染种鸡产的蛋孵化率降低，死胚增多。胚体皮肤出血，绒毛尿囊膜上有坏死灶，肝细胞可见核内包涵体。确诊要进行病毒分离鉴定。

### (二) 综合性营养不良性胚胎病

综合性营养不良胚胎病的特征表现为：胚胎不能充分发育，胚体矮小，腿或颈弯曲，喙部短小呈“鹦鹉嘴”，出壳时蛋内大部分蛋白未被吸收，蛋黄黏稠，多数胚胎出壳前死亡。出壳的雏鸡体弱，腿短粗，呈现“骨短粗症”，此种雏鸡多数生长发育迟缓。

各种维生素缺乏所致的综合性营养不良性胚胎病见本章第六节。

### (三) 孵化管理不当引起的胚胎病

孵化管理不当引起的胚胎病主要是孵化过程中的温度、湿度和通风掌握失当而引起的疾病。

#### 1. 孵化温度过高引起的胚胎病

鸡胚最适的孵化温度前期（1～6d）为38.3～38.6℃，中期（7～16d）为38.0～38.3℃，后期（17～19d）为37.5～37.8℃，出雏期（最后2d）为37.0～37.2℃。鸡胚对温度变化的调节能力随日龄增大而提高，入孵的前5d，鸡胚的致死温度上限为42.2℃，到入孵后8d致死温度的上限为47.8℃，这种调节能力一直持续到孵化的末期。

（1）早期过热　入孵后1d温度过高，即孵化温度高于标准温度但尚未高于42℃时，胚胎会变成无定形的团块，或血管网发育缓慢，严重时胚胎死亡；入孵后2～3d过热则出现胚膜皱缩，并常与脑膜相互粘连，导致头部畸形，如脑疝、无眼畸形等，这些畸形胚胎可以继续存活至出壳，但出壳后多不能成活；入孵后3～5d过热，胚胎常发生异位。孵化过程的前一周过热可使胚胎死亡率升高。

（2）短时间急剧过热　短时间内温度突然急剧升高，常导致灾难性结果。胚胎对急剧过热比缓慢过热更难适应，常因血管破裂而死亡，其特征性表现是尿囊膜血管高度充血，皮肤充血，皮肤、肝脏、脑部有点状出血或弥漫性出血。

（3）长时间过热　孵化过程中温度长期过高常给鸡胚造成种种不良影响，主要是造成胚胎发育加速，尿囊早期萎缩，出现过早啄壳现象，孵出的雏鸡弱小，绒毛发育不良，卵黄吸收不良，脐孔闭合不全，脐带出血。蛋壳内残留较多蛋白残渣。部分鸡胚虽能啄壳但因体弱难以出壳，而死于壳内。这种雏鸡多表现为体位不正，蛋白、蛋黄吸收不良，内脏器官充血、出血。

### 2. 孵化温度过低引起的胚胎病

鸡胚对低温的耐受性比对高温强。低温可使鸡胚发育缓慢或停滞，胚胎大小不一。在孵化早期和中期短时间低温一般不会造成鸡胚大量死亡，但可使出壳延迟。雏鸡瘦弱，腹部膨大，不能站立，有时发生腹泻。蛋壳内残留污秽的血性液体。部分弱雏不能出壳，死胚和出壳的弱雏颈背侧发生明显的黏液性水肿和出血。肝脏肿大，胆囊肿大，心脏扩张，有时可见畸形胚，卵黄黏稠，呈暗绿色。

### 3. 湿度过高或过低引起的胚胎病

鸡胚对湿度的适应范围较广。一般情况下，孵化期间的相对湿度要求1～7d为60%左右，8～16d为50%～55%，18d后为65%～70%。

湿度过大时，尿囊液蒸发缓慢，水分占据蛋内空间，妨碍鸡胚的生长发育，从而造成雏鸡大肚皮，鸡体组织、蛋黄含水分过多，身体显得笨重迟钝。湿度过大使雏鸡出壳时间不一致，幼雏体弱，体表常附有黏液，腹部肿胀，体弱的雏鸡因啄壳无力而闷死。

湿度过低时则引起蛋内水分过量的蒸发，雏鸡干瘦，肌肉不丰满，个体小。

**4. 氧气不足引起的胚胎病**

鸡胚在孵化初期需要的氧气很少。一般要求在孵化机内应经常保持有足够的氧气，含量不能低于20%，而二氧化碳的含量不能超过1%，二氧化碳量多会导致鸡胚畸形、体弱、孵化率降低。特别是孵化19d后，胚胎开始用肺呼吸，对通风量的要求较高。一般含氧量保持在21.2%、二氧化碳≤0.5%为孵化最佳条件。所以孵化后期应尽可能加大通风量，严防缺氧。缺氧的鸡胚被闷死在蛋壳内。

### 三、鸡胚胎疾病的防治措施

鸡胚胎疾病主要取决于两方面：一是种蛋质量，二是孵化管理。针对这两方面进行防治就可以解决问题。

① 加强种鸡饲养管理，保证种鸡饲料的配方合理、营养全面。加强种鸡场的卫生防疫，消除蛋传递疾病。加强种蛋的管理，及时捡蛋，妥善储存和消毒，防止种蛋被病原微生物污染。

② 加强孵化管理，孵化室要保持清洁卫生，孵化箱要经常检修和消毒，保证温度、湿度和通风良好。加强孵化人员的责任心，严格操作规程。

## 第九节 肉鸡不良环境病及其他

### 一、疫苗注射相关问题

特异性坏死性炎是由于注射劣质油乳剂疫苗引起的局部或相近部位发生的肿胀、坏死的病理变化。注射油乳剂疫苗都会在注射局部有明显的变化，但是注射劣质油乳剂疫苗能引起更为严重的病理变化。本病与接种油乳剂疫苗有直接关系，各种日龄的鸡都可发生。

本病发病率不等，低的10%左右，高的可达80%以上。一般在注射接种后10 d左右发病，病鸡出现食欲减退，精神不振，生长缓慢，甚至死亡。接种部位肿胀、坏死，腿部接种则出现跛行。头颈部注射时可引起颈部弥漫性或局限性肿胀。15～20d后全身反应消失，局部

病变则可保留很长时间。

通常在接种部位出现肿胀和坏死，如颈部皮下接种可在头颈部皮下形成黄豆大或更大的结节，结节坚硬如肿瘤样，有时整个头部显著肿大。如在胸部注射可引起一侧胸部肌肉显著肿胀。如在腿部注射可引起腿肌肿胀、坏死。局部组织呈急性坏死性炎或组织增生，形成肿瘤样病变。在坏死或肿瘤样组织中可见残留的疫苗。组织的病理变化主要是坏死和异物性肉芽肿。

避免使用劣质油乳剂疫苗，因为一旦发生本病，则无法治疗，轻症一般对生长发育只有轻微影响，重症严重影响生长发育。

## 二、鸡啄癖

所谓啄癖是指啄羽、啄肛、啄趾、啄蛋等恶习。

鸡的啄羽是鸡在密集饲养和缺乏活动时表现出的一种恶癖，可能是由于恐惧或是与性成熟的加快和产蛋量的增加有关，也可能与性成熟早期、快速生长、骨骼无力有关。母鸡比公鸡更易发生啄羽。强光照射、颗粒饲料、强制进食、饲养密度过大、营养不良和矿物质缺乏、偶尔体外寄生虫感染等条件均可诱发啄羽。目前，啄癖在褐色杂交鸡中比白色肉鸡中更为普遍。啄羽与啄癖往往倾向于发生在同一笼或邻近笼。啄肛癖是一种散发性恶癖，一般出现在初产母鸡的产蛋期，可能和激素改变有关。产蛋后由于裸露出泄殖腔黏膜，可以立即引起其他鸡的啄癖，刺激同群其他鸡啄肛，80％啄肛导致肛门脱垂。

鸡的啄羽和啄癖的暴发缺少征兆。鸡的羽毛受损后，患病的肉种鸡表现为产蛋量下降。羽毛损伤严重引起的羽毛出血或传染性喉气管病鸡甩出的血块，均可引起鸡群中啄癖加剧。病鸡皮肤的明显血迹可引起同群其他鸡的攻击，直至死亡。

啄癖可发生于鸡的任何日龄段和任何饲养方式（除单饲外），尤以雏鸡和笼养群饲为甚，轻者啄伤翅膀、尾基，造成流血伤残，影响生长发育和生产性能；重者啄穿腹腔，啄出内脏而致死。

为了避免病鸡受到更严重的损伤，应及时捡出并隔离。饲喂充足的全价饲料，饲喂湿料而不是颗粒料，降低光照强度，用横栏隔离被

啄的鸡，严格控制光照，加强通风换气，降低饲养密度等方法可以很好地防治啄羽和啄癖的发生。断喙虽被推荐为控制啄羽和啄癖的方法，但它却不能完全奏效。每只鸡每天补充 0.1g 维生素 C，以减少应激反应。

## 三、热应激

因为鸡缺乏汗腺，所以鸡在高温（28℃以上）、高湿状态，超出了其能适应程度时就会出现热应激。

临床症状包括采食量降低，生长期的鸡生长速度减慢，产蛋期发生热应激则会导致蛋形变小、产蛋量下降、蛋品质降低等。病鸡松弛、舒展双翅于体侧，呼吸频率增大，张口呼吸，严重时病鸡在嗜睡、昏迷中死亡。此外，热应激会增加呼吸道传染病的发生。单纯热应激病鸡剖检常见胸肌苍白。

在饲养管理中，应尽最大可能防止和减少热应激的发生。使用通风设施增加室内空气流通。在天气酷热的时候，应用淋水器或在地面、墙壁、天花板洒水或者在舍外檐下施以冷水或冰块都能起到降低舍内温度的作用。或加盖防晒檐以防太阳直晒，或在室外安装白色铝板以反射热辐射。

饮水中添加维生素 A、维生素 C、维生素 E 和补充矿物质来纠正酸碱平衡紊乱对预防热应激有所帮助。

## 四、缺氧

缺氧通常是由于鸡的过分拥挤和扎堆于一处造成。

鸡群转到新舍、受惊吓或雏鸡受凉、扎堆到一角会造成缺氧。停电或无窗封闭的鸡舍内通风设备故障也可造成缺氧。临床死亡仅发生在夜间且常为一般外表健康的群体，由于雏鸡箱堆放过高且雏鸡箱之间空间太小，通风口太小、太少，或堆放到卡车等密闭的车厢内造成。由于缺氧死亡的鸡缺乏特异的大体病变或组织性损伤。死鸡气管和肺内有充血，较大的鸡羽毛脱落。

保育舍的缺氧发生在雏鸡进舍的第一周内，在前几夜用较暗的灯泡和灯管照明可减少缺氧发生。转舍后经常检查鸡群是否有扎堆的情

况。注意及时发现意外原因导致的停电。

## 五、脱水

脱水是体液容量减少并出现一系列机能、代谢紊乱的病理过程。

### 1. 病因

脱水原因主要包括：鸡只找不到水、够不着水、供水量不足或水质本身有问题。

### 2. 临床症状

雏鸡在缺水的情况下能维持几天，4～5d后开始死亡，5～6d后达到高峰，如果恢复供水则死亡不再发生。种鸡需要稳定的水源供应，否则产蛋量会下降，严重时会停产。

### 3. 剖检病变

脱水后期，雏鸡叫声停止，采食量下降，体重偏轻，体形偏小，皮肤皱缩。病鸡喙灰暗无光泽，胸肌变干颜色变暗，肾脏颜色变暗，输尿管尿酸盐沉积，内脏痛风，血液颜色变成暗红色。

### 4. 防控技术

要防止雏鸡脱水，饮水器须放在鸡笼的边缘，水位放低。把小的饮水器和自动饮水器换成较大的时候，原有饮水器要保留几天再逐渐移走，以便鸡群有个适应的过程。

## 六、骨骼疾病

### （一）软骨骨化不良

软骨骨化不良是肉鸡的一种生长板相关障碍，生长板中前肥大软骨细胞和肥大软骨细胞的成熟发育受到抑制或不能成熟，致使生长板软骨呈异常持续性增长，特征是在长骨干生长板出现缺乏血管的异常软骨块。在近端胫跗骨最为常见，故又称为胫骨短粗病。软骨骨化不良在股骨近端或远端、跗骨远端，跗跖骨近端及肱骨近端也较为常见，但不严重。

### 1. 病因

胫骨软骨发育异常的发生率及严重程度可能受营养和遗传选择的

影响。有些饲料与胫骨软骨发育异常的高发率有关，这些饲料中或是添加了半胱氨酸或高半胱氨酸，或是低铜饲料，或是饲料中污染了真菌如镰刀菌或其毒素，或含有杀真菌剂二硫四甲秋兰姆及其类似体即二硫化四乙基秋兰姆。某些抗生素如杆菌肽锌和沙利霉素也可影响胫骨软骨发育异常的发病率。

**2. 临床症状和病理变化**

在肉仔鸡群中，超过30%的个体有软骨骨化不良的病变，特征为生长板下方软骨异常，主要发生在胫骨近端，也见于其他部位。大多数病肉鸡没有临床症状。如果软骨块较大，病鸡表现不愿走动，步态如踩高跷，双侧性股-胫关节肿大并常伴双腿弯曲。在胫骨近端的异常软骨形成锥形。在症状轻微的病例中这些呈锥形的软骨往往在生长板的后部中段以下形成，并填满整个干骺端。肉鸡胫骨骨化不良损伤的严重性与胫跗骨的前弯程度和跛行程度有关。

软骨骨化不良发生在肉仔鸡的股骨头可造成股骨颈变宽或变短，在有些病例，还会造成股骨头骨折。应用透视和手提式X射线机，从两周龄开始就可观察到软骨骨化不良的病变。胫跗骨近端软骨骨化不良表现为双侧性，两腿胫骨软骨骨化不良的发生率与严重程度都相同。软骨骨化不良在屠宰过程中会造成胴体品质降低和变形的腿被剔除。

**3. 防控技术**

病鸡获得高水平的维生素 $D_3$ 时，可降低胫骨软骨发育异常的发病率。

### （二）外翻足和内翻足畸形

肉仔鸡因患长骨畸形而淘汰或死亡，给养殖业带来了很大的经济损失。这种畸形包括了多种不同类型的骨弯曲和扭曲，称为长骨变形、扭曲腿或钩形腿。肉仔鸡最常见的长骨畸形是跗关节的内翻足和外翻足畸形（VVD）。肉仔鸡VVD的发病率在1%～3%之间，而跗关节外翻的发病率为30%～40%，且公鸡比母鸡的发病率高。

**1. 病因**

近年来，已经表现出随着生长速度的增高，VVD的发病率呈现上升趋势。低生长速率可降低VVD发病率，据推测减少体重对骨骼的压

力可能可以减少跛行翻足的发病率。笼养肉仔鸡VVD高于平养鸡，这可能是笼养鸡缺少活动造成的。加强运动锻炼有助于增强仔鸡的骨质。不同的光照周期会影响VVD的发病率。

在生长快的现代肉仔鸡中，生长板的血管形态是不规则的，可能会导致幼龄鸡会发生VVD。有人注意到在翻足形成之前有骨皮质分化延迟的现象。有学者认为外翻足和内翻足可能有各自不同的发病学和病因学，且这种畸形可能具有遗传性；品种选育可能影响腿骨畸形的发生率；或有人认为外翻足的易发性与肌肉形态有关，而内翻足与体重有关。VVD容易和某些由于营养缺乏（如锰缺乏）引起的腿畸形相混淆，锰缺乏表现为全身性生长板紊乱或长骨的软骨发育不良，而没有证据显示在VVD中生长板有类似的显微损伤。但不容忽视的是轻度营养缺乏导致的生长板亚显微损伤，也可以引发VVD。

**2. 临床症状和病理变化**

若跗趾骨向外倾斜，病鸡则呈外翻或八字脚姿势。若跗趾骨向内倾斜，病鸡则呈内翻或弓形腿姿势。胫跗骨远端是发生畸形的主要部位，但跗跖骨近端的弯曲没那么严重。外翻足常发生于2～7周龄鸡，并呈渐进性发展，多呈双侧性；而内翻足常发生在5～15日龄鸡中突然发生，多为单侧性。随着外翻足严重程度增加，腓肠肌腱异位。某些病例，翻足过度导致跗骨从胫骨轴移位或脱离。严重时鸡被迫用跗关节后表面行走，造成皮肤发青、水肿。有些病例中，胫骨柄穿透皮肤，暴露于皮肤外。

**3. 防控技术**

肉鸡生长早期最好适当降低生长速率，以便降低VVD发病率。

## （三）退行性关节病

关节的退行性疾病主要见于成年肉鸡的髋股关节。

**1. 病因**

有些病例主要是由关节软骨原发性损伤引起，有的病例主要是骨软骨病发展而来。重型肉仔鸡较易患此病，因此遗传因素在软骨生长中可能起重要作用。

**2. 临床症状和病理变化**

关节软骨的变性导致软骨下骨暴露和软骨保护关节面光滑的功能

丧失，引起疼痛和跛行。早期的眼观病变出现在髋骨的大转子的关节表面。进一步波及髋骨关节的股骨端和髋骨。变性损伤还见于股胫关节和跗骨间关节。关节软骨特征性病变为关节软骨糜烂、龟裂、变薄。此外，在退行性关节中软骨翼和/或骨赘很容易在关节内形成碎片。

### （四）劈叉腿

病鸡临床表现为一侧或两侧肢从髂股骨关节群以下向后向外伸展，不能站立。

发病原因主要是孵化湿度过大，或地面过于光滑，刚孵化出的雏鸡站立不稳造成后肢损伤。该病一般在禽类长至2～3周龄时才有临床表现，一旦发现病鸡立即淘汰。

## 七、肌肉和肌腱疾病

### （一）深胸肌病

深胸肌病又称绿肌病。大型肉鸡运动后肌肉局部缺血引发本病。临床见于肉用种鸡和7周龄的肉仔鸡。

#### 1. 病因

有研究证实了深胸肌病是肌肉在剧烈活动时，紧张的筋膜肿胀引起局部缺血造成的。有证据表明本病与遗传有关，可能与肉用型肌肉中血管分布不足有关。没有找到某些特定营养因素可影响本病的报道，但限饲可以减少本病的发生。

#### 2. 临床症状和病理变化

本病病变并不影响肉鸡的一般健康状况，只是在屠宰加工过程中被发现，病变可为单侧或双侧。慢性病变可以导致胸肌的塌陷或变平。触诊即可探知病变。早期，整个深胸肌肿胀，苍白，水肿，其中1/3～3/5的肌肉坏死，在深胸肌和浅胸肌间的表面筋膜水肿，无光泽。较陈旧的病变水肿消失，肌肉坏死明显、干燥并有绿色病变区域。慢性病变中坏死的肌肉皱缩，呈均匀一致的绿色，干燥易碎并为纤维素性包囊所包裹，病变可收缩为一个纤维性疤痕。坏死肌肉后方的肌肉萎缩、发白，有时纤维化。坏死肌肉附近的胸骨变的粗糙和不整齐。

### （二）腓肠肌腱断裂

腓肠肌腱断裂引起的跛行常见于肉用型鸡，给肉鸡养殖业造成了

相当大的经济损失。

**1. 病因**

本病可能与呼肠孤病毒有关。肉鸡的第三趾深屈肌和屈肌腱的张力低于蛋鸡，这可能是肉鸡易于发生腱鞘炎和诱发自发性腱断裂的原因之一。另外，肉鸡的腓肠肌肌腱的有序化程度也较蛋鸡差。许多肉鸡的跗关节近上方的腓肠肌肌腱有一个少血管区，这种少血管区与增厚的软骨细胞块、软骨细胞死亡及腱中过多的脂肪蓄积有关。以上这些因素都可能诱发非感染性断裂。

**2. 临床症状和病理变化**

本病在鸡群中的发病率可达20%以上，12周龄以上的肉用种鸡常常发病，但7周龄的肉用仔鸡也可发病。肌腱断裂可发生于单腿或双腿，跛行急性发作。双腿腱断裂的鸡表现出特征的姿势，即患鸡脚趾屈曲坐于跗关节上。病鸡跗关节后上方的表面可触摸到肿胀。急性病例可见皮肤出血；陈旧性病变呈现绿色；慢性病变虽无颜色变化，但在皮下组织可触摸到坚硬的团块。切开急性病变，腿后表皮下，可见肿块中充满血液。在血肿中可发现断腱的游离端。腱断裂一般发生在跗关节近上方，呈不规则的横向断裂。陈旧性或慢性病灶出血被部分或全部吸收，纤维组织包围在断腱的末端和周围组织上。

## 八、肉鸡腹水综合征

肉鸡腹水综合征又称肉鸡肺动脉高压综合征，是一种以腹腔大量腹水潴留为特征的疾病，根据其病型可分为肝型腹水症、肺型腹水症和心型腹水症。本病的发生，使饲养期间的耗损增加，同时，屠宰卫生检查时要求全部废弃，给肉鸡产业带来巨大经济损失。

**1. 病因**

其发生原因有生长过快、中毒、缺氧、寒冷、高海拔、高温、细菌感染以及品种等。在换气不良的情况下，肉鸡易患肺纤维症，肺脏有软骨性结节形成。由于换气不良，易引起肺、心、肝损伤，诱发腹水症。细菌感染诱发本病，如发生曲霉菌性肺炎的肉鸡间质增生，毛细血管损伤，血流受阻，引起肺高血压症，导致心、肝病变，引发腹水症。此外，感染大肠杆菌、沙门氏菌引起纤维素性心包炎、肝周炎、

腹膜炎等，腹腔内有多量腹水潴留。

**2. 临床症状**

病鸡往往小于正常鸡，动作迟缓，精神沉郁、羽毛蓬乱、鸡冠苍白而皱缩。病重的鸡腹部高度膨大，不愿活动，呼吸困难，有时发出怪声。有的鸡在腹水出现前已突然死亡。

**3. 病理变化**

剖检可见肉鸡冠部及腹部皮肤发绀，有的发生腹泻。淡黄色的腹水积聚在扩张的腹部中，有时可见果冻样凝块。右心增大，常有右心扩张和轻重不一的肝脏病变。心脏增大包括右心房、静脉窦、颈静脉的扩张及右心室与右心房瓣的肥大。病鸡的右心室重占全心重的比例显著增加，房室瓣呈结节状增厚，这是本病病鸡心脏的一种特征性病变。肝脏淤血、点状出血、形成灰色的被膜、皱缩和表面凹凸不平。肺淤血、水肿。若有大肠杆菌、沙门氏菌感染，还可见纤维素性心包炎、肝周炎及腹膜炎变化。

**4. 防控技术**

根据不同的发病原因，采取相应的预防措施尤为重要。如防止中毒，限制饲喂，调整饲料成分，阻止过快生长，冬季注意保温，夏季防止高温，海拔1500m以上的地区最好不养肉鸡，注意鸡舍及孵化室的通风换气，防止缺氧。预防细菌（曲霉菌、大肠杆菌、沙门氏菌）感染。尤其对增重快的肉鸡品种更应注意健康饲养。

治疗时应针对病因采取不同的措施，如系环境因素引起的应迅速改善饲养环境，若因细菌感染引起的应选用敏感抗生素治疗。对症治疗可采取清热、解毒、润肺、保肝、利水类中药制剂，对缓解临床症状有较好的效果。

## 九、肉鸡猝死综合征

肉鸡猝死综合征（SDS）是健康肉仔鸡没有可识别的病因而突然死亡的一种非传染性疾病，也称为“心脏病突发”；因为死于本病的鸡通常是背着地的，所以也称该病为“翻筋斗病”。

**1. 流行特点**

多发生于1～8周龄，最大损失在2～3周龄，公鸡发病率高于母

鸡，发病率在0.5%～4.0%之间。本病所造成的经济损失也日趋严重。该病的发生与遗传、环境、营养等因素有关。

**2. 临床症状**

患鸡在死前无任何临床症状或异常行为。病鸡在死前可能突然尖叫，发作特征是平衡失调、惊厥和剧烈扇动翅膀，多数鸡死于背卧姿势，一腿或双腿向外伸展或竖起，但也有的死于俯卧或侧卧姿势。

**3. 病理变化**

尸体剖检时，死于SDS的鸡体况良好，胃肠道充满食物，肝脏肿大、苍白、易碎，胆囊多见空虚。肺脏常见淤血、水肿，但少见于新鲜尸体。心脏一般收缩，胸腺和脾脏有时淤血，肾脏有时出血。

**4. 防控技术**

保持舍内卫生清洁，通风换气良好，密度要适当。保持鸡群安静，尽量减少噪声及其他应激因素。间断性光照和幼龄阶段减少无光照时间（大于8h）均可降低本病的发病率。饲料中营养成分要平衡。肉仔鸡生长前期要给予充足的生物素、硫胺素等B族维生素以及维生素A、维生素D、维生素E等，适当控制肉仔鸡前期的生长速度。减少喂颗粒料、以玉米为基础饲料均可有效地降低SDS的发病率。

## 十、接触性皮炎

接触性皮炎是肉鸡脚底表面、跗关节后面、大腿或胸骨表面皮肤的糜烂性病变。根据皮肤病变部位的不同，足部的病变称为“足底皮炎”，胸部的病变称为“胸部灼伤”，大腿和臀部的溃疡和糜烂称为“臀部结痂综合征”。胸部、大腿和跗关节的病变是肉鸡胴体降级的重要原因，正在成为一个重要的动物福利问题。足部的病变发生率很高，但不影响胴体质量，然而足部的病变可导致瘸腿和抑制增重。

**1. 病因与流行特点**

自然发病已被证实与垫料状况低劣有关，湿润垫料和粗糙的垫料可以增加本病的发病率。近年来，编者从肉鸡的这种病变部位经常能分离到葡萄球菌，因此不能排除细菌感染的可能。调查发现以下情况易发生接触性皮炎：饲养密度过大，日龄增加，饲喂特殊的饲料等。母鸡多发，冬季多发。足底损伤最早可在4～6日龄雏鸡发现，在12

日龄以后较常见。

### 2. 临床症状和病理变化

足部和跗关节的皮炎表现为脚底、趾和跗关节的溃疡，上面有暗黑色的结痂（彩图 6-18）。早期变化包括足部鳞片增大、皲裂、磨损和表面结痂，继而发展成为深部的溃疡。除了足部病变，很多病鸡在跗关节后部和胸部也有类似的带黑色结痂的溃疡。

### 3. 防控技术

（1）保持垫料干燥　特别是对再利用垫料，须清除结块；新铺材料必须保证地板光滑水平；预加热鸡舍以降低垫料水分含量，尤其当垫料铺较薄时，在雏鸡进舍时垫料温度必须保持在 28～30℃。

（2）饮水系统管理　饮水系统要预防漏水，保持水管系统清洁。维持合适的水压和保持饮水系统水平，根据不同生长阶段鸡的高度调整饮水系统高度以防止水滴落至饮水系统下的垫料中造成资源浪费。尽量使用生产商推荐使用的最低水压。

（3）改善鸡舍绝缘和负压　减少未受控制的空气进入，对电子传感器和风扇进行定期维护和校准，避免产生冷凝水。冷凝水主要产生在侧墙上。日常观察这些区域并使用湿度计，保持相对湿度在 50％～70％，且垫料湿度不能高于 35％。当室外温度较低，且相对湿度高（冬季和初春，或者清晨）时冷凝更常见。

（4）彻底的降低饲养密度　可以明显降低发病率。

## 十一、腺胃炎、肌胃糜烂病

近年来，腺胃炎和肌胃糜烂已经成为危害家禽养殖业生产最为常见的疾病之一。

### 1. 病因

本病的发生主要是由传染性致病因素、非传染性致病因素引起。前者包括腺病毒、腺胃型传染性支气管炎病毒、呼肠孤病毒、禽网状内皮组织增殖症病毒、传染性贫血病毒等的感染，尤其要注意受到上述病原污染的疫苗的使用。后者包括饲料中的生物胺、肌胃糜烂素、霉菌毒素和硫酸铜的含量过高；维生素 E 缺乏，密度过大或者鸡舍空气条件低劣等。

**2. 临床症状**

采食量低下，生长迟缓，群体整齐度差，饲料消化不良、排料便，机体免疫抑制，易于感染各种疾病。病症较轻的鸡群常表现为易于惊群、疯跑；重症鸡群则表现为精神不振、易腿软、瘫痪；羽毛松乱、无光泽；缩颈闭眼昏睡；机体消瘦、下痢、排灰白色或黄绿色粪便。

**3. 病理变化**

腺胃外表明显肿大，如乒乓球，壁增厚，乳头肿胀或扁平，严重时黏膜可见出血、溃疡。肌胃体积变小，甚至小于腺胃，肌胃角质膜不同程度龟裂(彩图 6-19)，肌胃壁变薄。

**4. 诊断要点**

根据临床症状和剖检的典型病变，可以初步诊断。因该病病因复杂，确诊比较困难。

**5. 防治措施**

对于传染性腺胃炎、肌胃糜烂，应严格控制和检测种鸡群垂直传播的疾病，尤其是从国外引进的种鸡。对种鸡群要净化网状内皮组织增生症、传染性贫血等可垂直传播的疫病病原，严格选用没有被这些病原污染的疫苗免疫种鸡和商品肉鸡。

对于非传染性腺胃炎、肌胃糜烂，可采用下列方法进行防治：尽可能不使用潮湿、发霉饲料，并在饲料中添加脱霉剂；尽量避免使用劣质鱼粉及其他劣质蛋白饲料；保证料槽、水槽卫生，避免使用发霉变质的垫料。全群鸡可以使用保肝、护肾药物一起治疗，并使用葡萄糖饮水；在每千克饲料中额外添加维生素 E 100mg、维生素 C 80mg、维生素 K 4mg、维生素 $B_6$ 10mg。必要时可以配合抗菌药物，防止细菌的继发感染。

## 十二、肿头综合征

鸡肿头综合征是一种传染性疾病，其主要特征为病鸡头部、脸部肿胀。

**1. 病因**

本病病因复杂，与禽肺病毒、传染性支气管炎病毒、大肠杆菌、支原体、温和型禽流感病毒等病原感染有关。环境中氨气浓度过高、通风不良和鸡群密度大等是本病的诱发因素。

**2. 临床症状**

病鸡早期表现喷嚏或发出咯咯声，1d内可见结膜潮红和泪腺肿胀，患鸡面部痛痒，用爪抓面部，接着可见少数鸡眼周围及头部水肿，2～3d后，头、眼睑显著水肿，结膜发炎，因泪腺肿胀，内眼角呈卵圆形隆起，眼睛闭合。有的下颌、颈上部和肉髯也出现水肿，少数病鸡出现斜颈、转圈、共济失调和角弓反张。常见腹泻，粪便呈绿色，恶臭。病鸡因无法采食或因某些条件性致病菌导致败血症而死亡。种鸡产蛋量几天内略有下降。

**3. 病理变化**

剖检可见结膜炎，头、面部及眼睑周围皮下组织严重水肿，切开时可见胶样浸润。泪腺、结膜和面部皮下组织有数量不等的干酪样渗透物，气管下部有小出血点，死鸡多伴发卵黄性腹膜炎，鼻黏膜有细小淤血斑点，严重者黏膜出现广泛的由红到紫的颜色变化。

**4. 防控技术**

目前对本病无特异性的免疫和治疗方法。平时应采取综合防制措施，改善和加强饲养管理，做好常规免疫和卫生，保持鸡舍内通风换气良好。病鸡使用喉炎净散等中药，同时配合使用针对支原体药物等，控制并发性细菌感染。

## 十三、尿酸盐沉积（痛风）

尿酸在肝脏产生，是禽类氮代谢的终末产物。因此，禽类可因尿酸盐异常积蓄继发痛风。痛风是因肾功能紊乱造成的高尿酸血症的一个临床症状。而在禽病学上，“痛风”是过去的一种误称，现在称为尿酸盐沉淀或高尿酸血症。痛风表现为两种综合征：内脏型尿酸盐沉积（内脏型痛风）和关节型尿酸盐沉积（关节型痛风）。

### （一）病因

内脏型痛风与输尿管阻塞、肾脏损伤或脱水有关。由于饮水供应不足导致脱水是家禽内脏型痛风的常见原因。内脏型痛风的暴发也与感染性因素如肾型传染性支气管炎病毒、肾隐孢子虫病有关；也与非感染性因素有关，如维生素A缺乏、尿石症等继发、霉菌毒素如卵孢

霉素和饲喂含有高钙和高蛋白的饲料有关；或病前有一段时间服用某些能损害肾功能的毒物或药物的过程。关节型痛风一般由饲喂高蛋白饲料引起。

### （二）临床症状和病理变化

#### 1. 内脏型痛风（内脏尿酸盐沉淀）

临床上常见，特征是肾脏、心脏、肝脏的浆膜表面，肠系膜，气囊或腹膜的尿酸盐沉积。严重的病例肌肉表面、腱鞘滑膜和关节也可能受累，在肝脏、脾脏和其他器官可见沉淀物。大体剖检可见浆膜表面的沉积物为一层白垩的覆盖物。

#### 2. 关节型痛风

一般散发，不引起严重的经济损失。临床表现为频繁换腿跛行，不能屈趾。关节痛风以痛风石和关节周围尿酸盐沉积为特征，特别是趾部关节，关节肿大，趾部变形。打开关节可见关节周围组织因尿酸盐沉积而变白，关节腔内可见半流质的尿酸盐沉积。在慢性病例，沉积物还可见于冠、肉垂和气管等部位。

### （三）防控技术

预防痛风应注意平时鸡群饮水要供应充足；做好肾型传染性支气管炎等疾病的预防工作；饲料中维生素 A 要供给充足；慎用能损害肾功能的氨基糖苷类抗生素和磺胺类药物。

发生痛风后，应积极治疗原发病，或停喂高蛋白饲料或含有损伤肾脏药物的饲料。关节型痛风治疗仅可减轻症状。

# 附录一 禁用兽药

## 一、中华人民共和国农业部公告（第193号）

**2002年4月9日**

为保证动物源性食品安全，维护人民身体健康，根据《兽药管理条例》的规定，我部制定了《食品动物禁用的兽药及其他化合物清单》（以下简称《禁用清单》），现公告如下：

1.《禁用清单》序号1～18所列品种的原料药及其单方、复方制剂产品停止生产，已在兽药国家标准、农业部专业标准及兽药地方标准中收载的品种，废止其质量标准，撤销其产品批准文号；已在我国注册登记的进口兽药，废止其进口兽药质量标准，注销其《进口兽药登记许可证》。

2.截至2002年5月15日，《禁用清单》序号1～18所列品种的原料药及其单方、复方制剂产品停止经营和使用。

3.《禁用清单》序号19～21所列品种的原料药及其单方、复方制剂产品不准以抗应激、提高饲料报酬、促进动物生长为目的在食品动物饲养过程中使用。

## 食品动物禁用的兽药及其他化合物清单

| 序号 | 兽药及其他化合物名称 | 禁止用途 | 禁用动物 |
| --- | --- | --- | --- |
| 1 | β-兴奋剂类：克仑特罗、沙丁胺醇、西马特罗及其盐、酯及制剂 | 所有用途 | 所有食品动物 |
| 2 | 性激素类：己烯雌酚及其盐、酯及制剂 | 所有用途 | 所有食品动物 |
| 3 | 具有雌激素样作用的物质：玉米赤霉醇、去甲雄三烯醇酮、醋酸甲孕酮及制剂 | 所有用途 | 所有食品动物 |
| 4 | 氯霉素及其盐、酯（包括琥珀氯霉素）及制剂 | 所有用途 | 所有食品动物 |
| 5 | 氨苯砜及制剂 | 所有用途 | 所有食品动物 |
| 6 | 硝基呋喃类：呋喃唑酮、呋喃它酮、呋喃苯烯酸钠及制剂 | 所有用途 | 所有食品动物 |
| 7 | 硝基化合物：硝基酚钠、硝呋烯腙及制剂 | 所有用途 | 所有食品动物 |
| 8 | 催眠、镇静类：安眠酮及制剂 | 所有用途 | 所有食品动物 |
| 9 | 林丹（丙体六六六） | 杀虫剂 | 所有食品动物 |
| 10 | 毒杀芬（氯化烯） | 杀虫剂、清塘剂 | 所有食品动物 |
| 11 | 呋喃丹（克百威） | 杀虫剂 | 所有食品动物 |
| 12 | 杀虫脒（克死螨） | 杀虫剂 | 所有食品动物 |
| 13 | 双甲脒 | 杀虫剂 | 水生食品动物 |
| 14 | 酒石酸锑钾 | 杀虫剂 | 所有食品动物 |
| 15 | 锥虫胂胺 | 杀虫剂 | 所有食品动物 |
| 16 | 孔雀石绿 | 抗菌、杀虫剂 | 所有食品动物 |
| 17 | 五氯酚酸钠 | 杀螺剂 | 所有食品动物 |
| 18 | 各种汞制剂：包括氯化亚汞（甘汞）、硝酸亚汞、醋酸汞、吡啶基醋酸汞 | 杀虫剂 | 所有食品动物 |
| 19 | 性激素类：甲基睾丸酮、丙酸睾酮、苯丙酸诺龙、苯甲酸雌二醇及其盐、酯及制剂 | 促生长 | 所有食品动物 |
| 20 | 催眠、镇静类：氯丙嗪、地西泮（安定）及其盐、酯及制剂 | 促生长 | 所有食品动物 |
| 21 | 硝基咪唑类：甲硝唑、地美硝唑及其盐、酯及制剂 | 促生长 | 所有食品动物 |

注：食品动物是指各种供人食用或其产品供人食用的动物。

## 二、兽药地方标准废止目录及禁用兽药补充

| 序号 | 类别 | 名称/组方 |
| --- | --- | --- |
| 1 | 禁用兽药 | β-兴奋剂类：沙丁胺醇及其盐、酯及制剂<br>硝基呋喃类：呋喃西林、呋喃妥因及其盐、酯及制剂<br>硝基咪唑类：替硝唑及其盐、酯及制剂<br>喹噁啉类：卡巴氧及其盐、酯及制剂<br>抗生素类：万古霉素及其盐、酯及制剂 |
| 2 | 抗病毒药物 | 金刚烷胺、金刚乙胺、阿昔洛韦、吗啉(双)胍(病毒灵)、利巴韦林等及其盐、酯及单、复方制剂 |
| 3 | 抗生素、合成抗菌药及农药 | 抗生素、合成抗菌药：头孢哌酮、头孢噻肟、头孢曲松(头孢三嗪)、头孢噻吩、头孢拉啶、头孢唑啉、头孢噻啶、罗红霉素、克拉霉素、阿奇霉素、磷霉素、硫酸奈替米星、洛美沙星、培氟沙星、氧氟沙星、诺氟沙星、氟罗沙星、司帕沙星、甲替沙星、克林霉素(氯林可霉素、氯洁霉素)、妥布霉素、胍哌甲基四环素、盐酸甲烯土霉素(美他环素)、两性霉素、利福霉素等及其盐、酯及单、复方制剂<br>农药：井冈霉素、浏阳霉素、赤霉素及其盐、酯及单、复方制剂 |
| 4 | 解热镇痛类等其他药物 | 双嘧达莫(预防血栓栓塞性疾病)、聚肌胞、氟胞嘧啶、代森铵(农用杀虫菌剂)、磷酸伯氨喹、磷酸氯喹(抗疟药)、异噻唑啉酮(防腐杀菌)、盐酸地酚诺酯(解热镇痛)、盐酸溴已新(祛痰)、西咪替丁(抑制人胃酸分泌)、盐酸甲氧氯普胺、甲氧氯普胺(盐酸胃复安)、比沙可啶(泻药)、二羟丙茶碱(平喘药)、白细胞介素-2、别嘌醇、多抗甲素(α-甘露聚糖肽)等及其盐、酯及制剂 |
| 5 | 复方制剂 | 注射用的抗生素与安乃近、氟喹诺酮类等化学合成药物的复方制剂；<br>镇静类药物与解热镇痛药等治疗药物组成的复方制剂 |

## 三、部分兽药停药期规定（家禽部分摘录）

| 兽药名称 | 执行标准 | 停药期 |
| --- | --- | --- |
| 二硝托胺预混剂 | 兽药典2000版 | 鸡3d,产蛋期禁用 |
| 土霉素片 | 兽药典2000版 | 禽5d,弃蛋期2d |
| 马杜霉素预混剂 | 部颁标准 | 鸡5d,产蛋期禁用 |

续表

| 兽药名称 | 执行标准 | 停药期 |
|---|---|---|
| 四环素片 | 兽药典1990版 | 鸡4d,产蛋期禁用 |
| 甲磺酸达氟沙星粉 | 部颁标准 | 鸡5d,产蛋鸡禁用 |
| 甲磺酸达氟沙星溶液 | 部颁标准 | 鸡5d,产蛋鸡禁用 |
| 吉他霉素片 | 兽药典2000版 | 鸡7d,产蛋期禁用 |
| 吉他霉素预混剂 | 部颁标准 | 鸡7d,产蛋期禁用 |
| 地克珠利预混剂 | 部颁标准 | 鸡5d,产蛋期禁用 |
| 地克珠利溶液 | 部颁标准 | 鸡5d,产蛋期禁用 |
| 地美硝唑预混剂 | 兽药典2000版 | 鸡28d,产蛋期禁用 |
| 那西肽预混剂 | 部颁标准 | 鸡7d,产蛋期禁用 |
| 阿苯达唑片 | 兽药典2000版 | 禽4d |
| 阿莫西林可溶性粉 | 部颁标准 | 鸡7d,产蛋鸡禁用 |
| 乳酸环丙沙星可溶性粉 | 部颁标准 | 禽8d,产蛋鸡禁用 |
| 乳酸环丙沙星注射液 | 部颁标准 | 禽28d |
| 环丙氨嗪预混剂(1%) | 部颁标准 | 鸡3d |
| 复方阿莫西林粉 | 部颁标准 | 鸡7d,产蛋期禁用 |
| 复方氨苄西林片 | 部颁标准 | 鸡7d,产蛋期禁用 |
| 复方氨苄西林粉 | 部颁标准 | 鸡7d,产蛋期禁用 |
| 复方磺胺氯哒嗪钠粉 | 部颁标准 | 鸡2d,产蛋期禁用 |
| 枸橼酸哌嗪片 | 兽药典2000版 | 禽14d |
| 氟苯尼考注射液 | 部颁标准 | 鸡28d |
| 氟苯尼考粉 | 部颁标准 | 鸡5d |
| 氟苯尼考溶液 | 部颁标准 | 鸡5d,产蛋期禁用 |
| 洛克沙胂预混剂 | 部颁标准 | 5d,产蛋期禁用 |
| 恩诺沙星片 | 兽药典2000版 | 鸡8d,产蛋鸡禁用 |
| 恩诺沙星可溶性粉 | 部颁标准 | 鸡8d,产蛋鸡禁用 |
| 恩诺沙星溶液 | 兽药典2000版 | 禽8d,产蛋鸡禁用 |
| 氨苯胂酸预混剂 | 部颁标准 | 5d,产蛋鸡禁用 |
| 海南霉素钠预混剂 | 部颁标准 | 鸡7d,产蛋期禁用 |
| 盐酸二氟沙星片 | 部颁标准 | 鸡1d |
| 盐酸二氟沙星粉 | 部颁标准 | 鸡1d |
| 盐酸二氟沙星溶液 | 部颁标准 | 鸡1d |
| 盐酸大观霉素可溶性粉 | 兽药典2000版 | 鸡5d,产蛋期禁用 |
| 盐酸左旋咪唑 | 兽药典2000版 | 禽28d |
| 盐酸多西环素片 | 兽药典2000版 | 28d |
| 盐酸异丙嗪片 | 兽药典2000版 | 28d |
| 盐酸沙拉沙星可溶性粉 | 部颁标准 | 鸡0d,产蛋期禁用 |
| 盐酸沙拉沙星注射液 | 部颁标准 | 鸡0d,产蛋期禁用 |

续表

| 兽药名称 | 执行标准 | 停药期 |
|---|---|---|
| 盐酸沙拉沙星溶液 | 部颁标准 | 鸡0d,产蛋期禁用 |
| 盐酸沙拉沙星片 | 部颁标准 | 鸡0d,产蛋期禁用 |
| 盐酸环丙沙星可溶性粉 | 部颁标准 | 28d,产蛋鸡禁用 |
| 盐酸环丙沙星注射液 | 部颁标准 | 28d,产蛋鸡禁用 |
| 盐酸氨丙啉、乙氧酰胺苯甲酯、磺胺喹噁啉预混剂 | 兽药典2000版 | 鸡10d,产蛋鸡禁用 |
| 盐酸氨丙啉、乙氧酰胺苯甲酯预混剂 | 兽药典2000版 | 鸡3d,产蛋期禁用 |
| 盐酸氯苯胍片 | 兽药典2000版 | 鸡5d,产蛋期禁用 |
| 盐酸氯苯胍预混剂 | 兽药典2000版 | 鸡5d,产蛋期禁用 |
| 盐霉素钠预混剂 | 兽药典2000版 | 鸡5d,产蛋期禁用 |
| 酒石酸吉他霉素可溶性粉 | 兽药典2000版 | 鸡7d,产蛋期禁用 |
| 酒石酸泰乐菌素可溶性粉 | 兽药典2000版 | 鸡1d,产蛋期禁用 |
| 维生素 $B_{12}$ 注射液 | 兽药典2000版 | 0d |
| 维生素 $B_1$ 片 | 兽药典2000版 | 0d |
| 维生素 $B_1$ 注射液 | 兽药典2000版 | 0d |
| 维生素 $B_2$ 片 | 兽药典2000版 | 0d |
| 维生素 $B_2$ 注射液 | 兽药典2000版 | 0d |
| 维生素 $B_6$ 片 | 兽药典2000版 | 0d |
| 维生素 $B_6$ 注射液 | 兽药典2000版 | 0d |
| 维生素C片 | 兽药典2000版 | 0d |
| 维生素C注射液 | 兽药典2000版 | 0d |
| 维生素 $D_3$ 注射液 | 兽药典2000版 | 28d |
| 维生素 $K_1$ 注射液 | 兽药典2000版 | 0d |
| 氯羟吡啶预混剂 | 兽药典2000版 | 鸡5d,产蛋期禁用 |
| 硫氰酸红霉素可溶性粉 | 兽药典2000版 | 鸡3d,产蛋期禁用 |
| 硫酸安普霉素可溶性粉 | 部颁标准 | 鸡7d,产蛋期禁用 |
| 硫酸庆大-小诺霉素注射液 | 部颁标准 | 鸡40d |
| 硫酸黏菌素可溶性粉 | 部颁标准 | 7d,产蛋期禁用 |
| 硫酸黏菌素预混剂 | 部颁标准 | 7d,产蛋期禁用 |
| 硫酸新霉素可溶性粉 | 兽药典2000版 | 鸡5d,产蛋期禁用 |
| 越霉素A预混剂 | 部颁标准 | 鸡3d,产蛋期禁用 |
| 磺胺二甲嘧啶片 | 兽药典2000版 | 禽10d |
| 磺胺二甲嘧啶钠注射液 | 兽药典2000版 | 28d |
| 磺胺对甲氧嘧啶,二甲氧苄氨嘧啶片 | 兽药规范1992版 | 28d |
| 磺胺对甲氧嘧啶、二甲氧苄氨嘧啶预混剂 | 兽药典1990版 | 28d,产蛋期禁用 |
| 磺胺对甲氧嘧啶片 | 兽药典2000版 | 28d |
| 磺胺甲噁唑片 | 兽药典2000版 | 28d |
| 磺胺间甲氧嘧啶片 | 兽药典2000版 | 28d |

续表

| 兽 药 名 称 | 执行标准 | 停 药 期 |
| --- | --- | --- |
| 磺胺间甲氧嘧啶钠注射液 | 兽药典 2000 版 | 28d |
| 磺胺脒片 | 兽药典 2000 版 | 28d |
| 磺胺喹噁啉、二甲氧苄氨嘧啶预混剂 | 兽药典 2000 版 | 鸡 10d，产蛋期禁用 |
| 磺胺喹噁啉钠可溶性粉 | 兽药典 2000 版 | 鸡 10d，产蛋期禁用 |
| 磺胺氯吡嗪钠可溶性粉 | 部颁标准 | 产蛋期禁用 |
| 磷酸左旋咪唑片 | 兽药典 1990 版 | 禽 28d |
| 磷酸哌嗪片（驱蛔灵片） | 兽药典 2000 版 | 禽 14d |
| 磷酸泰乐菌素预混剂 | 部颁标准 | 鸡 5d |

注：摘自中华人民共和国农业部公告第 278 号。

## 四、中华人民共和国农业部公告（第 2292 号）

**2015 年 9 月 1 日**

为保障动物产品质量安全和公共卫生安全，我部组织开展了部分兽药的安全性评价工作。经评价，认为洛美沙星、培氟沙星、氧氟沙星、诺氟沙星 4 种原料药的各种盐、酯及其各种制剂可能对养殖业、人体健康造成危害或者存在潜在风险。根据《兽药管理条例》第六十九条规定，我部决定在食品动物中停止使用洛美沙星、培氟沙星、氧氟沙星、诺氟沙星 4 种兽药，撤销相关兽药产品批准文号。现将有关事项公告如下。

1. 自本公告发布之日起，除用于非食品动物的产品外，停止受理洛美沙星、培氟沙星、氧氟沙星、诺氟沙星 4 种原料药的各种盐、酯及其各种制剂的兽药产品批准文号的申请。

2. 自 2015 年 12 月 31 日起，停止生产用于食品动物的洛美沙星、培氟沙星、氧氟沙星、诺氟沙星 4 种原料药的各种盐、酯及其各种制剂，涉及的相关企业的兽药产品批准文号同时撤销。2015 年 12 月 31 日前生产的产品，可以在 2016 年 12 月 31 日前流通使用。

3. 自 2016 年 12 月 31 日起，停止经营、使用用于食品动物的洛美沙星、培氟沙星、氧氟沙星、诺氟沙星 4 种原料药的各种盐、酯及其各种制剂。

## 五、部分国家及地区明令禁用或重点监控的兽药及其他化合物清单

### （一）欧盟禁用的兽药及其他化合物清单

1. 阿伏霉素（Avoparcin）
2. 洛硝达唑（Ronidazole）
3. 卡巴多（Carbadox）
4. 喹乙醇（Olaquindox）
5. 杆菌肽锌（Bacitracin zinc）（禁止作饲料添加药物使用）
6. 螺旋霉素（Spiramycin）（禁止作饲料添加药物使用）
7. 维吉尼亚霉素（Virginiamycin）（禁止作饲料添加药物使用）
8. 磷酸泰乐菌素（Tylosin phosphate）（禁止作饲料添加药物使用）
9. 阿普西特（Arprinocide）
10. 二硝托胺（Dinitolmide）
11. 异丙硝唑（Ipronidazole）
12. 氯羟吡啶（Meticlopidol）
13. 氯羟吡啶/苄氧喹甲酯（Meticlopidol/Mehtylbenzoquate）
14. 氨丙啉（Amprolium）
15. 氨丙啉/乙氧酰胺苯甲酯（Amprolium/ethopabate）
16. 地美硝唑（Dimetridazole）
17. 尼卡巴嗪（Nicarbazin）
18. 二苯乙烯类（Stilbenes）及其衍生物、盐和酯，如己烯雌酚（Diethylstilbestrol）等
19. 抗甲状腺类药物（Antithyroid agent），如甲巯咪唑（Thiamazol）、普萘洛尔（Propranolol）等
20. 类固醇类（Steroids），如雌激素（Estradiol）、雄激素（Testosterone）、孕激素（Progesterone）等
21. 二羟基苯甲酸内酯（Resorcylic acid lactones），如玉米赤霉醇（Zeranol）
22. β-兴奋剂类（β-Agonists），如克仑特罗（Clenbuterol），沙丁

胺醇（Salbutamol），喜马特罗（Cimaterol）等

23. 马兜铃属植物（*Aristolochia* spp.）及其制剂

24. 氯霉素（Chloramphenicol）

25. 氯仿（Chloroform）

26. 氯丙嗪（Chlorpromazine）

27. 秋水仙碱（Colchicine）

28. 氨苯砜（Dapsone）

29. 甲硝咪唑（Metronidazole）

30. 硝基呋喃类（Nitrofurans）

## （二）美国禁止在食品动物使用的兽药及其他化合物清单

1. 氯霉素（Chloramphenicol）

2. 克仑特罗（Clenbuterol）

3. 己烯雌酚（Diethylstilbestrol）

4. 地美硝唑（Dimetridazole）

5. 异丙硝唑（Ipronidazole）

6. 其他硝基咪唑类（Other nitroimidazoles）

7. 呋喃唑酮（Furazolidone）（外用除外）

8. 呋喃西林（Nitrofurazone）（外用除外）

9. 泌乳牛禁用磺胺类药物［下列除外：磺胺二甲氧嘧啶（Sulfadimethoxine）、磺胺溴甲嘧啶（Sulfabromomethazine）、磺胺乙氧嗪（sulfaethoxypyridazine）］

10. 氟喹诺酮类（Fluoroquinolones）（沙星类）

11. 糖肽类抗生素（Glycopeptides），如万古霉素（Vancomycin）、阿伏霉素（Avoparcin）

## （三）日本对动物性食品重点监控的兽药及其他化合物清单

1. 氯羟吡啶（Clopidol）

2. 磺胺喹嗯啉（Sulfaquinoxaline）

3. 氯霉素（Chloramphenicol）

4. 磺胺甲基嘧啶（Sulfamerazine）

5. 磺胺二甲嘧啶（Sulfadimethoxine）

6. 磺胺-6-甲氧嘧啶（Sulfamonomethoxine）

7. 噁喹酸（Oxolinicacid）

8. 乙胺嘧啶（Pyrimethamine）

9. 尼卡巴嗪（Nicarbazin）

10. 双呋喃唑酮（DFZ）

11. 阿伏霉素（Avoparcin）

**（四）中国香港特别行政区禁用的兽药及其他化合物清单**

1. 氯霉素（Chloramphenicol）

2. 克仑特罗（Clenbuterol）

3. 己烯雌酚（Diethylstilbestrol）

4. 沙丁胺醇（Salbutamol）

5. 阿伏霉素（Avoparcin）

6. 己二烯雌酚（Dienoestrol）

7. 己烷雌酚（Hexoestrol）

# 附录二　参考免疫程序

## 一、肉种鸡参考免疫程序

| 接种日龄 | 疫　苗 | 接种方法 |
|---|---|---|
| 1日龄 | 鸡马立克氏病活疫苗 | 颈部皮下注射 |
| 7日龄 | 鸡新城疫-传染性支管炎二联活疫苗（La Sota-$H_{120}$二联苗） | 滴鼻或饮水 |
| 12日龄 | 鸡新城疫活疫苗 | 滴鼻或点眼 |
| | 鸡新城疫灭活疫苗 | 肌内注射 |
| 18日龄 | 鸡传染性法氏囊病活疫苗（弱毒） | 饮水或滴口 |
| 25日龄 | 鸡痘活疫苗 | 翅下刺种 |
| | 重组禽流感病毒H5亚型灭活疫苗 | 肌内注射 |
| 30日龄 | 鸡传染性法氏囊病活疫苗（中毒） | 饮水 |
| 37日龄 | 鸡新城疫-传染性支管炎二联活疫苗（La Sota-$H_{52}$二联苗） | 滴鼻或饮水 |
| 45日龄 | 鸡传染性喉气管炎活疫苗（发病区） | 点眼或滴肛 |
| 60日龄 | 鸡新城疫活疫苗（Ⅳ系） | 肌内注射 |
| | 鸡新城疫灭活疫苗 | |

续表

| 接种日龄 | 疫　苗 | 接种方法 |
|---|---|---|
| 70 日龄 | 鸡痘活疫苗 | 翅下刺种 |
| | 重组禽流感病毒 H5 亚型灭活疫苗 | 肌内注射 |
| 80 日龄 | 传染性脑脊髓炎活疫苗 | 饮水 |
| 90 日龄 | 鸡传染性喉气管炎活疫苗(发病区) | 点眼或滴肛 |
| 100 日龄 | 病毒性关节炎灭活疫苗 | 肌内注射 |
| 120 日龄 | 新城疫-传染性支气管炎-减蛋综合征三联灭活疫苗 | 肌内注射 |
| 130 日龄 | 禽流感灭活疫苗(H5 亚型＋H9 亚型) | 肌内注射 |
| 140 日龄 | 鸡传染性法氏囊病灭活疫苗 | 肌内注射 |
| 300 日龄 | 鸡传染性法氏囊病灭活疫苗 | 肌内注射 |

## 二、饲养 42 日龄商品肉鸡参考免疫程序

| 接种日龄 | 疫　苗 | 接种方法 |
|---|---|---|
| 6 日龄 | 鸡新城疫活疫苗或鸡新城疫-传染性支管炎二联活疫苗(La Sota-$H_{120}$二联苗) | 滴鼻或点眼 |
| 7 日龄 | 鸡新城疫—禽流感(H9 亚型)二联灭活疫苗;或鸡新城疫-传染性支气管炎-禽流感(H9 亚型)三联灭活疫苗 | 颈部皮下注射 |
| 14 日龄 | 鸡传染性法氏囊病活疫苗(弱毒) | 饮水或滴口 |
| 21 日龄 | 鸡新城疫活疫苗 | 饮水 |

# 附录三　鸡病鉴别诊断

## 一、鸡病的诊断方向

| 主要症状与病变 | 相关的疾病 |
|---|---|
| 出现神经症状 | 高致病性禽流感、新城疫、马立克氏病、鸡传染性脑脊髓炎、维生素 E 和硒缺乏症、大肠杆菌病(脑炎型)、肉毒中毒、食盐中毒、叶酸缺乏症、维生素 $B_1$ 缺乏症、维生素 $B_6$ 缺乏症 |
| 鸡冠和面部肿胀 | 鸡霍乱、禽流行性感冒、鸡痘、大肠杆菌病,鸡传染性鼻炎、鸡衣原体病、鸡慢性呼吸道病、肿头综合征、维生素 A 缺乏症 |
| 皮肤出血、坏死等 | 大肠杆菌病、葡萄球菌病、马立克氏病、鸡痘、维生素 $B_3$ 缺乏症、维生素 H 缺乏症、维生素 $B_5$ 缺乏症、锌缺乏症 |
| 呼吸困难 | 新城疫、鸡传染性鼻炎、鸡慢性呼吸道病、传染性支气管炎、鸡传染性喉气管炎、鸡痘、禽流行性感冒 |

续表

| 主要症状与病变 | 相关的疾病 |
|---|---|
| 出现肝炎及肝脏病变 | 禽霍乱、鸡白痢、鸡伤寒、鸡副伤寒、大肠杆菌病、鸡结核病、鸡弯曲杆菌肝炎、组织滴虫病、包涵体肝炎、禽淋巴细胞性白血病、马立克氏病、网状内皮组织增生症、鸡慢性呼吸道病、鸡曲霉菌病、梭菌感染、禽猪丹毒 |
| 肺脏及气囊病变 | 鸡白痢、鸡慢性呼吸道病、鸡结核病、鸡曲霉菌病、鼻气管鸟杆菌病 |
| 肾脏出现肿胀和花斑病变 | 传染性法氏囊病、鸡传染性支气管炎、痛风、鸡病毒性肾炎、高钙、高蛋白引起的代谢病 |
| 产畸形蛋、软皮蛋 | 鸡传染性支气管炎、减蛋综合征、鸡白痢、鸡伤寒、鸡副伤寒、鸡蛔虫病、鸡绦虫病、维生素 D 缺乏症、锰缺乏症、禽流行性感冒 |
| 引起关节肿胀、腿骨发育异常等运动障碍 | 大肠杆菌病、葡萄球菌病、滑液囊霉形体病、病毒性关节炎、关节痛风、胆碱缺乏症、维生素 $B_6$ 缺乏症、维生素 $B_2$ 缺乏症、维生素 $B_{11}$ 缺乏症、锰缺乏症、维生素 $B_3$ 缺乏症、锌缺乏症 |
| 肠炎、下痢 | 新城疫、传染性法氏囊病、禽轮状病毒感染、鸡结核、大肠杆菌病、坏死性肠炎、鸡组织滴虫病、鸡球虫病、鸡住白细胞原虫病、鸡白痢、鸡伤寒、溃疡性肠炎、链球菌病、铜绿假单胞菌病、禽流行性感冒 |

## 二、引起神经症状的鸡病

| 病 名 | 相 似 点 | 区 别 点 |
|---|---|---|
| 高致病性禽流感 | 头和颈部颤动、站立不稳、角弓反张和歪脖子 | 鸡冠发紫、尖部如烧焦样。产蛋量陡降，发病后几天内产蛋完全停止。颅骨、大脑和小脑的出血；心外膜、胸肌、腺胃乳头出血；肺出血、水肿 |
| 鸡新城疫(肺脑型) | 四肢进行性麻痹，共济失调；肌肉痉挛和震颤，常引起转圈运动 | 有呼吸道症状，剖检见十二指肠降支、卵黄蒂后 3～4cm、回肠前 1～3cm 处淋巴滤泡肿胀、出血、溃疡；腺胃乳头顶端出血或溃疡；各年龄段均可发病 |
| 马立克氏病(神经型) | 轻者运动失调，步态异常；重者瘫痪，呈“劈叉”病症 | 特征性“劈叉”姿势；剖检见腰荐神经丛、臂神经丛、坐骨神经均呈单侧性肿粗、色灰白或淡黄；多发于青年鸡 |
| 鸡传染性脑脊髓炎 | 共济性失调，走路前后摇晃，步态不稳，或以跗关节和翅膀支撑前行 | 头颈部震颤，尤其在受惊或将鸡倒提起时，震颤加强；剖检见脑水肿、充血、但无出血现象，胃肌层内有细小的灰白色病变区；多发于 3 周龄以内的雏鸡 |

续表

| 病名 | 相似点 | 区别点 |
| --- | --- | --- |
| 维生素E、硒缺乏症(脑软化症) | 头颈弯曲挛缩，无方向性特性，有时出现角弓反张，两腿痉挛抽搐，行走不稳或瘫痪 | 脑充血、水肿、有散在出血点，以小脑尤为明显；大脑后半球有液化灶，脑实质严重软化，呈粥样；肌肉苍白；多发于雏鸡 |
| 大肠杆菌病(脑炎型) | 垂头、昏睡状，有的鸡有歪头、斜颈，共济失调，抽搐症状，瘫痪 | 脑膜充血、出血；小脑脑膜及实质有许多针尖大出血点；涂片染色，镜检可见革兰氏阴性小杆菌 |
| 肉毒中毒 | 腿、翅、颈部肌肉麻痹，两腿无力，步态不稳，重者瘫痪 | 呼吸急促，"软颈病"；两眼深睡状，系饲料中含有变质的动物性蛋白饲料所致 |
| 食盐中毒 | 高度兴奋，奔跑；重者倒地仰卧、抽搐 | 渴欲极强，严重腹泻；剖检脑膜充血水肿、出血 |
| 叶酸缺乏症 | 颈部肌肉麻痹，抬头向前平伸，喙着地 | "软颈"症状与肉毒中毒相似，但病鸡精神尚好，胫骨短粗，有时可见"滑腱症"；一般不易出现叶酸缺乏症 |
| 维生素$B_1$缺乏症 | 腿、翅、颈的伸肌痉挛，病鸡飞节和尾部着地，头向后仰，角弓反张，呈特殊的"观星"姿势 | 剖检可见右心常扩张松弛(心房较心室明显)；慢性维生素$B_1$缺乏的鸡会发生生殖器官萎缩(公鸡比母鸡明显)，青年公鸡睾丸发育受阻，产蛋母鸡输卵管萎缩；雏鸡肾上腺肥大，母鸡比公鸡明显 |
| 维生素$B_2$缺乏症 | "卷爪"麻痹症，爪向内卷曲成拳状，以中趾尤为明显；跖趾关节肿胀，两脚不能站立，常以双翅支持身体向前行走 | 两侧坐骨神经和臂神经显著肿大，变软，有时比正常粗4～5倍，两侧迷走神经也有肿大现象。组织学检查可见髓鞘脱失，轴突呈球形肿胀，以及结节性断裂 |
| 维生素$B_6$缺乏症 | 异常兴奋，盲目奔跑、转动。骨短粗，表现为一条腿严重跛行，一侧或两侧爪的中趾的第一关节向内弯曲 | 脊髓和外周神经变性，眼睑炎性水肿，肌胃糜烂；严重缺乏时，产蛋母鸡卵巢、输卵管和肉垂退化 |

## 三、引起鸡冠及面部肿胀的疾病

| 病名 | 相似点 | 区别点 |
| --- | --- | --- |
| 禽霍乱 | 鸡冠及肉垂肿胀，呈黑紫色 | 16周龄以前的幼鸡少发，突然发病，死亡多为强壮鸡和高产鸡，排稀粪；心冠脂肪出血，肝脏出血、点状坏死，十二指肠弥漫性出血；慢性可见关节炎 |

续表

| 病　名 | 相似点 | 区别点 |
|---|---|---|
| 禽流行性感冒 | 鸡冠及肉垂肿胀，紫红色；头、眼睑水肿，流泪 | 鸡冠有坏死灶，趾及跖部鳞片出血，全身浆膜黏膜及内脏严重广泛出血，颈、喉部有明显肿胀，鼻孔常流出分泌物 |
| 鸡痘 | 皮肤型病鸡的头部鸡冠、肉垂、口角、眼周部位有痘疹；黏膜型鸡的眼睑肿胀、流泪，面部肿胀、呼吸困难 | 皮肤型鸡无毛部皮肤及肛门周围、翅膀内侧也见痘疹，坏死后有痂皮；黏膜型的口腔及咽喉黏膜上有白色痘斑，突出于黏膜，相互融合，表面可形成黄白色假膜 |
| 大肠杆菌病 | 单侧性眼炎，眼睑肿胀，流泪，有黏性分泌物 | 可引起多种类型的病症；全眼球炎见于30～60日龄雏鸡，严重的引起失明；还有败血症、气囊炎、雏鸡脐炎、关节炎及肠炎等变化，切开肿胀部有干酪样物 |
| 鸡传染性鼻炎 | 单侧性眼肿，眶下部和面部肿胀，肉垂水肿 | 以成年鸡最易感；从鼻孔流出浆液性、黏液性以至脓性恶臭的分泌物，鼻腔和眶下窦黏膜充血、肿胀，腔窦内蓄积多量黏液、脓性分泌物，有时为干酪样物；眼结膜红肿、粘连，结膜囊积黏性干酪样物，角膜混浊，眼球萎缩 |
| 衣原体病 | 颜面肿胀，结膜炎 | 腹泻、粪便为黄绿色；肉鸡腹部膨大、下垂，呈企鹅样，产蛋率不高，没有产蛋高峰，剖检见输卵管囊肿；小鸡可见心包炎、肝周炎、气囊炎，肝、脾肿大，有坏死点 |
| 鸡慢性呼吸道病 | 颜面、眼睑、眶下窦肿胀、流泪、流鼻液 | 泪液中带有气泡；鼻腔、眶下窦及腭裂蓄积多量黏液或干酪样物；气囊增厚、混浊，积有泡沫样或黄色干酪样物；肺门部有灰红色肺炎病灶 |
| 肿头综合征 | 头、面部、眼周围水肿 | 头，眼周、冠、肉垂、下颌皮下水肿，呈胶冻状；肠系膜水肿，呈黄色胶冻状 |
| 维生素A缺乏症 | 眼及面部肿胀、流泪、流鼻液 | 眼睑肿胀、角膜软化或穿孔，眼球凹陷、失明、结膜囊内蓄积干酪样物，口腔、咽、食道黏膜有白色小米粒大结节 |

## 四、鸡皮肤发生出血、坏死等病变的疾病

| 病　名 | 相似点 | 区别点 |
|---|---|---|
| 大肠杆菌病(皮炎型) | 脐炎,皮肤炎 | 雏鸡发生脐炎,青年鸡发生皮肤炎、坏死、溃烂,有的形成紫色痂;涂片镜检可见革兰氏阴性小杆菌 |
| 葡萄球菌病 | 脐炎、皮下出血 | 雏鸡发生脐炎;急性败血型1～2月龄鸡多发,胸腹部、大腿内侧皮肤出血、溃疡,皮下出血水肿,呈胶冻样;涂片镜检可见葡萄球菌 |
| 铜绿假单胞菌病 | 跗关节或爪垫等部位发生肿胀、出血 | 皮下水肿和纤维素性渗出,偶见出血,关节积液;化脓性结膜炎,偶见角膜炎。注射部位感染后会变绿 |
| 马立克氏病(皮肤型) | 颈、背部及腿部皮肤毛囊呈结节性肿胀 | 颈部、两翅及全身皮肤以毛囊为中心形成小结节或瘤状物,有时有鳞片状棕色硬痂 |
| 鸡痘(皮肤型) | 有时痘疹表面形成痂皮 | 少毛或无毛处皮肤,如鸡冠、肉垂、嘴角、眼皮及腿部等出现痘疹 |
| 维生素E缺乏或硒缺乏 | 皮下血肿 | 雏鸡表现渗出性素质,翅膀、颈胸腹部等部位皮下水肿。病鸡还会表现肌肉坏死和脑软化 |
| 生物素缺乏 | 雏鸡足底粗糙、龟裂、出血,严重者足趾坏死 | 剖检可见肝、肾肿大,呈暗白色,肝脏脂肪沉积,体脂肪呈粉红色,肌胃和肠道内有黑色液体滞留 |

## 五、引起鸡产畸形蛋、软皮蛋的疾病

| 病　名 | 相似点 | 区别点 |
|---|---|---|
| 传染性支气管炎 | 产蛋下降 | 蛋壳异常及蛋内容不良,卵泡变软、出血,甚至卵泡破裂,输卵管炎及堵蛋 |
| 减蛋综合征 | 产蛋下降 | 产蛋突然减少,出现无壳蛋、软壳蛋、薄壳蛋等;输卵管子宫部水肿性肥厚、苍白 |
| 鸡白痢 | 卵泡变形 | 成年鸡产蛋停止,卵泡大小、形状和颜色发生改变,卵黄性腹膜炎 |
| 鸡伤寒 | 卵泡变形 | 发生于3周龄至成年鸡,时有死亡;肝脏古铜色或淡绿色 |
| 鸡副伤寒 | 卵泡变形 | 肠炎、拉稀,卵巢炎,输卵管炎 |
| 鸡蛔虫病 | 产蛋下降 | 逐渐消瘦,下痢与便秘交替出现,肠中有多量蛔虫 |
| 鸡绦虫病 | 产蛋下降 | 鸡粪中可见小米粒大、白色、长方形绦虫节片;肠内可见绦虫成虫,鸡冠苍白 |

续表

| 病　名 | 相 似 点 | 区 别 点 |
|---|---|---|
| 维生素D缺乏症 | 产蛋下降 | 软蛋增多，瘫鸡经日晒可恢复，龙骨弯曲 |
| 锰缺乏症 | 产蛋减少 | 蛋壳变薄易碎，孵化后死胚多，死胚短腿短翅、圆头、鹦鹉嘴；跗关节肿胀、腓肠肌腱滑向一侧（称滑腱症） |
| 钙、磷缺乏症或过多症 | 产蛋下降 | 缺钙出现软壳蛋、瘫鸡；钙过多引起痛风，尤其肾脏出现尿酸盐沉积；缺磷或磷过多影响钙的吸收，出现厌食，生殖器官发育不良；分析饲料中的钙、磷含量可查明是多还是少 |
| 禽流行性感冒 | 产蛋下降 | 输卵管炎，内有蛋清样物；输卵管萎缩 |

## 六、引起鸡关节肿胀、腿骨发育异常等运动障碍的疾病

| 病　名 | 相 似 点 | 区 别 点 |
|---|---|---|
| 大肠杆菌病（关节炎型） | 关节肿大，跛行，触诊有波动感 | 切开关节流出混浊液体，重者关节腔内有干酪样物；涂片镜检可见革兰氏阴性小杆菌 |
| 葡萄球菌病 | 多个关节炎性肿胀，以跗、趾关节多见；病鸡跛行、不愿站立走动 | 肿胀关节呈紫红或紫黑色，逐渐化脓，有的形成趾瘤；切开关节后，流出黄色脓汁，涂片镜检可见大量葡萄球菌 |
| 滑液支原体病 | 跗关节、趾关节肿胀，触诊有波动感、热感，站立、运动困难 | 切开后，关节囊内有黏稠液体或干酪样物，多发于4～16周龄，偶尔见于成年鸡 |
| 病毒性关节炎 | 跗关节及后上侧腓肠肌腱和腱鞘肿胀，表现为拐腿、站立困难、步态不稳 | 多为双侧性跗关节与腓肠肌腱肿胀，关节腔积液呈草黄色或淡红色，有时腓肠肌腱断裂、出血，外观病变部位呈青紫色 |
| 关节痛风 | 四肢关节肿胀，有的脚掌趾关节肿胀，走路不稳，跛行，重者不能站立 | 关节囊内有淡黄或白色石灰乳样尿酸盐沉积 |
| 胆碱缺乏症 | 跗关节轻度肿大，周围点状出血；长骨短粗，跖骨变形弯曲，出现滑腱症 | 雏鸡、青年鸡可见滑腱症，肝脂肪含量增多，成年鸡主要表现为体脂肪过度沉积，一般无关节病变 |

续表

| 病名 | 相似点 | 区别点 |
|---|---|---|
| 维生素 $B_2$ 缺乏症 | 跗趾关节肿胀，脚趾向内卷曲或拳状，即“卷爪”，双脚不能站立，行走困难 | 两侧坐骨神经和臂神经显著肿大、变软，为正常的4～5倍；胃肠道黏膜萎缩，肠内有泡沫状内容物，多发于育雏期和产蛋高峰期 |
| 锰缺乏症 | 长骨短粗，跗关节明显肿胀，腿屈曲无法站立和行走 | 长骨粗短，但不变软变脆；雏鸡表现为典型的“滑腱症” |
| 锌缺乏症 | 跗关节肥大，腿、脚粗短 | 轻者脚、腿皮肤有鳞片状皮屑；重者腿、脚皮肤严重角化，脚掌有裂缝。羽毛末端严重缺损，尤以翼羽和尾羽明显 |

## 七、引起鸡肠炎、下痢的疾病

| 病名 | 相似点 | 区别点 |
|---|---|---|
| 新城疫 | 排白色、绿色稀便 | 呼吸困难、有呼噜声，有甩头、扭颈、轻瘫等神经症状，喉头、气管出血，肠淋巴滤泡肿胀、出血、溃疡；腺胃出血 |
| 传染性法氏囊病 | 白色水样下痢 | 3～6周龄多发，死亡率高；法氏囊肿胀、出血，肌肉出血，花斑肾 |
| 禽轮状病毒感染 | 水样下痢 | 6周龄以下雏鸡易感；泄殖腔肿胀、出血，小肠内有大量液体和气泡，肠腔高度膨胀 |
| 鸡结核病 | 顽固性下痢 | 主要发生于成年鸡和老鸡；渐进性消瘦、贫血，肝、脾、肺、肠、骨髓等多处内脏器官有黄白色结核结节，结节切面呈干酪样 |
| 大肠杆菌病 | 急性败血血型可见排白色或黄绿色稀便 | 可以表现多种类型的病症，急性败血型主要表现纤维素性心包炎和肝周炎，肝脏有点状坏死 |
| 坏死性肠炎 | 黑褐色、带血色稀粪 | 小肠中后段肠壁出血，斑点呈不规则形；肠壁坏死，有土黄色坏死灶，有时覆有灰黄色厚层假膜；肝脏可见2～3mm大、圆形坏死灶 |
| 鸡组织滴虫病 | 带血稀便 | 病鸡头部皮肤黑紫色；盲肠出血、肠内容物凝固、切面呈层状，中心为凝血块；肝脏色黄，中心凹陷，周围隆起，呈黄绿色的碟状坏死灶 |
| 鸡球虫病 | 排血便 | 3月龄以下雏鸡多发，急性经过，死亡率高；盲肠或小肠出现出血性、坏死性炎，肠壁有白色结节 |

续表

| 病　名 | 相　似　点 | 区　别　点 |
| --- | --- | --- |
| 鸡住白细胞原虫病 | 水样白色或绿色稀粪 | 鸡冠苍白、眼眶周围呈黄绿色，口腔流出淡绿色液体；严重时有血样液；全身皮下、肌肉、肺、肾、心、脾、胰、腺胃、肌胃及肠黏膜均见出血点，并见灰白色小结节 |
| 鸡白痢 | 白色石膏样稀粪 | 急性型多见于2周龄左右雏鸡，脐带红肿，卵黄吸收不全；慢性可见肝、脾、肺、心有灰白色坏死点，有时一侧盲肠内容物凝固，肠壁增厚。育成鸡和青年鸡多呈隐性感染，卵泡萎缩、出血、变形、变色，有时脱落、破裂，引起腹膜炎 |
| 鸡伤寒 | 黄绿色稀便 | 多见于育成鸡；肝、脾和肾肿胀达正常的2～4倍，肝、脾呈青铜色，有黄白色的坏死点；卵泡充血、出血，有的破裂 |
| 鸡溃疡性肠炎 | 白色水样下痢 | 小肠和盲肠有大量圆形溃疡灶，中心凹陷，有时发生穿孔；肝脏黄色或灰色圆形小病灶或大片不规则坏死区 |
| 鸡链球菌病 | 持续下痢呈淡黄色或白色 | 急性冠、肉垂苍白，胸部皮肤青紫或黄绿色，皮下、肌肉、浆膜水肿，肝、脾肿大，肝有黄褐或白色坏死点，慢性头部震颤，足底肿，肉垂肿胀、坏死、脱落 |
| 铜绿假单胞菌病 | 白色水样稀便 | 小肠和盲肠黏膜、浆膜均看到边缘出血的黄色溃疡灶，有时融合成大坏死斑；十二指肠有弥漫出血点 |

## 八、引起鸡呼吸道症状的疾病

| 病　名 | 相　似　点 | 区　别　点 |
| --- | --- | --- |
| 鸡新城疫(美国型) | 伸颈呼吸、咳嗽、甩头 | 除呼吸症状外，还出现斜颈、歪头，脚、翼麻痹，产蛋下降；剖检仅见喉头、气管有黏液，气管黏膜肥厚，肺、脑有出血点 |
| 传染性鼻炎 | 甩鼻，打喷嚏，呼吸困难 | 发病率高，死亡率低，鼻塞症状明显，主要表现流鼻液，流泪；剖检鼻腔、鼻窦黏膜红肿或有黄色干酪样物 |
| 鸡慢性呼吸道病 | 慢性呼吸道症状 | 呼吸有啰音，眼角流泡沫样液体；气囊增厚、混浊，有泡沫样或干酪样物 |

续表

| 病　　名 | 相　似　点 | 区　别　点 |
| --- | --- | --- |
| 传染性支气管炎(呼吸型) | 咳嗽,打喷嚏 | 呼吸时发生异常声音,喉头、气管黏液增多,支气管有出血;混合感染其他病型时则出现肾炎或腺胃炎等 |
| 传染性喉气管炎 | 咳嗽,呼吸困难 | 发病急,死亡快,咳出带血的黏液;喉头、气管出血,有多量黏液和血凝块 |
| 鸡痘(黏膜型) | 呼吸困难,张口呼吸 | 呼吸及吞咽困难,多窒息死亡;口腔及咽喉部黏膜出现痘疹;混合感染其他病型,还可见少毛或无毛的皮肤处出现痘疹 |

## 九、引起鸡肝脏病变的疾病

| 病　名 | 相　似　点 | 区　别　点 |
| --- | --- | --- |
| 鸡霍乱 | 肝肿大,表面布满黄白色针尖大坏死点 | 成年鸡易发,常突然发病,死亡多为壮鸡;心冠脂肪和心外膜有出血点,十二指肠严重出血 |
| 鸡沙门氏菌病 | 肝肿大,表面有多量灰白色针尖大坏死点 | 多发生于雏鸡和青年鸡;雏鸡拉白色糊状粪,心、肺上也有坏死灶;青年鸡的肝脏有时呈铜绿色 |
| 鸡大肠杆菌病 | 肝肿大,表面有一层灰白色薄膜,即肝周炎 | 多发生于雏鸡和6～10周龄的青年鸡,有纤维素性心包炎、纤维素性腹膜炎 |
| 鸡结核病 | 肝肿大,表面有黄白色大小不等的结核结节 | 多发生于成年鸡和老鸡,呈慢性经过;脾、肠、肺和肾脏也有结核结节,切开见有纤维包膜,中心为淡黄色干酪样物质 |
| 鸡弯曲杆菌肝炎 | 肝肿大,表面和实质内有黄色、星芒状的小坏死灶或布满菜花状的大坏死区 | 多发生于青年鸡或新开产母鸡;肝脏被膜下有出血区或形成血肿 |
| 鸡组织滴虫病 | 肝肿大,表面有圆形或不规则形中心凹陷、周边隆起的溃疡灶 | 多发生于8周至4月龄的鸡;一侧盲肠肿大,内有香肠状的干酪样凝固栓子,切面呈同心圆状 |
| 鸡包涵体肝炎 | 肝肿大,表面有点状或斑状出血 | 多发于3～9周龄的肉鸡和蛋鸡;肝脏触片于细胞核内见嗜酸性或嗜碱性核内包涵体 |
| 禽淋巴细胞性白血病 | 肝肿大,表面有灰白色、结节型、粟粒型或弥散型肿瘤 | 多发生于18周龄以上的鸡;脾、肺、肾也有肿瘤结节,法氏囊有结节状肿瘤 |

续表

| 病　名 | 相　似　点 | 区　别　点 |
|---|---|---|
| 马立克氏病(内脏型) | 肝肿大,表面有灰白色肿瘤结节 | 多发生于6～18周龄的鸡;心、肺、脾、肾等器官也有肿瘤结节,但法氏囊常萎缩 |
| 网状内皮组织增生症 | 肝肿大,呈黄色,表面和切面上有结节状肿瘤 | 多发生于成年鸡;肿瘤结节见于肝、脾及肾 |
| 鸡脂肪肝综合征 | 肝肿大,呈黄色,质地松软,表面有小出血点 | 多发于成年鸡;鸡冠、肉髯和肌肉苍白贫血,肝脏出血,腹腔内有血凝块或血水,腹腔和肠系膜有大量脂肪沉积 |

## 十、引起鸡肺脏及气囊病变的疾病

| 病　名 | 相　似　点 | 区　别　点 |
|---|---|---|
| 鸡大肠杆菌病 | 气囊炎、肺炎 | 肺淤血、出血、水肿,呈青绿色,有时形成肉芽肿,可从病变处分离到大肠杆菌 |
| 鼻气管鸟杆菌病 | 肺炎、胸膜炎和气囊炎 | 气囊(尤其是腹气囊)有酸奶样白色泡沫渗出物,多伴有一侧肺炎 |
| 鸡白痢 | 肺上有大小不等、黄白色坏死结节 | 多发于2周龄以内的雏鸡;拉白色糊状粪,心脏和肝脏也有坏死结节 |
| 鸡慢性呼吸道病 | 气囊混浊、增厚,囊腔内有黄色干酪样物质 | 多发生于4～8周龄的幼鸡,呼吸困难,眶下窦肿胀 |
| 鸡结核病 | 肺上有大小不等、黄白色结核结节 | 多发生于成年鸡和老鸡;病鸡极度消瘦,肝、脾、肾等器官也有结核结节 |
| 鸡曲霉菌病 | 肺和气囊上有灰黄色、大小不等的坏死结节 | 多发生于雏鸡;病鸡呼吸困难;胸壁上也有坏死结节,柔软而有弹性,内容物呈干酪样;见有霉菌斑;镜检见霉菌菌丝及孢子 |

## 十一、引起鸡肾脏肿胀及“花斑肾”病变的疾病

| 病　名 | 相　似　点 | 区　别　点 |
|---|---|---|
| 传染性支气管炎(肾型) | 排水样白色稀便;肾脏明显肿大,颜色变淡,有多量尿酸盐沉着 | 多见于3～10周龄鸡,两侧肾脏均等肿胀,有尿酸盐沉着,严重时内脏器官浆膜有多量尿酸盐沉着;死亡率高。 |
| 传染性法氏囊病 | 排白色水样便,肾肿,有白色尿酸盐沉着,呈花斑状 | 3～6周龄雏鸡多发,死亡率高。法氏囊肿胀、出血或内容果酱样物,胸部及腿部肌肉出血 |

续表

| 病名 | 相似点 | 区别点 |
| --- | --- | --- |
| 新城疫 | 排米汤样或绿色稀便，肾肿，有白色尿酸盐沉着，呈花斑状 | 喉头、气管出血，肠淋巴滤泡肿胀、出血、溃疡；腺胃出血 |
| 痛风(内脏型) | 排白色石灰样稀粪；肾肿，有多量尿酸盐沉着 | 肾常呈一侧萎缩，一侧明显肿胀，肾脏颜色变黄，有大量尿酸盐沉着；输尿管增粗，有多量白色尿酸盐，有时可见硬固的结石；心外膜、心包膜、心包腔、肝被膜均见多量尿酸盐沉着 |
| 鸡病毒性肾炎 | 肾肿或稍肿，颜色变浅，有尿酸盐沉着，排白色稀粪 | 成年鸡感染出现肾炎病变；内脏可见尿酸盐沉着，特征性症状是突然死亡 |

# 参 考 文 献


[1] 曾振灵．兽药手册［M］第2版．北京：化学工业出版社，2012.

[2] 中国兽药典委员会．中华人民共和国兽药典．北京：中国农业出版社，2011.

[3] 陈立功．动物剖检及病理诊断技术［M］．北京：中国农业出版社，2012.

[4] ［美］塞夫（Y. M. Saif）．禽病学［M］．第12版．苏敬良，高福，索勋，编译．北京：中国农业出版社，2012.

[5] 刘聚祥．畜禽疾病病防疫技术［M］．石家庄：河北科学技术出版社，2010.

[6] 胡维华．鸡病快速诊断技术［M］．北京：中国农业出版社，1998.